U0385024

地质勘探技术与管理研究

田晓明　张　勇　鲍克飞　著

吉林科学技术出版社

图书在版编目（CIP）数据

地质勘探技术与管理研究 / 田晓明，张勇，鲍克飞
著．-- 长春：吉林科学技术出版社，2021.7
ISBN 978-7-5578-8388-1

Ⅰ．①地… Ⅱ．①田… ②张… ③鲍… Ⅲ．①地质勘
探 Ⅳ．① P624

中国版本图书馆 CIP 数据核字（2021）第 133848 号

地质勘探技术与管理研究

著	田晓明　张　勇　鲍克飞	
出 版 人	宛　霞	
责任编辑	汤　洁	
封面设计	李　宝	
制　版	宝莲洪图	
幅面尺寸	185mm×260mm	
开　本	16	
字　数	310 千字	
印　张	13.875	
印　数	1-1500册	
版　次	2021年7月第1版	
印　次	2022年1月第2次印刷	
出　版	吉林科学技术出版社	
发　行	吉林科学技术出版社	
地　址	长春净月区福祉大路 5788 号出版大厦 A 座	
邮　编	130118	

发行部电话／传真　0431—81629529　　　81629530　　　81629531
81629532　　　81629533　　　81629534

储运部电话　0431—86059116
编辑部电话　0431—81629520

印　刷　保定市铭泰达印刷有限公司

书　号　ISBN 978-7-5578-8388-1

定　价　60.00 元

前　言

  工程地质学是地质学的分支学科，它是一门研究与工程建设有关的地质问题、为工程建设服务的地质科学，属于应用地质学的范畴。地球上现有的一切工程建筑物都建造于地壳表层一定的地质环境中。地质环境包括地壳表层和深部岩层，它影响建筑物的安全、经济和正常使用；而建筑物的兴建又反作用于地质环境，使自然地质条件发生变化，最终又影响到建筑物本身。二者处于既相互联系，又相互制约的矛盾之中。工程地质学就是研究地质环境与工程建筑物之间的关系，促使二者之间的矛盾得以转化、解决。

  20 世纪 30 年代初，苏联开展了大规模国民经济建设，促使地质学与建筑工程科学相互渗透，工程地质学由此作为一门独立学科萌生了。1932 年在莫斯科地质勘探学院成立了由萨瓦连斯基领导的工程地质教研室，负责培养工程地质专业人才，并奠定了工程地质学的理论基础。与此同时，在欧美国家中工程地质工作也有所开展，但它是附属于土木建筑工程中的，并未成为独立完整的科学体系，主要从事一般地质构造和地质作用与工程建设关系的研究。有关岩土工程地质性质和力学问题的研究是由土力学和岩体力学来进行的，称为岩土工程。工程地质学经过了 80 多年的发展，学科体系逐渐完善，已形成有多个分支学科的综合性学科。总之，工程地质学发展的前景广阔，它在发展的道路上将使自己的体系不断充实和成熟，为人类做出更大的贡献。

  本教材编写时，坚持了内容体系的科学性、系统性和先进性，引导读者掌握理论知识，并注重解决实际工程技术问题能力的培养。

  由于编写时间有限，书中难免存在疏漏和不妥之处，敬请读者批评指正。

目　录

第一章　地质学基础...1

　　第一节　地球概况...1
　　第二节　地球的圈层构造...6
　　第三节　地球的物理性质..11
　　第四节　地质作用概述..17

第二章　矿物与岩石..21

　　第一节　基础知识...21
　　第二节　造岩矿物...22
　　第三节　岩石的工程性质与分类...27
　　第四节　三大岩石...29

第三章　地质构造...45

　　第一节　岩层..45
　　第二节　褶皱构造..47
　　第三节　断裂构造..49

第四章　地表水及地下水的地质作用..55

　　第一节　基础知识..55
　　第二节　地表水的地质作用..55
　　第三节　地下水的地质作用..61

第五章　岩石及特殊土的工程性质..73

　　第一节　岩石的物理性质..74
　　第二节　岩石的水理性质..76
　　第三节　岩石的力学性质..78
　　第四节　风化作用..79
　　第五节　岩石、土的工程分类..82
　　第六节　特殊土的工程性质..83

第六章　工程地质勘探 90

　第一节　基础知识 90
　第二节　工程地质勘探方法 94
　第三节　原位测试 98
　第四节　建筑地基抗震稳定性评价 99
　第五节　公路工程地质勘探 106
　第六节　桥梁工程地质勘探 109
　第七节　地下洞室工程地质勘探 111
　第八节　房屋建筑物工程地质勘探 114
　第九节　边坡工程地质勘探 116
　第十节　基坑工程地质勘探 126

第七章　石油地质勘探 132

　第一节　钻井与完井 132
　第二节　储层评价 137
　第三节　井中地球物理和四维地震 145
　第四节　遥感 146

第八章　海洋勘探 149

　第一节　海洋导航定位技术 149
　第二节　海洋侧扫声呐调查技术 167
　第三节　地热测量技术 183

第九章　地质勘探作业安全管理与应急保障 199

　第一节　地质勘探作业安全管理基本理论 199
　第二节　工作组安全生产管理 201
　第三节　安全生产培训教育与工作组安全生产检查 205
　第四节　地质勘探作业应急分级 207
　第五节　地质勘探作业应急响应与组织 208
　第六节　地质勘探作业应急保障装备 209
　第七节　地质勘探作业事故应急评估与伤亡事故处理 210

参考文献 214

第一章　地质学基础

第一节　地球概况

一、地球在宇宙中的位置

宇宙是天地万物，是物质世界。"宇"是空间的概念，是无边无际的；"宙"是时间的概念，是无始无终的。宇宙是无限的空间和无限的时间的统一。在宇宙空间弥漫着形形色色的物质，如恒星、行星、气体、尘埃、电磁波等，它们都在不停地运动、变化着。宇宙中的天体可分为恒星、行星、卫星、流星、彗星、星云等。

太阳系是宇宙中以恒星太阳为中心的天体系统，包括 8 大行星，50 颗卫星和至少 50 万个小行星，还有少数彗星。太阳系直径约 120 亿 km，太阳光需 5.5 小时才能穿出星系边界。八大行星自内向外依次为水星、金星、地球、火星、木星、土星、天王星、海王星。它们携带着 50 多颗卫星。

行星地球是太阳系的光辉一员，她并不是孤立地存在于宇宙之中的，它与其他天体或者宇宙空间之间通过能量和物质交换保持着密切的联系并相互影响。行星地球是生命的摇篮，是人类的故乡。

在 2006 年 8 月 24 日于布拉格举行的第 26 届国际天文联会中通过的第 5 号决议中，冥王星被划为矮行星，并命名为小行星 134340 号，从以前所认为的太阳系八大行星中被除名，所以现在太阳系只有八大行星。

太阳系中太阳的体积最大约为 70 万 km^3，八大行星中木星的体积最大，约 7.14 万 km^3，同时八大行星又可分为两类：一类称为类地行星，包括水星、金星、地球、火星，它们体积小，密度大，岩石类型多；一类称为类木行星，包括木星、土星、天王星、海王星，它们体积大，密度小，气体多。由北方向鸟瞰太阳系，除个别天体外，所有行星都沿同一逆时针方向绕太阳旋转，椭圆形轨道几乎在同一个平面上。多数行星在公转的同时，还沿着逆时针方向自转，只有金星和天王星例外。金星自转与公转方向相反，称为行星逆转。

地球在八大行星中自内向外排列第三。它距太阳平均 1.496 亿 km，太阳光只需 8

分 16 秒就可到达地球。地球轨道的近日点为 1.471 亿 km；远日点为 1.521 亿 km，太阳系是银河系的组成部分。银河系为包含 1400 多亿颗恒星的恒星系。这些恒星集中在一个扁球状空间。从正面看呈旋涡状；侧面看，像中间厚边缘薄的铁饼。银河系直径 10 万光年，银河系中间最厚的部分约 12 000 光年。太阳系位于距银心 32 000 光年、距中央平面约 40 光年的位置上。整个太阳系围绕银心公转，公转速度 250km/s，转一周要 2.5 亿年。

如果我们把这些天体缩小到一万亿分之一，则太阳像一粒芝麻，地球是肉眼看不到尘埃，整个太阳系直径有 12m，而银河系直径将达 100 万 km，地球是真正的"沧海一粟"。银河系在不停地自转，同时也在公转。在银河系之外，还存在众多河外星系，如麦哲伦星云，仙女座星云。在目前射电望远镜能观测到的 100 亿光年宇宙中，大约存在 10 亿个河外星系，它们都在不停地运动着。宇宙是无限的，地球是其中极为普通又非常宝贵的一员。目前所知地球只有一个，我们要热爱它、保护它。

二、地球的形状和大小

1957 年，随着人造卫星上天，人类第一次从太空中看到了完整的地球图像。根据人造卫星运行轨道状况和分析测算的结果，发现地球并不是标准的旋转椭球体，而是呈梨形的不规则球体。

与平均海面重合，通过大陆不断延伸的封闭水准面称为大地水准面。地球的形状和大小就是指大地水准面的形状和大小。而大地水准面是地球物质引力和地球旋转两者所产生的重力的等位面，所以可通过重力值测量来确定地球的形状和大小。

根据人造卫星的轨道测量，可以准确推算地球的重力场和大地水准面。卫星轨道测量的准确度已经达到 1cm，1975 年，国际大地测量和地球物理联合会（IUGG）建议采用的地球形状的主要参数如下：

地球平均半径（R）：6371.012km ± 15m

赤道半径（a）：6378.140km ± 5m

两极半径（c）：6356.755km ± 5m

扁率[（a–c）/a]：1/298.257

1979 年 11 月 IUGG 堪培拉会议通过，并得到国际大地测量协会认可的"大地参照系 1980"给出的数值是：赤道半径为 6 378 137m；极半径为 6 356 752m；地球体积为 $1.083\ 2 \times 10^{21}\ m^3$。

假设地球密度均一，则大地水准面应是一个扁率一定的旋转椭球体。但测量结果并非如此。人们发现地球南、北两半球并不对称：北半球高出参考椭球体 10m，比较瘦长；南半球低于参考椭球体约 30m，比较胖短。在中纬度，南半球突出不到 10m，北半球收进 7.5m。

整个形状像一个夸张的梨形，这一结果与理想椭球体尽管偏离不大，但清楚表明地球内部物质的不均匀性。

三、地球的表面形态

地球表面是人类社会发生、发展的环境，尽管随着科学技术的发展，人类已有可能潜入深海或上升至宇宙空间，但地表仍然是人类活动的基本场所。

地球表面高低起伏，可以划分为陆地和海洋两大地理单元。陆地面积约 1.49 亿 km²，占地球表面积的 29.2%；海洋面积约 3.61 亿 km²，占地球表面积的 70.8%。海陆分布是不均匀的。陆地主要集中在北半球，被海洋分开；而海洋则连成一片，成为统一的世界大洋。陆地平均高度为 825m，最高为珠穆朗玛峰，海拔为 8844.43m；海洋平均深度为 –3795m，最深处是太平洋中的菲律宾海沟。

（一）陆地地形

按照起伏高度和形态的不同，陆地地形分为山地、丘陵、平原、高原、盆地及裂谷等。

1.山地

海拔 500m 以上，相对高差达 200m 以上的地区称为山地。依高程的不同，可进一步分为低山，海拔 500~000m；中山，海拔 1000~3500m；高山，海拔大于 3500m。世界上绝大多数山地呈线状延伸，称为山脉，如秦岭、龙门山、昆仑山、喜马拉雅山等。成因上相联系的若干相邻的山脉称山系。大陆上现代最高、最雄伟的山系主要有两条：阿尔卑斯山 –喜马拉雅山系和环太平洋山系。

2.丘陵

丘陵为海拔 500m 以下，相对高差 200m 以下的起伏不平的地区。丘陵的特点介于山地和平原之间。从成因上看，可以是山地发展的晚期，向平原方向转化；或者是正在向山地转化的平原。总之，是山地与平原的过渡产物。丘陵常是重要的农业区和果木产地，如我国的川中丘陵。世界上丘陵分布较广的地区位于俄罗斯西部的东欧平原上。

3.平原

平原为地势广阔平坦或略有起伏、面积广大的地区。相对高差一般仅几十米，多为地史上的稳定地区，与地质构造中的稳定构造单元如"地台""地盾"经常是吻合的。典型的平原是冲积平原，如我国的华北平原、松辽平原、长江中下游平原等。冲积平原主要为巨厚的松散沉积物覆盖。其下伏基岩表面有时有较大的起伏。

此外，另有一类不典型的平原，其上覆松散层很薄，许多地方基岩直接出露。这些地区地势不是十分平坦，常有低丘。典型实例有加拿大东部广阔的低地，在几百万平方千米的范围内，海拔大都低于 200m，地势低平，仅有的突出地形是相对高 20~120m 的小丘，这些小丘由 25 亿年前的古老基岩构成。该区的这种地形是由于长期风化剥蚀的结果。我国淮河中下游地区也有类似地形。

4.高原

海拔 600m 以上，比较广阔、平坦的地区称为高原。世界上最高的高原是我国的青藏高原，平均海拔大于 4000m，是著名的"世界屋脊"。最大的高原是巴西高原，面积有约 500km²。高原是近期地壳大面积整体隆升的地区。如我国西北的黄土高原，东、南、西三面均为地震较多、活动性较强的地带。其地表被新生代黄土覆盖，表面平坦。由于地势高，被地表水系冲刷出许多很深的沟谷。黄土高原实际上是上升了的平原。不过，高原这个术语在地形和成因上并不十分严格。如青藏高原的内部还有唐古拉、念青唐古拉以及喜马拉雅等山脉。

5.盆地

四周比较高，中间低平，形状似盆的地区称为盆地。如我国的四川盆地、塔里木盆地、柴达木盆地、准噶尔盆地等。其周围或是山脉，或是高原；内部是平原或丘陵。一些中、小型盆地中积水便成为湖泊或洼地。世界上最大的盆地是非洲的刚果盆地。

6.裂谷

地球表面由于地壳拉张开裂而形成的一些长数百到上千千米的大型线状低洼谷地称为裂谷。一般延伸较远，两壁或一壁为陡峻的断裂，中间为低凹下陷的谷地。最著名的裂谷是东非裂谷，由一系列湖泊和峡谷组成，全长约 6500km。其两侧为高出谷底数百至一二千米的大断崖；平面上呈开阔的"之"字形曲折延伸，并且有分支合并的现象。裂谷两侧的地形凸凹互为消长，可以很好地拼合。

（二）海底地形

目前已知海底地形是相当复杂的，它的高差大大超过陆地。由于海底风化剥蚀作用微弱，海底地形的原始起伏得以长久保存，这对研究海底地貌的成因有重要意义。美国海洋地质学家希曾（B.Heezen，1959）根据大量海底地形资料，将海底地形分为 3 个大区：大陆边缘、大洋中脊和大洋盆地。

1.大陆边缘

大陆与大洋相连接的边缘地带称为大陆边缘，在地形和地壳结构上具有过渡性质。依地形特征的不同，可分为大西洋型和太平洋型。大西洋型宽而平缓，由大陆架、大陆坡和大陆裙组成；太平洋型比较复杂，其中东太平洋型由大陆架、大陆坡和深海沟组成，而西太平洋型由大陆架、大陆坡、边缘海盆、岛弧和海沟组成。

（1）大陆架

大陆架是从低潮线延伸至坡度向深海显著加大的一片环绕大陆分布的浅水台地。平均宽度约 75km，平均深度 60m。大陆架表面平坦，平均坡度 0° 07'，但是大部分地区有约 20m 左右的起伏。大陆边缘有一坡度明显变陡的坡度转折线，线外为大陆坡。最大波折点的平均深度为 130m，不同地区的大陆架宽度变化很大，从几千来到 100km 以上。我国东海大陆架最宽达 964km，大陆架地区常常蕴藏有丰富的石油。

（2）大陆坡

坡折线以外明显变陡的一段海底地形称为大陆坡。其上界海水深度平均 130m；下界认识不一致，沃兹耳（J.Worzel，1968）从地壳结构的观点出发，把 2000m 深度值作为大陆坡下界。

大陆坡的坡度值各地不等，平均坡度 4°17'，其宽度在大西洋达 100km；太平洋 20~40km。大陆坡地形复杂，其上常发育海底峡谷和陆坡阶地。海底峡谷剖面呈"V"字形，谷壁陡峭。其成因复杂，是构造作用陆上动力和海底浊流综合作用的结果。

（3）大陆基

大陆坡外侧，坡度在 1°25' 以下的缓坡带称为大陆基（亦称大陆裙、大陆隆）。它的上缘为 2000m 海深，下界约 400m 海深。它常以扇状堆积体形式出现在大陆坡坡麓。是浊流和滑塌作用产物的堆积地。孟加拉深海扇是规模最大的大陆裙之一，可延伸到 5000m 深的深海底，长达 2000km。

（4）海沟和岛弧

深度 6000m 以上的洋底狭长形凹地称为海沟。海沟宽度几千米至几十千米，而长度可达数千千米。其断面呈不对称"V"字形，靠近大陆一侧较陡，而大洋一侧较缓。

在海沟内侧（陆侧），与其伴生常出现弧形岛链，称为岛弧。二者组成岛弧海沟体系。海沟和岛弧发育在洋、陆交界部位，弧顶突向大洋中心，是地表构造活动强烈地带。现已确认的岛弧和海沟有 30 余条，大多数分布在太平洋周围。

2.大洋盆地

大洋盆地是水深 4000~6000m 的广阔洋底地形，约占洋底面积的一半，是洋底地形的主体。它包括深海平原海山和无震海岭。

（1）深海平原

洋底大面积平坦地形。坡度一般小于 1%，平均深度为 4877m，其上沉积有厚度不到 1000m 的松散沉积物。这里是地球表面最平坦的地区，其形态多为浑圆状。

（2）海山和无震海岭

大洋盆地中突起的由火山岩组成的孤立高地称为海山。海山多由海底喷发形成，高度在 1000m 以上，多呈圆锥状。如果海山顶部平坦，则称为平顶山。海山顶部露出水面则成为岛屿。

无震海岭是大洋底部隆起的高地。可以是海脊，可以是海底高原，以无地震或少地震与大洋中脊相区别。多分布在大洋中脊两侧，如百慕大海底高原。长条状者又称为大洋堤。

3.大洋中脊

连接太平洋、大西洋、印度洋和北冰洋的全球性洋底山系即大洋中脊。全长约 8 万 km，高度 2000~4000m，由火山岩组成。这里地震、火山活动剧烈，是地壳中构造活动强烈地区。洋中脊的中部最高，两侧渐低。在中央部位，存在巨大的裂缝，称为中央裂谷，中央裂谷宽几十千米，两壁陡峭，深达 1000~2000m。它可与大陆某些地区的裂谷相连。洋中脊又被一系列称为转换断层的横向断裂错开。断裂表现为巨型裂缝和深海槽，形成陡崖，地震的震中常分布其中。其长度由数百千米到数千千米不等。

第二节　地球的圈层构造

地球的物质成分及性质是不均一的，具有圈层构造的特征。地面以上的圈层称为外部圈层，地面以下的圈层称为内部圈层。

一、外部圈层构造

外部圈层包括大气圈、水圈和生物圈。

1.大气圈

环绕地球的由气态物质组成的层圈称为大气圈。土壤和某些岩石中也有某些气体，是大气圈的地下部分，其深度一般不超过 2km。人们对大气圈的认识是逐步深入的。在 20 世纪 30 年代，利用探空气球可探测到 40km 高空；60 年代，人造卫星达到几百千米高空，70 年代宇宙飞船穿出了大气层，才使我们了解到几千千米高空的情况。

地球大气圈的范围在地面以上 2000~300km，向上逐渐稀薄，无明显上界。成分为氮（占 78%）、氧（占 21%）、氩、二氧化碳、氮、氧水蒸气和尘埃。总质量 513×10^{10}t，约为地球的百万分之一。由于地心引力的作用，大气圈 79% 的质量集中在地面以上 18km 范围内，97% 的质量聚集在距地表 29km 以内。随高度的增加，大气组分由分子状态+原子状态–离子状态存在。自下而上，大气圈进一步划分为对流层、平流层、中间层、暖层和散逸层。

对流层是紧贴地面的一层，厚度 8~18km。在赤道上空厚，两极上空薄。由于地面辐射热影响，越高温度越低，即上冷下热，引起大气对流。同时由于纬度不同，导致温度差别，形成大气环流。控制大气环流基本格局的主要因素是赤道与极地的温差以及地球的自转。与人类生活密切相关的风、雨、雪、雹等天气现象都集中在对流层。这里的氧是生命的保证，氮是制造蛋白质的原料，二氧化碳对地表起保温作用，大气对流改变着地球的外貌。这一层对人类，对地质作用意义重大。平流层距地表 18~55km，以大气的水平移动为特征,其温度已不受地表温度影响。在 20~35km 高度存在臭氧层。它吸收太阳紫外线辐射,保护地球生物免受其害,是一道天然屏障。

中间层距地表 55~85km,空气极其稀薄。其温度随高度的增加而降低。最低可达-90℃。暖层又称电离层,距地表 85~800km,气温迅速增高。白天温度高达 1700℃,夜间降为 400℃,大气高度电离,形成多层电离层。电离层反射无线电波,使人类长距离通信得以实现。

散逸层又称为外大气层,距地表 800~64 000km 的空间,再向外与星际空间过渡,极为稀薄。多由带电粒子组成,其运动受地球磁力线控制。

另外,按大气组成可将大气圈划分为均质层和非均质层;按大气电离成分可将大气圈划分为中性层和电离层。

大气圈是地球的保护伞。保护大气圈就是保护人类自己。

2.水圈

水是生命的摇篮,是人类和地球上一切生命得以生存和繁衍的基础,水对于人类来说是最熟悉不过的物质。地球表层的水体,大部分汇聚在海洋中,其余部分分布在河流、湖泊、岩石孔隙和土壤中。即使在沙漠的地下深处也有水;两极和高山地区存在着大量的固态水。此外,在大气层的下部和生物中也存在水。海洋、湖泊、河流、冰川、沼泽和地下水等包围着地球,形成连续的封闭圈层,称之为水圈。水圈中水的总储量为 138 598 万 km^3,水在地表的分布是很不均匀的,海洋占水总体积的 96.5%,陆地水仅占 3.5%。人类较易开采的江河、淡水湖泊浅层地下淡水大约只有 410 万 km^3,仅占总水量的 0.3%。所以合理利用和保护水资源至关重要。水体的组分并不相同。海水含盐度高,平均达 35%,主要为氯化物($NaCl$, $MgCl_2$ 等);大陆水体含盐度低,小于 1%,主要为碳酸盐($Ca[HCO_3]_2$)。后者为人类生活用水。在太阳能作用下,水在不断地循环。这种循环,产生作用于地表面的外力,不断对地表进行改造,成为外动力地质作用的重要组成部分。

3.生物圈

地球上生物生存和活动的范围,即由生命物质构成的圈层称为生物圈。这些生物包括动物、植物和微生物。生物分布的范围相当广泛,大量生物集中在地表和水圈上层。在地面以上 10km 的高空、在地下 3km 的深处、在深海海底都有生命的存在。所以,生物圈与大气圈、水圈,以及后面要讲到的岩石圈是互相渗透的,没有严格的界线。同时,生物的分布也是不均一的。只有在阳光、空气、水分充足,温度适宜的地区生物多,反之则少。在阳光、空气和水分充足,温湿明亮地区的生物密度比干寒黑暗地区大得多,而且多半是高级生物。它们在地质作用中起着重要作用。地球上不同的自然环境有不同的生物组合。动物和植物为了适应所处的环境而具有一定的生态特征。我们研究现代生物的生态特征,是为了按照"将今论古"的原则从古代生物遗骸的生态特征来推断当时当地的自然环境。

为了避免个别生物的异常变态导致错误的判断，常常需要根据生物组合的共性特征得出正确的结论。

生物圈的元素构成非常复杂，活的有机体由 90 种天然元素组成，但生命必需的元素仅 24 种。其中碳、氢、氧、氮可占 99.6% 以上，其次为钙、钾、硅、镁。生物的活动，它的新陈代谢，它的遗体的分解，可与地表物质发生各种物理化学作用。这种作用可改变地表面貌，属于另一类地质作用。

二、内部圈层构造

在地震法引入地球研究之后，人们才对地球的内部构造逐步有所了解。20 世纪中叶出现了不同的地球模型。1981 年，国际地震及地球物理学协会（LASPEI）会议，通过了"初步参考地球模型"（PREM），建议大家使用。该模型是由泽旺斯基和安德森综合天文测量、大地测量、自由振荡和面波、体波资料提出的。

以两个极重要的间断面——莫霍面和古登堡面为界，将地球内部划分为地壳、地幔和地核三大部分。

1.地壳

莫霍面以上由固体岩石组成的层圈即为地壳，它是固体地球最外层的薄壳。地壳的特点是横向变化大，厚度各地不一。在大陆，平均厚度为 33km，最厚可达 70~80km；在海洋范围，平均厚度仅 6km，最厚 8km，地壳的密度 2.75g/cm³，质量约占地球的 0.8%，体积仅占地球的 3% 左右。地壳底部的压力为 6.043×10^8Pa，温度为 400℃~600℃。P 波（纵波）速度 5.8~6.8km/s，在地壳中部存在一个不连续的次级界面，称为康拉德面，P 波速度从 5.8km/s 变到 6.8km/s，这个界面把地壳分为上、下两部分（即上地壳和下地壳）。

上地壳厚约 15km，主要成分是 Si（73%）和 Al（13%），所以又称硅铝层或花岗质岩壳。其 P 波速度可与花岗闪长岩比较，并得到地质观察的支持。平均密度 2.7g/cm³。

下地壳主要成分是 Si（49%）、Fe、Mg（18%），和 Al（16%），所以又称硅镁层或"玄武质"岩壳。平均密度约 2.9g/cm³，但是，这种认识至少在稳定大陆地区的下地壳受到怀疑。因为建立在波速对比基础上的这类岩石，其组成矿物质在下地壳的压力、温度下是不稳定的，认为最可能的岩石应是闪长岩类和粒变岩（Ringwood，1975）。

在上地壳和下地壳中，均有高速夹层或低速夹层。一般认为这可能只是局部现象，与区域地质构造有关。但是，在与上述构造相似的地区，也常常没有低速层。低速层常与地壳中的高导层对应，关于它的性质和意义尚待进一步探讨。

以上表明，不仅地球不均一，而且地壳在纵向上和横向上也是不均一的。在横向上，最显著的表现是大洋与大陆的差别，因此地壳在横向上又分为陆壳和洋壳两部分。陆壳约占地壳面积的 1/3 多一点，陆壳具有明显的双层结构，即存在上、下地壳。洋壳位于海洋之下，占地壳面积 2/3 少一点，其上为约 4km 厚的海水，洋壳缺失上地壳。

作为地壳底界的莫霍面，是克罗地亚地震学家莫霍洛维奇（A.Moxorovicie）1909 年首先发现的。现在关于这个面的认识更加深入，面的两侧密度从 2.90g/cm³ 突变到 3.31g/cm³；P 波速度从 6.8km/s 突变到 8.1km/s，除了这种变化急剧的尖锐间断面外，它也可以是有一定厚度的速度梯度带，或者是一组高速和低速薄层组成的带。但是莫霍面的表现形式与地震波的频率有关。对于频率低于 5Hz 的波，表现为一级间断面形式；而对于频率高于 10Hz 的波，则表现为过渡层、薄层组，在横向上莫霍面并不完整，在某些造山带，在岛弧–海沟区，在大洋中脊，它或是缺失，或是不明显。

莫霍面的出现是由于上下物质的化学成分不同造成的。是闪长岩、高压粒变岩、玄武岩和橄榄岩、榴辉岩的分界面，所以认为是化学界面。进一步研究认为，它还是一个磁性分界面。其上岩石磁化强，其下岩石磁化弱。

2.地幔

莫霍面以下，古登堡面以上的圈层称为地幔。其深度在 24~2891km 之间，是地球的主体。它的体积约占地球的 82%，质量占 67.8%；物质密度 3.31~5.55g/cm3；压力从 6.043×10^8Pa 增加到 1357.510×10^8Pa；温度从 600℃增加到 3000℃。

依地震波速和性质的不同可分为上地幔、过渡层和下地幔。

（1）上地幔

天然地震走时和深地震测深、核爆炸观测，使我们对地幔的结构有一定了解。

盖层：深度为 24~80km，是莫霍面以下地幔的顶部层位。P 波速度 8.1km/s，S 波速度 4.5km/s，密度为 3.37g/cm³，地幔盖层的速度结构类似于地壳，它也是分层的，且横向变化较大。

低速层：深度为 80~220km，在海洋地区顶面较大陆区为浅。P 波速度 7.8km/s，明显变低。它的成因一般认为是物质的部分熔融所致。这一层在电性上是高导层。其各种构造单元普遍存在。电阻率几欧姆·米或更小。

均匀层：深度 220~400km。P 波速度 8.7km/s；这一层速度较均匀，变化较小。在 400km 处存在速度间断面。该界面被广泛认为是相变证据。

（2）中间层（过渡层）

深度 400~670km。P 波速度从 9.1km/s 增加到 10.3km/s；S 波速度从 4.9km/s 增加到 5.6km/s；密度增至 3.99g/cm³。该层特点是速度梯度大。在 670km 处存在速度间断面。该突变带厚度小于 4km，是化学差异分界或热分界。考虑矿物的密度和岩石学条件，上地幔物质的矿物成分只可能是橄榄石、辉石、石榴石以及可能还有角闪石。包含这些矿物的岩石主要是橄榄岩和榴辉岩。一般认为，上地幔顶部是橄榄岩，向下为榴辉岩。低速层是橄榄岩熔融体造成。由于橄榄岩和玄武岩在元素成分上的互补性，人们推测橄榄岩可能是上地幔物质在产出玄武岩后残留的难熔物质。上地幔原有成分应处于两种岩石成分之间，我们在地表并未获得这种岩石。林伍德把这种推测的岩石称为"地幔岩"（Pyrolite）。他通过实验计算了地幔岩的化学成分，讨论了它的矿物组成和转化，他认为 200~1000km 深度由"地幔岩"组成。

（3）下地幔

670km 深度以下，古登堡面（2891km 深度）以上的部分属于下地幔。P 波速度 10.8~13.7km/s；S 波速度 5.9~7.3km/s；密度 4.38~5.57g/cm³，下地幔以速度梯度变化小为特征，中部 1000km 范围的速度梯度相等，在 2741km 以下深度，速度梯度才从零到剧增，下地幔的物质成分通过物质的地震波速度、密度、弹性与岩石的比较以及冲击波实验推知，是由堆积紧密的氧化物矿物组成。其中 SiO_2 占 50%，MgO 占 32%，FeO 占 18%。也有人认为与陨石石榴石相当。

下地幔底部是著名的古登堡不连续面。该面是 1912 年美国地球物理学家古登堡（B.Gutenberg）发现的。该面两侧 P 波速度从 13.7km/s 陡降至 8.0km/s；S 波速度从 7.3km/s 至突然消失。因而认为这是一个从固态到液态的界面，该界面也就成了地幔与地核的分界面。

地幔特别是上地幔与地壳的关系极为密切。其顶部盖层仍由固体岩石组成，习惯上它与地壳一起合称为岩石圈。其下的低速层，推测是由于放射性元素富集造成温度异常，引起岩石熔化，所以，又称为软流圈。这里可能是岩浆发源地，热对流活跃，推动了岩石圈板块的运动。岩石圈和软流圈是地质构造发生、发展的区域，它们一起又称为构造圈。

3.地核

古登堡面以下直至地心的部分，称为地核。深度为 2891~6371km。它占地球体积的 16.2%，占地球总质量的 31.4%。其间有两个次级界面将地核分成外核、过渡层、内核 3 部分。

外核：深度 2891~4771km。P 波速度为 8.0~10.0km/s，S 波不能通过，密度为 9.90~11.87g/cm³，由于 S 波消失，物质刚性模量为零，所以肯定是液态。

过渡层：深度 4771~5150km，可能是外核的一部分。该层速度梯度小，S 波速度亦为零，只是密度和 P 波速度稍大。

内核：深度 5150km 直至地心，又称为 G 层。内核密度 12.77~13.09g/cm；P 波速度 11.0~11.3km/s；S 波速度为 3.5~3.7km/so，其性质为固态，具有高的温度和压力。

关于地核的组成，通过冲击波实验和陨铁成分的对比，确认地核的主要成分是铁。特别是内核，有可能是由基本纯净的铁组成。因为高压下铁的波速、不可压缩系数、密度等都与内核一致。镍的含量，即使有也很少。热力学计算表明，铁镍合金在内核的温压条件下并不稳定。

在外核，普遍结论认为，除含大量的铁和少量镍外，还应有轻元素存在，才能满足密度、波速和熔点的需要。这些元素可能是硫或者是硅，或者两者皆有。关于这一点目前并无定论。不过在陨铁成分中，FeS 有一定含量，而 Si 含量微小。

第三节　地球的物理性质

由于技术发展水平所限，目前还不具备直接观察地球内部的手段。可直观了解地球深部情况的钻孔目前最深也只有 12km，因此对地球深处的认识，则主要依靠地球物理的工作成果。地球的物理性质主要包括密度、重力、内部压力、温度（地热）、地磁、地电、放射性和弹性等。通过对固体地球的这些物理性质变化规律的研究，来推测地球内部的物质成分、温度、压力状态等及其变化规律，并以此作为了解和划分地球内部圈层构造的依据。

一、地球的密度、重力和内部压力

1.地球的密度

根据牛顿万有引力定律，可以计算出固体地球的质量。国际大地测量和地球物理联合会（UGG）1975 年推荐的地球质量（M）是（5.9742 ± 0.0006）$\times 10^{24}$kg。同时，我们已知地球的体积（V）为 1.0832×10^{27} cm^3，由此得出地球的平均密度是 5.517g/cm^3，实际测定的地表常见花岗岩密度为 2.67g/cm^3；玄武岩密度为 2.95g/cm^3；沉积岩密度为 2.6g/cm^3，海水的平均密度为 1.028g/cm^3。因而可以断定，地球内部的密度不仅大于上述物质的密度，而且要大于地球的平均密度。

地球内部的密度分布尚无法直接测量，常利用地球物理和实验岩石学方法进行研究。布伦（K.Bullen 1963，1975）首先利用地震波速与密度的关系求得地球内部的密度分布。1981 年，泽旺斯基（Dziewonski）和安德森（Anderson）综合使用体波、面波和地球自由振荡等资料，提出了"初步参考地球模型"（PREM）密度分布，其结果如图 1-1a 所示。从图 1-1a 可看出密度是随深度增加而增加的，但其增加的幅度不均匀，有 3 个小台阶：在 670km 处，由 3.99g/cm^3 突变为 4.39g/cm^3；在 2891km 处，由 5.57g/cm^3 跃变为 9.90g/cm^3；在 5150km 处，由 12.17g/cm^3 变到 12.76g/g/cm^3，地心密度为 13.09g/cm^3。

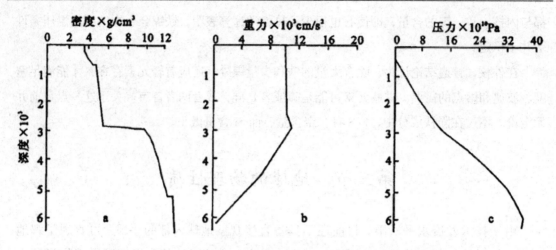

图1-1 地球的密度（a）、重力（b）和压力（c）随深度的变化

2.地球的重力

地球表面的重力是地心引力和地球自转离心力的合力，按万有引力定律，引力与两物体质量的乘积成正比，与二者的距离平方成反比。所以，同一物体，在赤道地心引力最小，在两极最大。而离心力与地球自转的线速度平方成正比，它在赤道最大，两极最小，但离心力与地心引力相比要小得多。以赤道为例，这里离心力最大，也只相当于该处地心引力的1/189。因此，可把地心引力近似看作重力。地面重力值从赤道向两极逐渐增大。

在实际应用中，常用单位质量所受的重力值来表示重力强度的大小。这个数值等于某点重力加速的值。所以在测定重力强度时，通常是测量它的重力加速度（cm/s^2），其单位称作伽（Gal），$1Gal=1cm/s^2$；$1Gal=1000mGal$。

赤道上的重力加速度为978.0318Gal，两极为983.2177Gal；而在中纬度的45°线上为980.612Gal。可见从赤道到两极是逐渐增大的，如在赤道重1000g的物体拿到两极就为1005.3g。这些数值均在海平面上测量。如果在一定高度测量，因为距离改变，则数值将有变化。经计算，随高度增加，重力加速度将减小，每上升1km，将减少0.31Gal、

在地面以下的地球内部，重力加速度随深度而有不规则变化（图1-1b）。从地面到2891km逐渐增大，直到1068Gal的极大值。2891km以下，急剧减小，一直到地心的零值。如果把地球当作一个表面平坦的均质体，可以从理论上计算出以大地水准面为基准的各地重力值，称为理论值，它只与地理纬度有关。由于地面起伏、密度不均、成分和结构的差异，实际测量的重力值常与理论值不符，这种现象称为重力异常。实测值经过高度校正和密度校正后，大于理论值的为正异常，表示地下物质密度较大；小于理论值的，为负异常，表示地下物质密度较小。这种异常反映了地球内部物质密度的变化，它是研究地质构造和地球内部物质变化的重要信息。地球物理勘探中的重力勘探，就是根据这个原理，圈出不同的异常，进而解决地质矿产问题。

根据重力异常的范围大小可分为区域重力异常和局部重力异常。前者范围大，如大陆海洋、山地、平原等，主要用于研究地球的内部结构；后者范围小，从数平方千米至数百平方千米，主要用来寻找和圈定矿产及其分布范围，其异常值的大小是以区域重力值为标准（背景值）来确定的。运用重力异常探测覆盖区矿产岩石和地质构造的方法称为重力勘探。一般来说，沉积岩和石油、煤炭、天然气石盐等矿产分布区，由于组成物质的密度小而表现为重力负异常；金属矿产分布区则由于组成物质的密度较大而表现为正异常。陆壳区多表现为负异常，洋壳区多表现为正异常。

3.地球内部的压力

地球表面压力以海平面上的大气压力为标准。取 0℃时干燥空气的压力为 1atm（标准大气压），等于 760mm 水银柱。

地球内部压力主要是由上覆地球物质重量所产生的静压力。它取决于深度、平均密度和平均重力，它们之间成正相关。地内压力随深度的增加而增加（图 1-1c）。

0~24km，压力从零增加到 6.043×10^8Pa。地下深 10km 处的压力大致有 300atm。24~670km，压力从 6.043×10^8Pa 猛增到 238.342×10^8Pa，地下深 35km 深处有 1 万 atm，岩石在这个静压力下都要变软。

670~2891km，压力增加到 1357.510×10^8Pa；2891~5150km，压力增加到 3288.513×10^8Pa。在 5000km 以下的强大压力下，物质的原子结构和状态将发生巨大变化。

在 6371km（地心），压力为 3638.524×10^8Pa。

二、地球的温度

世界各处深矿井温度升高，地下流出温泉和火山喷出炽热物质，告诉人们地球内部是热的，地球的内部有着巨大的热源，同时地球也从太阳获取大量的太阳辐射能。

地球内部的温度和热能对研究地球动力学过程具有重要意义，例如岩浆活动、造山作用、板块漂移都需要巨大的热动力。

目前一般认为，地球内热的主要来源是放射性元素衰变所释放出来的热量。此外，还有重力分异热、潮汐摩擦热、化学反应热、地球旋转能转换的热等。据估计，自地球形成以来放射性元素放出的热能有（6~20）$\times 10^{20}$J（焦耳）。

1.地面热流

地面热流指在单位时间内单位面积地面放出的热量。其数值很小，平均达 1.47HFUD。世界上地热流测量始于 20 世纪 30 年代末，到 1981 年，全球地热流数据有 7000 个左右。通过对观测数据的分析，已发现大陆平均热流与海洋平均热流基本相等。大陆为 1：36±0.46HFU；海洋为 1.47±0.78HFU。这出乎人们预料，因为人们曾认为大陆的热流比海洋大。观测表明：在大陆，年轻的或构造活动性高的地区热流值高，比较老的，构造活动性低的地区热流低；在洋底，大洋中脊热流高，洋盆热流则减小，海沟热流最小，到大陆边缘热流又升高。

大地热流值明显超过平均值的地区，称为地热异常区，如温泉、火山。地热异常是地热开发的基础。

2.地下的温度

地表面以下，温度分布可分为3层：

（1）变温层：是地球的表层，主要在地面附近受太阳辐射热影响明显，其中绝大部分又辐射回空中，只有极少一部分透入地下以增高岩石温度。这种影响造成温度的日变化、季节变化和年变化，日变化速度较快而幅度较小，年变化速度较慢而幅度较大，引起的地质作用也各有特点。变化的幅度为+70~-70℃。因季节的不同，纬度的高低、海陆分布的差异，在各地有所不同。影响的深度，日变化为1~1.5m；年变化10~20m，内陆地区达30~40m，平均15m。

（2）恒温层：温度常年保持不变的层位，这里太阳影响为零，温度等于当地的年平均气温。

恒温层深度20~30m，赤道和两极较浅，中纬度及内陆区较深。

（3）增温层：在恒温层之下，温度随深度的增加而增加，其原因是地内热流影响。地温梯度也称增温梯度和地热增温率，它是指深度每增加100m时地温所增加的度数，以℃/100m为单位。不同的地区地温梯度是不一样的，大陆区一般为3℃/100m，洋底为4~8℃/100m。地温梯度除与热源距离有关外，还与热导率有关，热导率低的地区，地温梯度较高。这种地热增温率只适用于地下20km深的范围内。再向下由于压力、密度的影响，温度的增加将越来越缓慢。地温较高的地区称为地热（温）异常区，可用于开发地下热水和热气。

每升高1℃地温所需要增加的深度称为地热增温级。这种温度的增加在不同地区表现不同。例如，地热增温级在亚洲为40m，欧洲28~36m，北美洲40~50m。平均为33m。因此，平均地热增温率为3℃/100m。

地下更深处的温度测定是通过间接方法获得的，这些方法包括：物质熔点的测定、电导率计算、岩石矿物温度计算等。真正了解的深度不超过1000km。

地下100km的温度约1000℃；在400km深度大约为1400℃；在1300km深度，大约为1500℃；2800km处为3000℃；地核温度为4000~5000℃。

三、地球的磁性与电性

1.地球的磁性

固体地球好像一个磁化的球体，其磁力线特征类似于偶极场的特征（罗盘）。现代地磁极位于地理极的附近，但并不与其重合。地磁轴与地球自转轴并不重合，二者约成11.5°

的交角。地磁南北极和地理南北极的位置不一致，并且磁极的位置逐年都有变化，磁极有向西缓慢移动的趋势。

地球磁场的存在是行星地球的重要特性。早在公元前 4 世纪，中国人即认识到这一性质，并发明了指南针。1600 年吉尔伯特（W.Gilbert）发现地磁场主要来源于地球内部，现在认为地磁场的性质与地核的运动过程密切相关。现代测量表明，地磁线在空间上是一条闭合的曲线，地磁极不仅和地理极不一致，而且它的位置也在不断变化。

地磁南北极在地表的连线称为磁子午线，它与地理子午线之间的夹角称为磁偏角（D）。同时发现，磁针在赤道上保持水平，在两极处于直立状态，赤道与两极之间则是倾斜的。磁针与水平面的夹角称为磁倾角（I）。

地磁场对单位磁极的作用力称为地磁场强度，其单位为 A/m（安培/米）。它是矢量，可分解为水平分量（H）和垂直分量（Z），它们统称为地磁场要素。

地磁场要素在地球表面是以一定规律分布的。在赤道附近，垂直分量 Z 值为零，水平分量 H 则有最大值 4396×10^{-6} A/m，磁倾角 I 为零。随纬度的增加，垂直分量绝对值逐渐增加，水平分量逐渐减小，磁倾角绝对值加大。在磁北极，H 为零，Z 达极大值，约为 8164×10^{-6} A/m，磁场垂直向下，I 为+90°。在磁南极，磁场垂直向上，I 为-90°，H 为零，Z 达极小值，约为 -8164×10^{-6} A/m。

若把地磁场近似看作均匀磁化球体的磁场，即称为正常磁场。实际观测到的地磁场与正常磁场不一致，则称为地磁异常，局部的地磁异常主要是由地下岩石磁性差异引起。大于正常磁场者称为正磁异常；反之，称为负磁异常。由于分布面积的不同，磁异常又分为大陆性异常、区域性异常和局部性异常。前者范围达数千千米，后者规模在数百千米，二者之间即为区域性的。一般铁磁性物质造成正异常，如铁、镍等；逆磁性物质造成负异常，如金、铜、石油等。利用地磁异常勘探有用矿物和了解地质构造的方法称为磁法勘探。需要指出的是，在实际工作中正常磁场和异常磁场是相对的，要根据解决问题的不同来确定区域场和局部场。

2.地球的电性

地球具有微弱的自然电流，称为大地电流。它主要是地磁场变化感应产生的。高层大气电离的感应、大雷雨时的放电、磁暴和极光的影响，以及地面温差电流等，都使它加强。大地电流的平均电流密度约为 $2A/km^2$。同时，地壳表面一些地质体，由于水溶液的存在，在其周围岩石中也可引起电场，这属于局部自然电场。大地电流是一种不稳定电流。其电流强度从低纬度向高纬度增大，形成的地电场在不断变化。可以是日变、月变和年变，也可是不规则干扰变化，多与磁场变化伴生。而局部自然电场常与有用矿产有关，是电法勘探的重要对象。

四、地球的放射性

地球内部广泛分布放射性物质而使其显示放射性。目前已发现能产生放射性的元素和同位素有 30 多种，在地球中最重要的是 ^{238}U、^{235}U、^{232}Th、^{87}Rb、^{40}K 等。许多可以成为放射系列，如铀系、钢系和钍系。铀系的母元素是 $238U$，它的寿命最长，半衰期达 4.47×10^9 年。整个系列由 18 种放射性同位素组成。其中最重要的蜕变产物是镭，最后形成稳定的铅同位素。

在元素蜕变过程中，放出 α、β 和 γ 射线。3 种射线中，α 射线穿透力最弱，在空气中只能穿过几厘米，在岩石中只能穿过几十微米。β 射线穿透力稍强，约为 α 射线的 100 倍。γ 射线穿透力最强，在空气中可以穿过数百米，在岩石中能穿透几十厘米到一米。因此，在实际工作中，常通过 γ 射线测量来寻找放射性矿床或与放射性元素有关的矿床，这称为放射性勘探。

在放出不同射线的同时，蜕变中还释放出大量的热 $^{238}U \rightarrow ^{206}Pb$ 生热率是 9.42×10^{-8} J/g·s；$^{235}U \rightarrow ^{207}Pb$ 生热率是 56.94×10^{-8} J/g·s。所以，放射性元素又是地球内部热的重要来源。据估算，在地下 0~100km 深度，放射性热占 50%。自地球诞生以来，放射性热使地球温度升高了 1500℃。

放射性元素在地球内部的分布是不均匀的。从岩石放射性元素测量可知，地壳中的放射性元素含量最高，其次是上地幔。更深处的含量可能与球粒陨石相当，关于它们的分异过程和原因尚不清楚。

除长寿命放射性元素外，在地球形成初期还可能有半衰期小的短寿命放射性元素。例如，^{26}Al、^{36}Cl、^{60}Fe 等，半衰期 105~107 年，大大小于地球年龄，所以现在已不存在。这部分元素在地球早期演化中的意义值得重视。

由于放射性元素衰变过程恒定，利用长半衰期元素及其衰变产物的数量，可以测定矿物的年龄，称为放射性年龄，是常用的地质测年方法。

五、地球的弹性和塑性

地球内部地震波的传播和地球表层的固体潮（地表在日月引力下像海水发生潮汐那样发生升降运动的现象，仪器测量结果升降可达 7~15cm）现象反映出地球的弹性。地球为一旋椭球体，反映地球不是完全的刚性体，同时具有一定的塑性。许多岩层发生强烈褶皱而不断裂，也是这种塑性的表现。

地球的弹性和塑性在不同条件下可以互相转化。在作用速度快，持续时间短的力（如地震波，潮汐力）的作用下表现为弹性体，在作用缓慢、持续时间长的力（如地球旋转力、重力）的作用下则表现为塑性体。作用力在一定条件下是变化的，与地球物质的松弛时间有关。当作用力时间短于松弛时间，受力物质表现为弹性，反之表现为塑性。

第四节　地质作用概述

地球自形成以来，一直处于不断的运动和变化之中。今日的地球，只是它运动和发展过程中的一个阶段。就地壳而言，虽然它只能代表地球演变的一部分，但它的表面形态、内部结构和物质组成也时刻在变化着。"沧海变桑田"已成为古人之见。坚硬的岩石破裂粉碎成为松软泥土，而松软泥土又可不断沉积形成新的岩石。由自然动力引起地球和地壳物质组成、内部结构和地壳形态不断变化和发展的过程，称为地质作用。

有些地质作用进行得十分迅速，在短时间内就发生急剧的变化，如地震和火山爆发；有些地质作用却进行得非常缓慢，往往不易被察觉，如华北大平原据钻探资料证实从第四纪（200万年）以来，已下沉达1000多米。许多自然现象证明：各种地质作用既有破坏性，又有建设性。在破坏中进行新的建设，在建设中又同时遭到破坏。地质作用是靠自然动力引起的，这种动力可来自地球外部，也可来自地球本身。按照自然动力的来源不同，地质作用可分为内力地质作用和外力地质作用。内力地质作用的能源，主要是地球的公转及自转产生的旋转能、重力作用形成的重力能及放射性元素蜕变产生的辐射热能。此外，尚有各种岩石生成时的结晶能和化学能等。外力地质作用是来自地球以外的能源所造成的，其中主要是太阳的辐射能。因为有了太阳的辐射能，才产生大气环流，才有水的循环，才有动植物的生长和演变，冰川才能运动，海洋才能发生波涛等等。大气圈、水圈和生物圈的运动，必然引起岩石圈，特别是引起地壳矿物和岩石的破坏、搬运和堆积作用，使高山夷为平原，并不断向海洋发展。此外，日月引力也能产生外力地质作用，如由于月球对地球的吸引而产生潮汐作用等。

一、内力地质作用

由地球内部能源所引起的岩石圈物质成分、内部构造、地表形态发生变化的作用称为内力地质作用。包括地壳运动、岩浆作用、地震作用和变质作用。

1.地壳运动

地壳运动是指地壳的隆起和凹陷，海、陆轮廓的变化，山脉海沟的形成，以及褶皱、断裂等各种地质构造的形成和发展，即自然力作用下地壳产生的变形和相互移动。地壳运动按其运动方向可以分为水平运动和升降运动。

（1）水平运动

水平运动是地壳大致沿地球表面切线方向的运动。水平运动表现为岩石圈的水平挤压或引张，以及形成巨大的褶皱山系和地堑裂谷等。现代水平运动的典型例子是美国西部的圣安德列斯断层。地质学家经过多年研究，一致认为它在大约 1000 万年时间里，断层西盘向西北方向移动了 400~500 km，现仍在继续变形和位移。

（2）升降运动

升降运动是指地壳运动垂直于地表，即沿地球半径方向的运动。表现为大面积的上升运动和下降运动，形成大型的隆起和凹陷，产生海退和海侵现象。一般来说，升降运动比水平运动更为缓慢。在同一个地区不同时期内，上升运动和下降运动常交替进行。最明显的例子是意大利那不勒斯湾的塞拉比斯庙废墟。在其残留的三根大理石柱（高 12m）上记录了自公元前 105 年至 1955 年的地质遗迹，反映了两千多年的沧桑变更（火山活动、海陆变迁）。

2.岩浆作用

岩浆在地下的某个地方形成后，由于是液态、温度高，又富含挥发组分，所以具有很高的内压力，在上覆地壳质量的挤压下，很容易沿构造软弱带上升。在上升过程中，由于温度、压力的下降，岩浆便会发生一系列物理化学性质的变化并与围岩发生反应，最后冷凝成火成岩。这种岩浆从形成运动、演化直至冷凝成岩的全过程，称为岩浆作用。

岩浆上升一段距离后，若无力继续上升而停留在地壳中，就冷凝成岩。岩浆由地下深处侵入地壳中冷凝成岩的全过程，称为侵入作用。由此形成的岩石称为侵入岩。侵入岩又可根据岩浆凝结时所处部位距地表的深浅分成深成岩和浅成岩。深成岩侵入深度大于 3 km，浅成岩侵入深度小于 3 km。

有时岩浆可以一直上升穿透上覆岩石，喷出地表形成火山。岩浆喷出地表的全过程称为火山作用或喷出作用。由此凝结而成的岩石称为喷出岩。喷出岩有两种类型：一种是溢出的熔浆在地面直接凝结成的岩石，称为喷出岩，另一种是岩浆和其他碎屑物质，被猛烈的火山喷发抛到空中，然后降落到地面形成的岩石，称为火山碎屑岩。

3.变质作用

组成地壳的岩石，在地壳演化过程中，其所处的物质环境也在不断地改变着。为了适应新的地质环境和物理化学条件，岩石的结构、构造和矿物成分也将产生一系列的改变，这种由地球内力引起岩石产生结构、构造以及矿物成分改变而形成新岩石的过程称为变质作用，在变质作用下形成的岩石称为变质岩。

变质作用的因素主要有温度、压力和化学活动性流体。

4.地震作用

大地的快速颤动或振动称为地震。地震是一种极为常见的地质现象。据统计，全世界平均每年发生地震约 500 万次。不过其中绝大多数的地震小于 3 级，不易为人们感觉。6

级以上地震就会对地面建筑物造成相当大的破坏，这种大地震大约每年有100次，8级以上的特大地震每5~10年才有一次。

除构造地震外，还有岩浆活动引起的火山地震和溶洞塌陷引起的陷落地震。

地震波最初产生的地方称震源。震源在地面上的垂直投影称震中。震中到震源的距离称震源深度。震源深度从几公里到700km不等。通常将震源深度小于70km的称浅源地震；70~300 km的称中源地震；大于300 km的称深源地震。

断裂活动仅限于具脆性的岩石圈内，岩石圈的厚度一般不超过 100 km，所以世界上95%的地震属浅源地震。软流圈的塑性流动性较大，很难发生脆性断裂。但在板块碰撞带，俯冲板块可以下插到700km，因此，仍然可以产生中、深源地震。目前已知的最大震源深度为720 km。

地震主要是由断层引起的，而板块边界皆为深大断裂，所以地震比较集中地分布在板块边缘。世界上的地震主要集中分布在环太平洋地震带阿尔卑斯—喜马拉雅地震带、洋脊和裂谷地震带及转换断层地震带上。我国的地震分布主要与前两个地震带有关。

二、外力地质作用

由地球外部能源所引起的地质作用称为外力地质作用。包括风化作用、地面流水的地质作用、地下水的地质作用、湖泊和沼泽的地质作用、海洋的地质作用、风的地质作用、冰川的地质作用及负荷地质作用。

1.风化作用

地壳表层的岩石，在太阳辐射、大气、水和生物等风化营力的作用下，发生物理和化学变化，使岩石崩解破碎以至逐渐分解而在原地形成松散堆积物的过程，称为风化作用。

风化作用是最普遍的一种外力地质作用，在地表最显著，随着深度的增加，其影响就逐渐减弱以至消失。风化作用改变了岩石原有的矿物组成和化学成分，使岩石的强度和稳定性大为降低。滑坡、崩塌、岩堆及泥石流等不良地质现象，大部分都与风化作用有关。对工程建筑条件起着不良的影响。

2.地面流水的地质作用

地面流水系指沿陆地表面流动的水体。根据流动的特点，地面流水可分为片流、洪流和河流三种类型。沿地面斜坡呈无数股、无固定流路的网状细流称为片流，片流汇集于沟谷中形成有固定流路的急速流动的水流称为洪流。

片流与洪流仅出现在雨后或冰雪融化时短暂的一段时间，时有时无，称为暂时性流水。河流是指沿沟谷流动的经常性流水。河流可以是洪流下切谷底至地下水面以下并得到地下水补给形成的，也可以是冰川消融或湖水补给形成的。地面流水的运动有层流、紊流、环流和涡流几种方式。

第二章 矿物与岩石

第一节 基础知识

地球是一个不规则的椭球体。它绕太阳公转，并绕自转轴由西向东旋转。赤道半径略长，约为 6378km，极半径略短，约为 6356.8km，平均半径约为 6371km。地球总表面积约为 $5.1 \times 10^8 km^2$，大陆面积约为 $1.5 \times 10^8 km^2$，约占 29%；海洋面积约为 $3.6 \times 10^8 km^2$，约占 71%。地球体积为 $1.083 \times 10^{12} km^2$，平均密度为 $5507.85 kg/m^3$。地球是由不同状态、不同物质的圈层构成的，地球的内部由地壳、地幔和地核三个圈层组成。

1.地壳

地壳为地球表面固体的薄壳，平均厚度为 33km，洋壳较薄，为 2~11km，陆壳较厚，为 15~80km，平均密度为 2.7~2.8g/cm^3。人类的工程活动多在地壳的表层进行，一般不超过 2km 的深度，但石油、天然气井钻探深度可达 7km 以上。

2.地幔

地幔是位于地壳与地核之间的中间构造层，主要为富含铁镁的硅酸盐物质，其下限距地面的平均深度约为 2891km。

3.地核

地核位于地幔以下，是地球的核心部分。其半径约为 3489km，靠近地幔的外核主要由液态铁组成，含约 10%的镍，15%的较轻的硫、硅、氧、氟、氢等元素；内核由在极高压（3.3×10^5~3.6×10^5MPa）下结晶的固体铁镍合金组成，其刚性很高。

地球表层温度较低、刚性较大的地壳和地幔顶部称为岩石圈。岩石圈厚度在全球各部分不一致：大洋部分岩石圈厚 6~100km，大陆部分岩石圈厚 100~400km。岩石由矿物组成，矿物由各种化合物或化学元素组成。在地壳中已发现 90 多种化学元素，它们的含量和分布不均衡，其中氧、硅、铝、铁、钙、钠、钾、镁、钛和氢十种元素含量较多，占元素总量的 99.66%，这些元素多以化合物出现，少数以单质元素存在。

矿物是在地壳中天然形成的具有一定化学成分和物理性质的自然元素或化合物，通常是无机作用形成的均匀固体。例如，石英（SiO_2）、方解石（$CaCO_3$）、石膏（$CaSO_4 \cdot 2H_2O$）

等是以自然化合物形态出现的：石墨（C）、金（Au）等矿物是以自然元素形态出现的。构成岩石的矿物称为造岩矿物。岩石是矿物的天然集合体。多数岩石是一种或几种造岩矿物按一定方式结合而成的，部分为火山玻璃或生物遗骸。岩石按成因可分为岩浆岩、沉积岩和变质岩三大类。

第二节　造岩矿物

目前人类已发现的矿物有 3000 多种，其中构成岩石主要成分、明显影响岩石性质、对鉴定岩石类型起重要作用的矿物称为造岩矿物。常见的主要造岩矿物有 30 余种。

一、矿物的物理性质

矿物的物理性质包括形态、颜色、条痕、光泽、透明度、硬度、解理、断口、密度等，都是肉眼鉴定矿物的依据。

1.形态

绝大多数矿物呈固态，只有极个别的矿物呈液态，如自然汞（Hg）等。大多数固体矿物是结晶质，少数为非结晶质。结晶质矿物内部质点（原子、分子或离子）在三维空间有规律重复排列，形成空间格子构造，如食盐为立方晶格。结晶质矿物只有在晶体生长速度较慢，周围有自由空间时，才能形成有规则的几何外形，这种晶体称为自形晶体，如石英、金刚石等都是自形晶体。

非结晶质矿物的内部质点排列无规律性，故没有规则的外形。常见的非结晶质矿物有玻璃矿物和胶体矿物两种，如火山玻璃由高温熔融状的火山物质经迅速冷却而成，蛋白石由硅胶凝聚而成。

结晶质矿物由于化学成分和生成条件不同，因此矿物单体的晶形千姿百态。常见的矿物单体形态如下：

片状、鳞片状：如云母、绿泥石等；

板状：如斜长石、板状石膏等；

柱状：如角闪石（长柱状）、辉石（短柱状）等；

立方体状：如岩盐、方铅矿、黄铁矿等；

菱面体状：如方解石、白云石等。

常见的结晶质和非结晶质矿物集合体形态如下：

粒状、块状、土状：矿物在三维空间接近等长的集合体。颗粒界限较明显的称为粒状（如橄榄石等），颗粒界限不明显的称为块状（如石英等），疏松的块状称为土状（如高岭石等）。

鲕状、豆状、肾状：矿物集合体形成近圆球形结核构造，如鱼卵大小的称为鲕状（如方解石、赤铁矿等），有时呈现豆状、肾状（如赤铁矿等）。

纤维状：如石棉、纤维石膏等。

钟乳状：如方解石、褐铁矿等。

2.颜色

矿物的颜色是多种多样的，主要取决于矿物的化学成分和内部结构。按矿物成色原因可分为自色、他色和假色。矿物固有的比较稳定的颜色称为自色，如黄铁矿是铜黄色，橄榄石是橄榄绿色。矿物中混有杂质时形成的颜色称为他色。他色不固定，与矿物本身性质无关，对鉴定矿物意义不大，如纯石英晶体是无色透明的，而当石英含有不同杂质时，就可能出现乳白色、紫红色、绿色、烟黑色等多种颜色。由矿物内部裂隙或表面氧化膜对光的折射、散射形成的颜色称为假色，如方解石解理面上常出现的虹彩。

3.条痕

矿物在白色无釉的瓷板上划擦时留下的粉末痕迹色称为条痕。条痕可消除假色，减弱他色，常用于矿物鉴定。例如，角闪石为黑绿色，条痕是淡绿色；辉石为黑色，条痕是浅绿色；黄铁矿为铜黄色，条痕是黑色等。

4.光泽

光泽指矿物表面反射光线的能力。根据矿物平滑表面反射光的强弱，可分为以下几种。

（1）金属光泽

矿物平滑表面反射光强烈闪耀，如方铅矿、黄铁矿等。

（2）半金属光泽

矿物表面反射光较强，如磁铁矿等。

（3）非金属光泽

透明和半透明矿物表现的光泽为非金属光泽，其按反光程度和特征又可划分为以下几种。

①金刚光泽：矿物平面反光较强，状若钻石，如金刚石。

②玻璃光泽：状若玻璃板反光，如石英晶体表面。

③油脂光泽：状若染上油脂后的反光，多出现在矿物凹凸不平的断口上，如石英断口。

④珍珠光泽：状若珍珠或贝壳内面出现的乳白色彩光，如白云母薄片等。

⑤丝绢光泽：出现在纤维状矿物集合体表面，状若丝绢，如石棉、绢云母等。

⑥土状光泽：矿物表面反光暗淡如土，如高岭石和某些褐铁矿等。

5.透明度

透明度是指矿物透过可见光的程度。根据矿物透明程度，将矿物划分为透明矿物、半透明矿物和不透明矿物。大部分金属、半金属光泽矿物都是不透明矿物（如方铅矿、黄铜矿、磁铁矿）；玻璃光泽矿物均为透明矿物（如石英晶体和方解石晶体）；介于二者之间的矿物为半透明矿物，很多浅色的造岩矿物都是半透明矿物（如石英、滑石）。用肉眼进行矿物鉴定时，应注意观察等厚条件下的矿物碎片边缘，用来确定矿物的透明度。

6.硬度

矿物的硬度指矿物抵抗外力作用（如压入、研磨）的能力。由于矿物的化学成分和内部结构不同，其硬度也不相同，因此硬度是矿物鉴定的一个重要特征，目前常用十种已知矿物组成莫氏硬度计作为标准。为了方便鉴定矿物的相对硬度，还可以用指甲（硬度为2.5）、小钢刀（硬度为5~5.5）、玻璃（硬度为5.5）作为辅助标准，从而确定待鉴定矿物的相对硬度。

7.解理

矿物在外力敲打下沿一定结晶平面破裂的固有特性称为解理。开裂的平面称为解理面，由于矿物晶体内部质点间的结合力在不同方向上不均一，解理面方向和完全程度都有差异。如果某个矿物晶体内部几个方向上结合力都比较弱，那么这种矿物就具有多组解理（如方解石）。

根据矿物产生解理面的完全程度，可将解理分为四级：

（1）极完全解理：极易裂开成薄片，解理面大而完整，平滑光亮（如云母）。

（2）完全解理：沿解理面常裂开成块状、板状，解理面平坦光亮（如方解石）。

（3）中等解理：常在两个方向上出现两组不连续、不平坦的解理面，第三个方向上为不规则断裂面，如长石、角闪石。

（4）不完全解理：很难出现完整的解理面，如橄榄石、磷灰石等。

8.断口

不具有解理的矿物，在锤击后沿任意方向产生不规则断裂，其断裂面称为断口。常见的断口形状有贝壳状断口（如石英）、平坦状断口（如蛇纹石）、参差粗糙状断口（如黄铁矿、磷灰石等）、锯齿状断口（如自然铜等）。

9.密度

矿物的密度取决于组成元素的相对原子质量和晶体结构的紧密程度。石英的相对密度为2.65，正长石的相对密度为2.54，普通角闪石的相对密度为3.1~3.3。矿物的相对密度一般可以实测。

矿物的物理性质还表现在其他很多方面，如磁性、压电性、发光性、弹性、挠性、脆性与延性等，都可以用来鉴定矿物。

二、主要造岩矿物及其鉴定特征

常见的主要造岩矿物有30余种。它们的共生组合规律及其含量不仅是鉴定岩石的依据，而且显著地影响岩石的物理力学性质。

1.石英

石英（SiO_2）是岩石中常见的矿物之一。石英结晶常形成单晶或丛生为晶簇。纯净的石英晶体为无色透明的六方双锥，称为水晶。一般岩石中的石英多呈致密的块状或粒状集合体。一般为白色、乳白色，含杂质时呈紫红色、烟色、黑色、绿色等颜色；晶面为玻璃光泽，块状和粒状石英为油脂光泽；无解理；断口贝壳状；硬度为7；相对密度为2.65。

2.长石

长石（$RAISi_3O_8$）是一大族矿物，是地壳中分布最广泛的矿物。它在岩石分类和命名中占重要位置。长石按成分划分为三种基本类型：钾长石（$KAISi_3O_8$）、钠长石（$NaASi_3O_8$）和钙长石（$CaAl_2Si_3O_8$）。以钾长石为主的长石矿物称为正长石，由钠长石和钙长石按各种比例混溶而成的一系列矿物称为斜长石。

（1）正长石

单晶为柱状或板状，在岩石中多为肉红色或淡玫瑰红色，玻璃光泽，硬度为6，相对密度为2.54~2.57，常和石英伴生于酸性花岗岩中。

（2）斜长石

晶体多为板状或柱状，晶面上有平行条纹，多为灰白、灰黄色，玻璃光泽，有两组近正交的解理，硬度为6~6.5，相对密度为2.61~2.75，常与角闪石和辉石共生于较深色的岩浆岩（如闪长岩、辉长岩）中。

3.白云母

白云母[$KAl_2(AISi_2O_{10})(OH)_2$]单晶体为板状、片状，横截面为六边形，有一组极完全解理，易剥成薄片，薄片无色透明，具有玻璃光泽；集合体常呈姜黄、淡绿色，具有珍珠光泽，薄片有弹性，硬度为2~3，相对密度为3.02~3.12。

4.普通角闪石

普通角闪石{$Ca_2Na(Mg，Fe)_4(AL，Fe)[(si，Al)_4O_{11}]_2(OH)_2$}多以单晶出现，一般呈长柱状或近三向等长状，横截面为六边形。集合体为针状、粒状，多为深褐色至黑色，玻璃光泽，两组完全解理，交角为56°（124°），平行柱面，硬度为5.5~6，相对密度为3.1~3.6。

5.普通辉石

晶体常呈短柱状，横截面为近八角形。集合体为块状、粒状，暗绿黑色，有时带褐色，玻璃光泽，两组完全解理，交角为87°（93°），硬度为5.5~6.0，相对密度为3.2~3.6。普通辉石是颜色较深的基性和超基性岩浆岩中很常见的矿物，多有斜长石伴生。

6.橄榄石

晶体为短柱状，多不完整，常呈粒状集合体。颜色为橄榄绿、黄绿、绿黑色，含铁越多颜色越深。玻璃光泽，不完全解理，油脂光泽，硬度为 6.5~7，相对密度为 3.3~3.5，常见于基性和超基性岩浆岩中。

7.方解石

晶体为菱形六面体，在岩石中常呈粒状，纯净方解石（CaCO3）晶体无色透明，因含杂质故多呈灰白色，有时为浅黄、黄褐、浅红等色，三组完全解理，玻璃光泽，硬度为 3，相对密度为 2.6~2.8，遇冷稀盐酸剧烈起泡，是石灰岩和大理岩的主要矿物成分。

8.白云石

晶体为菱形六面体，在岩石中多为粒状，白色，含杂质为浅黄、灰褐、灰黑等色，完全解理，玻璃光泽，硬度为 3.5~4，相对密度为 2.8~2.9，遇热稀盐酸有起泡反应，是白云岩的主要矿物成分。

9.滑石

完整的六方菱形晶体很少见，多为板状或片状集合体，多为浅黄、浅褐或白色，半透明，有一组极完全解理，解理面上为珍珠光泽，薄片有挠性，手摸有滑感，硬度为 1，相对密度为 2.7~2.8。

10.绿泥石

绿泥石是一族种类繁多的矿物，多呈鳞片状或片状集合体状态，颜色暗绿，珍珠光泽，有一组完全解理，薄片有挠性，硬度为 2~3，相对密度为 2.6~2.85，常见于温度不高的热液变质岩中，由绿泥石组成的岩石强度低，易风化。

11.硬石膏

晶体为近正方形的厚板状或柱状，一般呈粒状，纯净晶体无色透明，一般为白色，玻璃光泽，有三组完全解理，硬度为 3~3.5，相对密度为 2.8~3.0。硬石膏在常温常压下遇水能生成石膏，体积膨胀近 30%，同时产生膨胀压力，可能引起建筑物基础及隧道衬砌等变形。

12.石

晶体多为板状，一般为纤维状和细粒集合块状，颜色灰白，含杂质时有灰、黄、褐色，纯晶体无色透明，玻璃光泽，有一组极完全解理，能劈裂成薄片，薄片无弹性，有挠性，硬度为 2，相对密度为 2.3，在适当条件下脱水可变成硬石膏。

13.黄铁矿

单晶体为立方体或五角十二面体，晶面上有条纹，在岩石中黄铁矿多为粒状或块状集合体，颜色为铜黄色，金属光泽，参差状断口，条痕为深绿黑色，硬度为 6~6.5，相对密度为 4.9~5.2。黄铁矿经风化易产生腐蚀性硫酸。

14.高岭石

高岭石通常为疏松土状，是鳞片状、细粒状矿物的集合体，纯者白色，含杂质时为浅黄、浅灰等色，土状或蜡状光泽，硬度为 1~2，相对密度为 2.60~2.63。吸水性强，潮湿时可塑，有滑感。

15.蒙脱石

蒙脱石通常为隐晶质土状，有时为鳞片状集合体，浅灰白、浅粉红色，有时带微绿色，土状光泽或蜡状光泽，鳞片状集合体有一组完全解理，硬度为 2~2.5，相对密度为 2~2.7，吸水性强，吸水后体积可膨胀几倍，具有很强的吸附能力和阳离子交换能力，具有高度的胶体性、可塑性和黏结力，是膨胀土的主要成分。

第三节　岩石的工程性质与分类

一、按成因分类

岩石按成因可分为岩浆岩（火成岩）、沉积岩和变质岩三大类。

1.岩浆岩

岩浆在向地表上升过程中，由于热量散失逐渐经过分异等作用冷却而成岩浆岩。在地表下冷凝的称为侵入岩；喷出地表冷凝的称为喷出岩。侵入岩按距地表的深浅程度又分为深成岩和浅成岩。岩基和岩株为深成岩产状，岩脉、岩盘和岩枝为浅成岩产状，火山锥和岩钟为喷出岩产状。

2.沉积岩

沉积岩是由岩石、矿物在内外力作用下破碎成碎屑物质后，经水流、风吹和冰川等的搬运、堆积在大陆低洼地带或海洋中，再经胶结、压密等成岩作用而成的岩石。沉积岩的主要特征是具层理。

3.变质岩

变质岩是岩浆岩或沉积岩在高温、高压或其他因素作用下，经变质作用所形成的岩石。

二、按风化程度分类

我国标准与国际通用标准和习惯一致，把岩石的风化程度分为五级，见表2-1。

表 2-1　岩石按风化程度分类

风化程度	野外特征	风化程度参数指标	
		波速比 Kp	风化系数 Kf
未风化	结构构造未变，岩质新鲜，偶见风化痕迹	0.9~1.0	0.9~1.0
微风化	结构构造、矿物色泽基本未变，仅节理面有铁锰质渲染或略有变色；有少量风化裂隙	0.8~0.9	0.8~0.9
中等（弱）风化	结构构造部分破坏，矿物色泽较明显变化，裂隙面出现风化矿物或存在风化夹层，风化裂隙发育，岩体被切割成岩块；用镐难挖，岩芯钻方可钻进	0.6~0.8	0.4~0.8
强风化	结构构造大部分破坏，矿物色泽明显变化，长石、云母等多风化成次生矿物；风化裂隙很发育，岩体破碎；可用镐挖，干钻不易钻进	0.4~0.6	<0.4
全风化	结构构造基本破坏，但尚可辨认，有残余结构强度，矿物成分除石英外，大部分风化成土状；可用镐挖，干钻可钻进	0.2~0.4	
残积土	组织结构全部破坏，已风化成土状，锹镐易挖掘，干钻易钻进，具可塑性	<0.2	

注：①波速比 Kp 为风化岩石与新鲜岩石压缩波速度之比。

②风化系数 Kf 为风化岩石与新鲜岩石饱和单轴抗压强度之比。

③岩石风化程度，除按表列野外特征和定量指标划分外，也可根据地区经验划分。

④花岗岩类岩石，可采用标准贯入试验划分，N≥50 为强风化；50>N≥30 为全风化；N<30 为残积土。

⑤泥岩和半成岩，可不进行风化程度划分。

风化带是逐渐过渡的，没有明确的界线，有些情况不一定能划分出五个完全的等级。一般花岗岩的风化带比较完全，而石灰岩、泥岩等常常不存在完全的风化带。这时可采用类似"中等风化—强风化""强风化—全风化"等语句表达。古近系、新近系的砂岩、泥岩等半成岩，处于岩石与土之间，划分风化带意义不大，不一定都要描述风化状态。

三、按软化程度分类

软化岩石浸水后，其强度和承载力会显著降低。借鉴国内外有关规范和数十年工程经验，以软化系数 0.75 为界，分为软化岩石和不软化岩石，见表 2-2。

表 2-2　岩石按软化系数分类

软化系数 KR	分类
≤0.75	软化岩石
>0.75	不软化岩石

四、按岩石质量指标 RQD 分类

岩石质量指标 RQD 是指钻孔中用 N 型（75 mm）二重管金刚石钻头获取的长度大于 10cm 的岩芯段总长度与该回次钻进深度之比。RQD 是国际上通用的鉴别岩石工程性质好坏的方法，国内也有较多的经验，见表 2-3。

表 2-3　按岩石质量指标 RQD 分类

岩石质量分类	很好	好	中等	坏	很坏
RQD/%	>90	75~90	50~75	25~50	25

五、岩石和岩体野外鉴别应描述的内容

岩石的野外描述应包括地质年代、地质名称、风化程度、颜色、主要矿物、结构、构造和岩石质量指标 RQD。对沉积岩应着重描述沉积物的颗粒大小、形状、胶结物成分和胶结程度，对岩浆岩和变质岩应着重描述矿物结晶大小和结晶程度。

岩体的野外描述应包括结构面、结构体、岩层厚度和结构类型，并应符合下列规定：

1.结构面的描述包括类型、性质、产状组合形式、发育程度、延展情况、闭合程度、粗糙程度、充填情况和充填物性质以及充水性质等。

2.结构体的描述包括类型、形状、大小和结构体在围岩中的受力情况等。

3.对岩体基本质量等级为Ⅳ级和Ⅴ级的岩体鉴定和描述尚应注意：对软岩和极软岩，应注意是否具有可软化性、膨胀性、崩解性等特殊性质；对极破碎岩体应说明破碎的原因，如断层、全风化等；开挖后是否有进一步风化的特性。

第四节　三大岩石

一、岩浆岩

（一）岩浆岩的形成

岩浆岩是由岩浆冷凝固结而形成的岩石。岩浆是以硅酸盐为主要成分，富含挥发性物质（CO_2、CO、SO_2、HCl 及 H_2S 等），在上地幔和地壳深处形成的高温高压熔融体。

岩浆的温度为 1000~1200℃，岩浆的化学成分十分复杂，它囊括了地壳中的所有元素。岩浆根据其成分可以划分为两大类：一是基性岩浆，富含铁、镁氧化物，黏性较小，流动性较大；二是酸性岩浆，富含钾、钠和硅酸，黏性较大，流动性较小。

岩浆可以在上地幔或地壳深处运移或喷出地表。根据岩浆岩形成时的岩浆运动特征把岩浆岩分为两大类：一为侵入岩，当岩浆沿地壳中薄弱地带上升时逐渐冷凝，这种作用称

为岩浆的侵入作用，侵入作用所形成的岩石称为侵入岩。侵入岩又可按成岩部位的深浅分成深成岩和浅成岩，深度大于 3km 的为深成岩，小于 3km 的为浅成岩；二为喷出岩，当岩浆沿构造裂隙上升溢出地表或通过火山通道喷出地表，称为岩浆地喷出作用，由岩浆喷出而形成的岩石称为喷出岩。喷出岩又可细分为两类：一类是溢出地表岩浆冷凝而成的岩石，称为熔岩；另一类是岩浆或它的碎屑物质被火山猛烈地喷发到空中，又从空中落到地面堆积形成的岩石，称为火山碎屑岩。

（二）岩浆岩的产状

岩浆岩的产状是指岩浆体的形态、大小及其与围岩的关系。岩浆岩的产状与岩浆的成分、物理化学条件密切相关，还受冷凝地带的环境影响，因此它的产状是多种多样的。

1.侵入岩的产状

（1）岩基

岩基是岩浆侵入地壳内凝结形成的岩体中最大的一种，分布面积一般大于 $60km^2$，常见岩基多是由酸性岩浆凝结而成的花岗岩类岩体。岩基内常含有围岩的崩落碎块，称为俘房体。岩基埋藏深，范围大，岩浆冷凝速度慢，晶粒粗大，岩性均匀，是良好的建筑地基，如长江三峡坝址区就选在面积 200 多平方千米的花岗岩—闪长岩岩基的南端。

（2）岩株

岩株是分布面积较小、形态又不规则的侵入岩体，与围岩接触面较陡直，有的岩株是岩基的突出部分，常为岩性均一、稳定性良好的地基。

（3）岩盘（岩盖）

岩盘是中间厚度较大，呈伞形或透镜状的侵入体，多是酸性或中性岩浆沿层状岩层面侵入后，因黏性大、流动不远所致。

（4）岩床

黏性较小、流动性较大的基性岩浆沿层状岩层面侵入，充填在岩层中间，常常形成厚度不大、分布范围广的岩体，称为岩床。岩床多为基性浅成岩。

（5）岩墙和岩脉

岩墙和岩脉是沿围岩裂隙或断裂带侵入形成的狭长形的岩浆岩体，与围岩的层理和片理斜交。通常把岩体窄小的称为岩脉，把岩体较宽厚且近于直立的称为岩墙。岩墙和岩脉多在围岩构造裂隙发育的地方，由于它们岩体薄，与围岩接触面积大，冷凝速度快，岩体中形成很多收缩拉裂隙，因此岩墙、岩脉发育的岩体稳定性较差，地下水较活跃。

2.喷出岩的产状

喷出岩的产状受岩浆的成分、黏性、通道特征、围岩的构造及地表形态影响。常见地喷出岩产状有熔岩流、火山锥（岩锥）及熔岩台地。

（1）熔岩流

岩浆多沿一定方向的裂隙喷发到地表。岩浆多是基性岩浆，黏度小、易流动，形成厚度不大、面积广大的熔岩流，如我国西南地区广泛分布有二叠纪玄武岩流。由于火山喷发具有间歇性，因此岩流在垂直方向上往往具有不喷发期的层状构造。在地表分布有一定厚度的熔岩流也称熔岩被。

（2）火山锥（岩锥）及熔岩台地

黏性较大的岩浆沿火山口喷出地表，流动性较小，常和火山碎屑物黏结在一起，形成以火山口为中心的锥状或钟状的山体，称为火山锥或岩锥，如我国长白山顶的天池就是熔岩和火山碎屑物质凝结而成的火山锥或岩锥。当黏性较小时，岩浆较缓慢地溢出地表，形成台状高地，称为熔岩台地，如黑龙江省的五大连池市一带就有玄武岩形成的熔岩台地，它把讷谟尔河截成几段，形成五个串珠状分布的堰塞湖，这就是有名的五大连池。

（三）岩浆岩的结构

岩浆岩的结构是指岩石中矿物的结晶程度、晶粒的大小、形状及它们之间的相互关系。岩浆岩的结构特征与岩浆的化学成分、物理化学状态及成岩环境密切相关，与岩浆的温度、压力、黏度及成岩环境密切相关，岩浆的温度、压力、黏度及冷凝的速度等都影响岩浆岩的结构。例如，深成岩是缓慢冷凝的，晶体发育时间较充裕，能形成自形程度高、晶形较好、晶粒粗大的矿物；相反，喷出岩冷凝速度快，来不及结晶，多为非晶质或隐晶质。

1.按结晶程度分类

按结晶程度，可把岩浆岩结构划分成三类。

（1）全晶质结构：岩石全部由结晶矿物组成，岩浆冷凝速度慢，有充分的时间形成结晶矿物，多见于深成岩，如花岗岩。

（2）半晶质结构：同时存在结晶质和玻璃质的一种岩石结构，常见于喷出岩，如流纹岩。

（3）玻璃质结构：岩石全部由玻璃质组成，是岩浆迅速上升到地表，温度骤然下降至岩浆的凝结温度以下，来不及结晶形成的，是喷出岩特有的结构，如黑曜岩、浮岩等。

2.按矿物颗粒绝对大小分类

按矿物颗粒的绝对大小，可把岩浆岩结构分成显晶质和隐晶质两类。

（1）显晶质结构

岩石的矿物结晶颗粒粗大，用肉眼或放大镜能够分辨。按颗粒的直径大小，可将显晶质结构分为粗粒结构（颗粒直径>5mm）、中粒结构（颗粒直径为 1~5 mm）、细粒结构（颗粒直径为 0.1~1mm）、微粒结构（颗粒直径<0.1mm）。

（2）隐晶质结构

矿物颗粒细微，肉眼和一般放大镜不能分辨，但在显微镜下可以观察矿物晶粒特征，是喷出岩和部分浅成岩的结构特点。

3.按矿物晶粒相对大小分类

按矿物晶粒的相对大小，可将岩浆岩的结构划分为三类。

（1）等粒结构：岩石中的矿物颗粒大小大致相等。

（2）不等粒结构：岩石中的矿物颗粒大小不等，但粒径相差不很大。

（3）斑状结构：岩石中两类矿物颗粒大小相差悬殊。大晶粒矿物分布在大量的细小颗粒中，大晶粒矿物称为斑晶，细小颗粒称为基质。基质为显晶质时，称为斑状结构；基质为隐晶质或玻璃质时，称为似斑状结构。似斑状结构是浅成岩和部分深成岩的结构，斑状结构是浅成岩和部分喷出岩的特有结构。

（四）岩浆岩的构造

岩浆岩的构造是指岩石中矿物的空间排列和充填方式。常见的岩浆岩构造有四种。

1.块状构造：矿物在岩石中分布均匀，无定向排列，结构均一，是岩浆岩中常见的构造。

2.流纹状构造：岩浆在地表流动过程中，由于颜色不同的矿物、玻璃质和气孔等被拉长，熔岩流动方向上形成不同颜色条带相间排列的流纹状构造，常见于酸性喷出岩。

3.气孔状构造：岩浆岩喷出后，岩浆中的气体及挥发性物质呈气泡逸出，在喷出岩中常有圆形或被拉长的孔洞，称为气孔状构造。

4.杏仁状构造：具有气孔状构造的岩石，若气孔后期被方解石、石英等矿物充填，形如杏仁，则称为杏仁状构造。

（五）岩浆岩的化学成分与矿物成分

1.岩浆岩的化学成分

岩浆岩的主要化学成分有 SiO_2、Al_2O_3、Fe_2O_3、FeO、MgO、CaO、Na_2O、K_2O 和 H_2O 等。其中 SiO_2 含量最多，它的含量直接影响岩浆岩矿物成分的变化，并直接影响岩浆岩的性质。按 SiO_2 的含量可将岩浆岩划分为以下四类：酸性岩（SiO_2 含量>65%）、中性岩（SiO_2 含量为 52%~65%）、基性岩（SiO_2 含量为 45%~52%）和超基性岩（SiO_2 含量<45%）。

从酸性岩到超基性岩，SiO_2 含量逐渐减少，FeO、MgO 含量逐渐增加，K_2O、Na_2O 含量逐渐减少。

2.岩浆岩的矿物成分

组成岩浆岩的主要矿物有 30 多种，但常见的矿物只有十几种。按矿物颜色深浅可划分为浅色矿物和深色矿物两类，其中浅色矿物富含硅、铝，有正长石、斜长石、石英、白云母等；深色矿物富含铁、镁物质，有黑云母、辉石、角闪石、橄榄石等。长石含量占岩浆岩成分的60%以上，其次为石英，所以长石和石英是岩浆岩分类和鉴定的重要依据。根据造岩矿物在岩石中的含量及其在岩石分类命名中所起的作用，可把岩浆岩的造岩矿物划分为主要矿物、次要矿物和副矿物三类。

（1）主要矿物

主要矿物是岩石中含量较多，对划分岩石大类、鉴定岩石名称有决定性作用的矿物，如显晶质钾长石和石英石花岗岩中的主要矿物，二者缺一不能定为花岗岩。

（2）次要矿物

次要矿物在岩石中含量相对较少，对划分岩石大类不起决定性作用，但在本大类岩石的定名中起重要作用。例如，花岗岩中含少量角闪石，可据此将岩石定名为角闪石花岗岩。

（3）副矿物

副矿物在岩石中含量很少，通常小于1%，它们的有无不影响岩石的类型和定名，如花岗岩中含有的微量磁铁矿、萤石等。

（六）主要岩浆岩的特征

1.超基性岩

超基性岩 SiO_2 含量<45%，不含或含很少长石（斜长石），颜色深，大部分由铁镁等深色矿物组成，相对密度较大（3.27以上），多见于侵入岩体的最深部。这类岩石抗风化能力差，风化后强度较低。典型岩石有橄榄岩和辉岩。

（1）橄榄岩：主要矿物为橄榄石和少量辉石，岩石呈橄榄绿色，岩石中矿物全为橄榄石时称为纯橄榄岩。块状构造，全晶质，中、粗粒结构。橄榄岩中的橄榄石易风化转为蛇纹石和绿泥石，所以新鲜橄榄岩很少见。

（2）辉岩：主要矿物为辉石，含少量橄榄石，颜色多为灰黑或黑绿色，块状构造，全晶质粒状结构。

2.基性岩

基性岩 SiO_2 含量为45%~52%，主要矿物为辉石和斜长石，其次含角闪石、黑云母和橄榄石，有时还含蛇纹石、绿泥石、滑石等次生矿物。基性岩是较常见的岩浆岩，特别是喷出岩中的玄武岩分布面积很广。典型的基性岩有辉长岩、辉绿岩和玄武岩。

（1）辉长岩：主要矿物是辉石和斜长石，次要矿物为角闪石和橄榄石；颜色为灰黑至暗绿色；具有中粒全晶结构，块状构造；多为小型侵入体，常以岩盆、岩株、岩床等产出。

（2）辉绿岩：主要矿物为辉石和斜长石，二者含量相近；具有典型的辉绿结构，其特征是粒状的微晶辉石等暗色矿物充填于由微晶斜长石组成的空隙中；颜色多为暗绿和绿黑色：为基性浅成岩，多以岩床、岩墙等小型侵入体产出。辉绿岩蚀变后易产生绿泥石等次生矿物，使岩石强度降低。

（3）玄武岩：矿物成分同辉长岩，多为隐晶和斑状结构，斑晶为斜长石、辉石和橄榄石；颜色为灰绿、绿灰或暗紫色：常有气孔、杏仁状构造。玄武岩分布很广，如二叠系峨眉山玄武岩广泛分布在我国西南各省。

3.中性岩

中性岩 SiO_2 含量为 52%~65%，与基性岩相比铁镁矿物相应减少，主要为角闪石，其次为辉石和黑云母。硅铝矿物增多，主要为中性斜长石，有时含少量钾长石和石英。颜色以灰色和浅灰色为主。

（1）闪长岩：主要矿物为角闪石和斜长石，次要矿物有辉石、黑云母、正长石和石英；颜色多为灰或灰绿色：全晶质，中、细粒结构，块状构造；常以岩株、岩床等小型侵入体产出。

（2）闪长斑岩：矿物成分同闪长岩，颜色为灰绿色至灰褐色；斑状结构，斑晶多为灰白色斜长石，少量为角闪石，基质为细粒至隐晶质，块状构造：多为岩脉，相当于闪长岩的浅成岩。

（3）安山岩：主要矿物同闪长岩，颜色为灰、灰棕、灰绿等色；斑状结构，斑晶多为斜长石，基质为隐晶质或玻璃质；块状构造，有时含气孔、杏仁状构造。

（4）正长岩：SiO_2 含量略高于闪长岩、安山岩，主要矿物为正长石、黑云母、辉石等；颜色为浅灰或肉红色；全晶质粒状结构，块状构造，多为小型侵入体。

（5）正长斑岩：矿物成分同正长岩，多为浅灰或肉红色；斑状结构，斑晶多为正长石，有时为斜长石：基质为微晶或隐晶结构，块状构造。

（6）粗面岩：矿物成分同正长岩，颜色为浅红或灰白；斑状结构或隐晶结构，块状构造：为正长岩地喷出岩，其断裂面粗糙不平，故名粗面岩。

4.酸性岩

酸性岩 SiO_2 含量>65%，为硅酸盐过饱和岩类：主要矿物为石英、正长石和斜长石，次要矿物有黑云母、角闪石；分布广，酸性侵入岩多以岩基产出。

（1）花岗岩：主要矿物为石英、正长石和钾长石，次要矿物为黑云母、角闪石等；颜色多为肉红、灰白色；全晶质粒状结构，块状构造，是酸性深成岩，产状多为岩基和岩株。花岗岩可作为良好的建筑地基及天然建筑材料。

（2）花岗斑岩：矿物成分同花岗岩，颜色灰红或浅红；似斑状结构，斑晶和基质均由钾长石、石英组成；花岗斑岩是酸性浅成岩，产状多为小型岩体或大岩体边缘。

（3）流纹岩：酸性喷出岩类，矿物成分与花岗岩相近；颜色常为灰白、粉红、浅紫色；斑状结构或隐晶结构，斑晶为钾长石、石英，基质为隐晶质或玻璃质；块状构造，具有明显的流纹和气孔状构造。

5.脉岩类

脉岩类为呈脉状或岩墙产出的浅成岩，经常以脉状充填于岩体裂隙中。由于裂隙窄小又接近地表，其结构多为细粒、微晶或斑状结构。根据矿物成分和结构特征可分为伟晶岩、细晶岩和煌斑岩。

（1）伟晶岩：常见有伟晶花岗岩，矿物成分与花岗岩相似，但深色矿物含量较少。矿物晶体粗大，多在 2cm 以上，个别可达几米以上；具有伟晶结构，常以脉体和透镜体产于母岩及其围岩中，常形成长石、石英、云母、宝石及稀有元素矿床。

（2）细晶岩：主要矿物为正长石、斜长石和石英等浅色矿物，含量达 90% 以上，少量深色矿物有黑云母、角闪石和辉石；为均匀的细晶结构，块状构造。

（3）煌斑岩：SiO_2 含量约 40%，主要矿物为黑云母、角闪石、辉石等，间有长石；常为黑色或黑褐色；多为全晶质，具有斑状结构，当斑晶大部分由自形程度较高的暗色矿物组成时，称为煌斑结构，是煌斑岩的特有结构。

6.火山碎屑岩

火山碎屑岩是由火山喷发的火山碎屑物质胶结或熔结而成的岩石，常见的有凝灰岩和火山角砾岩。

（1）凝灰岩：分布最广的火山碎屑岩，粒径小于 2mm 的火山碎屑占 90% 以上；颜色多为灰白、灰绿、灰紫、褐黑色。凝灰岩的碎屑呈角砾状，一般交融不紧，宏观上有不规则的层状构造；易风化成蒙脱石黏土。

（2）火山角砾岩：碎屑粒径多在 2~100mm，呈角砾状，经压密胶结成岩石。火山角砾岩分布较少，只见于火山锥。

二、沉积岩

沉积岩是在地壳表层常温常压条件下，由先期岩石的风化产物、有机质和其他物质，经搬运、沉积和成岩等一系列地质作用而形成的岩石。沉积岩在体积上占地壳的 7.9%，覆盖陆地表面的 75%，绝大部分洋底也被沉积岩覆盖，它是地表最常见的岩石类型。

（一）沉积岩的形成

沉积岩的形成，大体上可分为沉积物的生成、搬运、沉积和成岩作用四个过程。

1.沉积物的生成

沉积物的来源主要是先期岩石的风化产物，其次是生物堆积。然而，单纯的生物堆积很少，仅在特殊环境中才能堆积形成岩石，如贝壳石灰岩等。

先期岩石的风化产物主要包括碎屑物质和非碎屑物质两部分。

碎屑物质是先期岩石机械破碎的产物，如花岗岩、辉长岩等岩石碎屑和石英、长石、白云母等矿物碎屑。碎屑物质是形成碎屑岩的主要物质。

非碎屑物质包括真溶液和胶凝体两部分，是形成化学岩和黏土岩的主要成分。

2.沉积物的搬运

先期岩石的风化产物除小部分残留在原地，形成富含铝、铁的残留物之外，大部分风化产物在空气、水、冰和重力作用下，被搬运到其他地方。搬运方式有机械搬运和化学搬运两种。

流体是搬运碎屑物质的主要动力，搬运过程中碎屑物相互摩擦，碎屑颗粒变小，并形成浑圆状的颗粒。化学搬运将溶液和胶凝物质带到湖海等低洼地方。

风化产物受自身重力的作用，由高处向低处运动，是重力搬运。由于搬运距离短，被搬运的碎屑物形成无分选性的棱角状堆积。

3.沉积物的沉积

当搬运介质速度降低或物理化学环境改变时，被搬运的物质就会沉积下来。通常可分为机械沉积、化学沉积和生物沉积。机械沉积受搬运能力和重力控制，由于碎屑物的大小、形状、密度的不同，碎屑物按一定顺序沉积下来，通常是按大小顺序不同先后沉积下来，这就是碎屑沉积的分选性，如河流沉积，从上游到下游沉积物的颗粒逐渐变小；化学沉积包括真溶液和胶体沉积两种，如碳酸盐和硅酸盐沉积；生物沉积主要是由生物活动引起的沉积或生物遗体的沉积。

4.沉积物的成岩作用

由松散的沉积物转变为坚硬的沉积岩，所经历的地质作用称为成岩作用。硬结成岩作用比较复杂，主要包括固结脱水、胶结、重结晶和形成新矿物四个作用。

（1）固结脱水作用

下部沉积物在上部沉积物重力的作用下发生排水固结现象，称为固结脱水作用。该作用使沉积物空隙减少，颗粒紧密接触并产生压溶现象等化学变化，如砂岩中石英颗粒间的锯齿状接触，就是在压密作用下形成的。

（2）胶结作用

胶结作用是碎屑岩成岩作用的重要环节，把松散的碎屑颗粒连接起来，固结成岩石。最常见的胶结物有硅质（SiO_2）、钙质（$CaCO_3$）、铁质（Fe_2O_3）、黏土质等。

（3）重结晶作用

在压力和温度逐渐增大的条件下，沉积物发生溶解及固体扩散作用，导致物质质点重新排列，使非晶质变成结晶物质，这种作用称为重结晶作用，是各类化学岩和生物化学岩的重要组成部分。

（4）形成新矿物作用

在沉积岩的成岩过程中，由于环境变化还会生成与新环境相适应的稳定产物，如常见的石英、方解石、白云石、石膏、黄铁矿等。

（二）沉积岩的构造

沉积岩构造是指沉积岩的各个组成部分的空间分布和排列方式。沉积岩的构造特征主要表现在层理、层面、结核及生物构造等方面。

1.层理构造

沉积岩在产状上的成层构造是与岩浆岩显著不同的特征。在特征上与相邻层不同的沉积层称为岩层。岩层可以是一个单层，也可以是一组层。层理是指岩层中物质的成分、颗粒大小、形状和颜色在垂直方向发生变化时产生的纹理，每一个单元层理构造代表一个沉积动态的改变。

分隔不同性质岩层的界面称为层面。层面的形成标志着沉积作用的短暂停顿或间断，层面上往往分布有少量的黏土矿物或白云母等碎片，因而岩体容易沿层面劈开，构成了岩体在强度上的弱面。

上下两个层面之间的一个层，是组成地层的基本单元。它是在一定的范围内，生成条件基本一致的情况下形成的。它可以帮助人们确定沉积岩的沉积环境、划分地层层序、进行不同地层的层位对比。研究地层和层理构造具有重要意义。上下层面间的距离为层的厚度。根据单层厚度通常把层厚划分为四种：巨厚层（层厚>1.0m）、厚层（0.5m<层厚≤1.0m）、中厚层（0.1m<层厚≤0.5m）、薄层（层厚≤0.1m）。夹在厚层中间的薄层称为夹层。若岩层一侧逐渐变薄而消失，称为层的尖灭。若岩层两侧都尖灭则称为透镜体，见图2-1。由于沉积环境和条件不同，层理构造有下列不同的形态和特征。

（1）水平层理

水平层理是在稳定的或流速很小的流体波动条件下沉积形成的，层理面平直，且与层面平行。

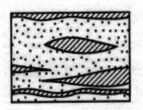

图2-1　透镜体尖灭层

（2）波状层理

波状层理是在流体波动条件下沉积形成的，层理的波状起伏大致与层面平行。

（3）单斜层理

单斜层理是由单向流体形成的一系列与层面斜交的细层构造。细层构造向同一方向倾斜，并且彼此平行，多见于河床和滨海三角洲沉积物中。

（4）交错层理

交错层理是由于流体运动方向频繁变化沉积而成的，多组不同方向斜层理相互交错重叠。

2.层面构造

层面构造是指在沉积岩层面上保留有沉积时水流、风、雨、生物活动等作用留下的痕迹，如波痕、泥裂、雨痕等。波痕是在沉积物未固结时，由水、风和波浪作用在沉积物表面形成的波状起伏的痕迹。泥裂是沉积物未固结时露出地表，由于气候干燥、日晒，沉积物表面干裂，形成张开的多边形网状裂缝，裂缝断面呈 V 字形，并为后期泥沙等物所充填，经后期成岩保存下来的。雨痕是沉积物表面受雨点打击留下的痕迹，后期被覆盖得以保留，并固化成岩形成的。

3.结核构造

结核是指岩体中成分、结构、构造和颜色等不同于周围岩石的某些矿物集合体的团块。团块形状多为不规则形体，有时也有规则的圆球体。一般是在地下水活动及交代作用下形成的。常见的结核有硅质、钙质、石膏质等。结核在沉积岩层中有时呈不连续的带状分布，形成结核层构造。

4.生物构造

在沉积物沉积过程中，生物遗体、生物活动痕迹和生态特征埋藏于沉积物中，经固结成岩作用保留在沉积岩中，形成生物构造，如生物礁体、虫迹、虫孔等。保留在沉积岩中的生物遗体和遗迹石化后称为化石。化石是沉积岩中特有的生物构造，对确定岩石形成环境和地质年代有重要意义。

（三）沉积岩的结构

沉积岩的结构是指组成岩石成分的颗粒形态、大小和连接形式。它是划分沉积岩类型的重要标志。常见的沉积岩结构有三种。

1.碎屑结构

碎屑结构的特征主要反映在颗粒大小和磨圆度，以及胶结物和胶结方式上。

（1）颗粒大小和磨圆度

按颗粒大小可将碎屑结构划分为砾状结构和砂状结构两类。

①砾状结构：碎屑颗粒大于 2mm。组成砾石磨圆度好的称为圆砾状结构，磨圆度差的称为角砾状结构。

②砂状结构：砂粒粒径为 0.005~2mm。0.005~0.075mm 为粉砂结构，0.075~0.25mm 为细砂结构，0.25~0.5mm 为中砂结构，0.5~2mm 为粗砂结构。

（2）胶结物和胶结方式

碎屑岩的物理力学性质主要取决于胶结物的性质和胶结类型。胶结物是沉积物沉积后滞留在孔隙中的溶液经化学作用沉淀而成的。胶结物主要有硅质、铁质、钙质和黏土质四种。胶结方式指的是胶结物与碎屑颗粒含量及其相互之间的关系，常见的有以下三种。

①基底胶结：胶结物含量大，碎屑颗粒散布在胶结物之中，是最牢固的胶结方式，通常是碎屑颗粒和胶结物同时沉积的。

②孔隙胶结：碎屑颗粒紧密接触，胶结物充填在孔隙中间。这种胶结方式较坚固，胶结物是孔隙中的化学沉积物。

③接触胶结：碎屑颗粒相互接触，胶结物很少，只存在于颗粒接触处，是最不牢固的胶结方式。

2.泥状结构

泥状结构的沉积岩绝大多数由小于 0.005mm 的黏土颗粒组成，典型岩石是黏土岩，其特点是手摸有滑感，断口为贝壳状。

3.化学结构和生物化学结构

化学结构主要是由化学作用从溶液中沉淀的物质经结晶和重结晶形成的结构，如石灰岩、白云岩和硅质岩等。生物化学结构绝大多数是由生物遗体所组成，如生物碎屑结构、贝壳状结构和珊瑚状结构等。

（四）主要沉积岩的特征

1.碎屑岩类

碎屑岩类具有碎屑结构，由碎屑和胶结物组成。

（1）砾岩和角砾岩：粒径大于 2mm 的碎屑含量占 50%以上，经压密胶结形成岩石。若多数砾石磨圆度好，则称为砾岩；若多数砾石呈棱角状，则称为角砾岩。砾岩和角砾岩多为厚层，其层理不发育。

（2）砂岩：砂岩按砂状结构的粒径大小，可以分为粗砂岩、中砂岩、细砂：岩和粉砂岩四种。可根据胶结物和矿物成分的不同给各种砂岩定名，如硅质细砂岩、铁质中砂岩、长石砂岩、石英砂岩、硅质石英砂岩等。

2.黏土岩类

黏土岩类为泥状结构，由粒径小于 0.005mm 的黏土颗粒构成。黏土岩类分布广，数量大，约占沉积岩的 60%。常见黏土岩有两类，其中具有页理的黏土岩称为页岩，页岩单层厚度小于 1cm；呈块状的黏土岩称为泥岩。黏土岩易风化，吸水及脱水后变形显著，常给工程建筑造成事故。

3.化学岩及生物化学岩类

化学岩及生物化学岩类是先期岩石分解后溶于溶液中的物质被搬运到盆地后，再经化学或生物化学作用沉淀而成的岩石；也有部分岩石是由生物骨骼或甲壳沉积形成的。常见的化学岩及生物化学岩类有以下四种：

（1）石灰岩：方解石矿物占 90%~100%，有时含少量白云石、粉砂粒、黏土等。纯石灰岩为浅灰白色，含有杂质时颜色有灰红、灰褐、灰黑等色。性脆，遇稀盐酸时起泡剧烈。在形成过程中，由于风浪振动，有时形成特殊结构，如鲕状、竹叶状、团块状等结构。还有由生物碎屑组成的生物碎屑灰岩等。

（2）白云岩：主要矿物为白云石，含少量方解石和其他矿物。颜色多为灰白色，遇稀盐酸不易起泡，滴镁试剂由紫变蓝，岩石露头表面常具刀砍状溶蚀沟纹。

（3）泥灰岩：石灰岩中常含少量细粒岩屑和黏土矿物，当黏土含量达到 25%~50%时，则称为泥灰岩，颜色有灰、黄、褐、浅红色。加酸后侵蚀面上常留下泥质条带和泥膜。

（4）燧石岩：硅质岩中常见的一种，岩石致密，坚硬性脆，颜色多为灰黑色，主要成分是蛋白石、玉髓和石英。隐晶结构，多以结核层存在于碳酸盐岩石和黏土岩层中。

三、变质岩

（一）变质作用因素及类型

1.变质岩的概况

组成地壳的岩石（包括前述的岩浆岩和沉积岩）都有自己的结构、构造、矿物成分。在地球内外力作用下，地壳处于不断地演化过程中，因此岩石所处的地质环境也在不断地变化。为了适应新的地质环境和物理化学条件，先期的结构、构造和矿物成分将产生一系列的改变，这种引起岩石结构、构造和矿物成分改变的地质作用称为变质作用，在变质作用下形成的岩石称为变质岩。变质作用基本上是在原岩保持固体状态下在原位进行的，因此变质岩的产状与原岩产状基本一致，即残余产状。由岩浆岩形成的变质岩称为正变质岩，保留了岩浆岩的产状；由沉积岩形成的变质岩称为副变质岩，保留了沉积岩的产状。

变质岩的分布面积约占大陆面积的 1/5，地史年代中较古老的岩石大部分是变质岩。例如，地壳形成历史的 7/8 的时间是前寒武纪，而前寒武纪岩石大部分是变质岩。变质岩的结构、构造和矿物成分较复杂，地质构造发育，所以变质岩分布区往往工程地质条件较差。例如，宝成铁路的几处大型崩塌和滑坡都发生在变质岩的分布区。

2.变质作用的因素

变质作用的主要因素有高温、压力和化学活泼性流体。

（1）高温

高温是变质作用最主要的因素。大多数变质作用是在高温条件下进行的。高温可以使矿物重新结晶，增强元素的活力，促进矿物之间的反应，产生新矿物，加大结晶程度，从而改变原来岩石的矿物成分和结构，如隐晶结构的石灰岩经高温变质转变为显晶质的大理岩。高温热源有：①岩浆侵入带来的热源；②地下深处的热源；③放射性元素蜕变的热源。

（2）压力

作用在地壳岩体上的压力可划分为静压力和动压力两种。

①静压力：由上部岩体质量引起的，它随深度的增加而增大。地壳深处的巨大压力能压缩岩体，使岩石变得密实坚硬，改变矿物结晶格架，使体积缩小，密度增大，形成新矿物，如钠长石在高压下能形成硬玉和石英。

②动压力：一种定向压力，是由地质构造运动产生的横向力，它的大小与区域地质构造作用强度有关。在动压力作用下，岩石和矿物可能发生变形和破裂，形成各种破裂构造。在最大压力方向上，矿物被压熔，伴随静压力和温度的升高，在垂直最大压力方向上，有利于针状和片状矿物定向排列和定向生长，并形成变质岩特有的构造，称为片理构造。

（3）化学活泼性流体

在变质作用过程中，化学活泼性流体是岩浆分化后期的产物。流体成分包括水蒸气、O_2、CO_2，含活泼性 B、S 等元素的气体和液体。它们与周围岩石接触，使矿物发生化学成分交替、分解，使原矿物被新形成的矿物取代，这个过程称为交代作用，如方解石与含硫酸的水发生化学作用可形成石膏。

3.变质作用的类型

变质岩变质作用主要有四种类型。

（1）接触变质作用：主要是高温使岩石变质，又称为热力变质作用，通常是岩浆侵入，高温使围岩产生接触变质。

（2）交代变质作用：岩石与化学活泼性流体接触而产生交代作用，产生新矿物，取代原矿物。例如，酸性花岗岩浆与石灰岩接触，由于气化热液的接触交代作用，可以产生含 Ca、Fe、Al 的硅卡岩。

（3）动力变质作用：由于地质构造运动产生巨大的定向压力，而温度不很高，岩石遭受破坏使原岩的结构、构造发生变化，甚至产生片理构造。

（4）区域变质作用：在地壳地质构造和岩浆活动都很强烈的地区，由于高温、高压和化学活泼性流体的共同作用，在大范围深埋地下的岩石受到变质作用，称为区域变质作用，其范围可达数千甚至数万平方千米。大部分变质岩属于此类。

（二）变质岩的矿物成分，结构和构造

1.变质岩的矿物成分

岩石在变质的过程中，原岩中的部分矿物保留下来，同时生成一些变质岩特有的新矿物。这两部分矿物组成了变质岩的矿物。正变质岩中常保留有石英、长石、角闪石等矿物，副变质岩中保留有石英、方解石、白云石等。新生的矿物主要有红柱石、硅灰石、石榴子石、滑石、十字石、阳起石、蛇纹石、石墨等，它们是变质岩特有的矿物，又称特征性变质矿物。

2.变质岩的结构

变质岩的结构主要是结晶结构，主要有三种。

（1）变余结构

在变质过程中，原岩的部分结构被保留下来称为变余结构。这是由于变质程度较轻造成的，如变余花岗结构、变余砾状结构等。

（2）变晶结构

变晶结构是变质岩的特征性结构，大多数变质岩有深浅程度不同的变晶结构，它是岩石在固体状态下经重结晶作用形成的结构。变质岩和岩浆岩的结构相似，为了区别，在变质岩结构名词前常加"变晶"二字，如等粒变晶结构和斑状变晶结构等。

（3）压碎结构

压碎结构主要指在动力变质作用下，岩石变形、破碎、变质而成的结构。原岩碎裂成块状称为碎裂结构，若岩石被碾成微粒状，并有一定的定向排列，则称为糜棱状结构。

3.变质岩的构造

（1）板状构造

泥质岩和砂质岩在定向压力作用下，产生一组平坦的破碎面，岩石易沿此裂面剥成薄板，称为板状构造。剥离面上常出现重结晶的片状显微矿物。板状构造是变质最浅的一种构造。

（2）千枚状构造

岩石主要由重结晶矿物组成，片理清楚，片理面上有许多定向排列的绢云母，呈明显的丝绢光泽，是区域变质较浅的构造。

（3）片状构造

重结晶作用明显，片状、针状矿物沿片理面富集，平行排列。这是由矿物变形、挠曲、转动及压熔结晶而成的，是变质较深的构造。

（4）片麻状构造

显晶质变晶结构，颗粒粗大，深色的片状矿物及柱状矿物数量少，呈不连续的条带状，中间被浅色粒状矿物隔开，是变质最深的构造。

（5）块状构造

岩石由粒状矿物组成，矿物均匀分布，元素定向排列，如大理岩、石英岩都是块状构造。

前四种构造统称片理构造，块状构造称为非片理构造。

（三）主要变质岩的特征

1.板岩

多为变余结构或部分变晶结构，板状构造，颜色多为深灰、黑色、土黄色等，主要矿物为黏土、云母、绿泥石等，为浅变质岩。

2.千枚岩

变余结构及显微鳞片状变晶结构，千枚状构造，通常为灰色、绿色、棕红色及黑色等，主要矿物有绢云母、石英、绿泥石、方解石等，为浅变质岩。

3.片岩

显晶质鳞片状变晶结构，片状构造。颜色比较杂，取决于主要矿物的组合。矿物成分有云母、滑石、绿泥石、石墨、角闪石等，属变质较深的变质岩，如云母片岩、角闪石片岩、绿泥石片岩等。

4.片麻岩

中、粗粒粒状变晶结构，片麻状构造，颜色较复杂，浅色矿物多为粒状的石英、长石，深色矿物多为片状、针状的黑云母、角闪石等。深色、浅色矿物各自形成条带状相间排列，属深变质岩，岩石定名取决于矿物成分，如花岗片麻岩、闪长片麻岩等。

5.混合岩

多为晶粒粗大的变晶结构，多条带状眼球状构造，混合岩是地下深处重熔高温带的岩石，经大量热液、熔浆及其携带物质的高温重熔、交代、混合等复杂的混合岩化作用后形成的，是一种特殊类型的变质岩。矿物成分与花岗片麻岩接近。

6.大理岩

粒状变晶结构，块状构造，由石灰岩、白云岩经区域变质重结晶而形成的碳酸盐矿物占50%以上，主要为方解石或白云石。纯大理岩为白色，称为汉白玉，是常用装饰和雕刻石料。

7.石英岩

粒状变晶结构，块状构造。纯石英为白色，含杂质的石英有灰白色、褐色等。矿物成分中石英含量大于 85%。石英岩硬度高，有油脂光泽，由石英砂岩或其他硅质岩经重结晶作用而成。

8.蛇纹岩

隐晶质结构，块状构造，颜色多为暗绿色或黑绿色，风化面为黄绿色或灰白色，主要矿物为蛇纹石，含少量石棉、滑石、磁铁矿等矿物，由富含基质的超基性岩经接触交代变质作用而成。

9.断层角砾岩

角砾状碎裂结构，块状构造，是断层错动带中的岩石在动力变质中被挤碾成角砾状碎块，经胶结而成的岩石。胶结物是细粒岩屑或溶液中的沉积物。

10.糜棱岩

粉末状岩屑胶结而成的糜棱结构，块状构造，矿物成分与原岩相同，含新生的变质矿物，如绢云母、绿泥石、长石等。糜棱岩是高动压力断层错动带中的产物。

第三章 地质构造

第一节 岩层

1.岩层

岩层的空间分布状态称为岩层产状。岩层按其产状可分为水平岩层、倾斜岩层和直立岩层。

（1）水平岩层

水平岩层指岩层倾角为 0° 的岩层。绝对水平的岩层很少见，习惯上将倾角小于 5° 的岩层都称为水平岩层，又称水平构造。岩层沉积之初顶面总是保持水平的，所以水平岩层一般出现在构造运动轻微的地区或大范围内均匀抬升、下降的地区，一般分布在平原、高原或盆地中部。水平岩层中新岩层总是位于老岩层之上，当岩层受切割时，老岩层出露于河谷低洼区，新岩层出露于高岗上。在同一高程的不同地点，出露的是同一岩层。

（2）倾斜岩层

倾斜岩层指岩层面与水平面有一定夹角的岩层。自然界绝大多数岩层是倾斜岩层，倾斜岩层是构造挤压或大区域内不均匀抬升、下降，使岩层向某个方向倾斜而成的。一般情况下，倾斜岩层仍然保持顶面在上、底面在下，新岩层在上、老岩层在下的产出状态，称为正常倾斜岩层。当构造运动强烈，使岩层发生倒转，出现底面在上、顶面在下，老岩层在上、新岩层在下的产出状态时，称为倒转倾斜岩层。

岩层的正常与倒转主要依据化石确定，也可依据岩层层面构造特征（如岩层面上的泥裂、波痕、虫迹、雨痕等）或标准地质剖面来确定。

倾斜岩层按倾角 α 的大小又可分为缓倾岩层（ $\alpha<30°$）、陡倾岩层（ $30°\leqslant\alpha<60°$）和陡立岩层（ $\alpha\geqslant60°$）。

（3）直立岩层

直立岩层指岩层倾角等于 90° 的岩层。绝对直立的岩层也较少见，习惯上将岩层倾角大于 85° 的岩层都称为直立岩层。直立岩层一般出现在构造强烈、紧密挤压的地区。

2.岩层产状

（1）产状要素

岩层在空间分布状态的要素称为岩层产状要素。一般用岩层面在空间的水平延伸方向、倾斜方向和倾斜程度进行描述，分别称为岩层的走向、倾向和倾角。

①走向。走向指岩层面与水平面的交线所指的方向，该交线是一条直线，称为走向线，它有两个方向，相差180°。

②倾向。倾向指岩层面上最大倾斜线在水平面上投影所指的方向。该投影线是一条射线，称为倾向线，只有一个方向。倾向线与走向线互为垂直关系。

③倾角。倾角指岩层面与水平面的交角，一般指最大倾斜线与倾向线之间的夹角，又称真倾角。

当观察剖面与岩层走向斜交时，岩层与该剖面的交线称为视倾斜线。视倾斜线在水平面的投影线称为视倾向线。视倾斜线与视倾向线之间的夹角称为视倾角。视倾角小于真倾角。视倾角与真倾角的关系为

$$tan\,\beta = tan\,\alpha \cdot sin\,\theta$$

式中，θ——视倾向线（观察剖面线）与岩层走向线之间的夹角。

（2）产状要素的测量、记录和图示

①产状要素的测量。岩层各产状要素的具体数值，一般在野外用地质罗盘仪在岩层面上直接测量和读取。

②产状要素的记录。由地质罗盘仪测得的数据，一般有两种记录方法，即象限角法和方位角法，如图3-1。

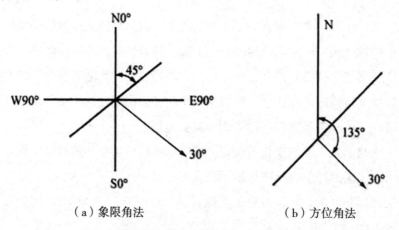

（a）象限角法　　　　　　　　（b）方位角法

图3-1　象限角法和方位角法

A.象限角法。以东、南、西、北为标志，将水平面划分为四个象限，以正北或正南方向为0°，正东或正西方向为90°，再将岩层产状投影在该水平面上，将走向线和倾向线所在的象限，以及它们与正北或正南方向所夹的锐角记录下来。一般按走向、倾角、倾向的顺序记录。例如：

N45° E∠30° SE

表示该岩层产状走向 N45° E，倾角 30°，倾向 SE。

B.方位角法。将水平面按顺时针方向划分为 360°，以正北方向为 0°，再将岩层产状投影到该水平面上，将倾向线与正北方向所夹角度记录下来，一般按倾向、倾角的顺序记录。例如：

135° ∠30°

表示该岩层产状为倾向距正北方向 135°，倾角 30°。

第二节　褶皱构造

在构造运动作用下岩层产生的连续弯曲变形形态称为褶皱构造。褶皱构造的规模差异很大，大型褶皱构造延伸几十千米，小型褶皱构造在标本上也可见到。

1.褶曲构造

褶皱构造中任何一个单独的弯曲都称为褶曲，褶曲是组成褶皱的基本单元。褶曲有背斜和向斜两种基本形态。

（1）背斜

岩层弯曲向上凸出，核部地层时代老，两翼地层时代新。正常情况下，两翼地层相背倾斜。

（2）向斜

岩层弯曲向下凹陷，核部地层时代新，两翼地层时代老。正常情况下，两翼地层相向倾斜。

2.褶曲要素

为了描述和表示褶曲在空间的形态特征，对褶曲各个组成部分给予一定的名称，称为褶曲要素。褶曲要素如下：

（1）核部：褶曲中心部位的岩层。

（2）翼部：褶曲两侧部位的岩层。

（3）轴面：通过核部大致平分褶曲两翼的假想平面。根据褶曲的形态，轴面可以是一个平面，也可以是一个曲面；可以是直立的面，也可以是一个倾斜、平卧或卷曲的面。

（4）轴线：轴面与水平面或垂直面的交线，代表褶曲在水平面或垂直面上的延伸方向。根据轴面的情况，轴线可以是直线，也可以是曲线。

（5）枢纽：褶曲中同一岩层面上最大弯曲点的连线。根据褶曲的起伏形态，枢纽可以是直线，也可以是曲线；可以是水平线，也可以是倾斜线。

（6）脊线：背斜横剖面上弯曲的最高点称为顶，背斜中同一岩层面上最高点的连线称为脊线。

（7）槽线：向斜横剖面上弯曲的最低点称为槽，向斜中同一岩层面上最低点的连线称为槽线。

3.褶曲分类

褶曲的形态多种多样，不同形态的褶曲反映了褶曲形成时不同的力学条件及成因。为了更好地描述褶曲在空间的分布，研究其成因，常以褶曲的形态为基础，对褶曲进行分类。下面介绍两种形态分类。

（1）褶曲按横剖面形态分类

褶曲按横剖面形态分类即按横剖面上轴面和两翼岩层产状分类。

①直立褶曲：轴面直立，两翼岩层产状倾向相反，倾角大致相等。

②倾斜褶曲：轴面倾斜，两翼岩层产状倾向相反，倾角不相等。

③倒转褶曲：轴面倾斜，两翼岩层产状倾向相同，其中一翼为倒转岩层。

④平卧褶曲：轴面近水平，两翼岩层产状近水平，其中翼为倒转岩层。

（2）褶曲按纵剖面形态分类

褶曲按纵剖面形态分类即按枢纽产状分类，见图2-2。

（a）水平褶曲　　　　　　　　　　（b）倾伏褶曲

图3-2　褶曲按纵剖面形态分类

①水平褶曲：枢纽近于水平，呈直线状延伸较远，两翼岩层界线基本平行，见图3-2（a）。若褶曲长宽比大于10∶1，在平面上呈长条状，则称为线状褶曲。

②倾伏褶曲：枢纽向一端倾伏，另一端昂起，两翼岩层界线不平行。在倾伏端交汇成封闭弯曲线，见图3-2（b）。若枢纽两端同时倾伏，则岩层界线呈环状封闭，其长宽比在（3∶1）~（10∶1）时，称为短轴褶曲；其长宽比小于3∶1时，背斜称为穹隆构造，向斜称为构造盆地。

4.褶曲的岩层分布判别

岩层受力挤压弯曲后，形成向上隆起的背斜和向下凹陷的向斜，但经地表营力的长期改造，或地壳运动的重新作用，原有的隆起和凹陷在地表面有时可能看不出来。为对褶曲形态做出正确鉴定，此时应主要根据地表面出露岩层的分布特征进行判别。一般来讲，当地表岩层出现对称重复时，则有褶曲存在。如核部岩层老，两翼岩层新，则为背斜；如核部岩层新，两翼岩层老，则为向斜。然后，根据两翼岩层产状和地层界线的分布情况，则可具体判别其横、纵剖面上褶曲形态的具体名称。

5.褶曲构造的类型

有时，褶曲构造在空间不是呈单个背斜或单个向斜出现，而是以多个连续的背斜和向斜的组合形态出现。其按组合形态的不同可分为以下类型。

（1）复背斜和复向斜

复背斜和复向斜是由一系列连续弯曲的褶曲组成的一个大背斜或大向斜，前者称为复背斜，后者称为复向斜。复背斜和复向斜一般出现在构造运动作用强烈的地区。

（2）隔挡式和隔槽式

隔挡式和隔槽式褶皱由一系列轴线在平面上平行延伸的连续弯曲的褶曲组成。当背斜狭窄，向斜宽缓时，称为隔挡式；当背斜宽缓，向斜狭窄时，称为隔槽式。这两种褶皱多出现在构造运动相对缓和的地区。

第三节　断裂构造

岩层受构造运动作用，当所受的构造应力超过岩石强度时，岩石的连续完整性遭到破坏，产生断裂，称为断裂构造。按照断裂后两侧岩层沿断裂面有无明显的相对位移，又分节理和断层两种类型。断裂构造在岩体中又称结构面。

1.节理

节理是指岩层受力断开后，断裂面两侧岩层沿断裂面没有明显的相对位移时的断裂构造。节理的断裂面称为节理面。节理分布普遍，绝大多数岩层中有节理发育。节理的延伸范围变化较大，由几厘米到几十米不等。节理面在空间的状态称为节理产状，其定义和测量方法与岩层面产状类似。节理常把岩层分割成形状不同、大小不等的岩块，小块岩石的强度与包含节理的岩石的强度明显不同。岩石边坡失稳和隧道洞顶坍塌往往与节理有关。

（1）节理分类

节理可按成因、力学性质、与岩层产状的关系和张开程度等分类。

①按成因分类。

节理按成因可分为原生节理、构造节理和表生节理；也有人分为原生节理和次生节理，次生节理再分为构造节理和非构造节理。

A.原生节理：岩石形成过程中形成的节理，如玄武岩在冷却凝固时体积收缩形成的柱状节理。

B.构造节理：由构造运动产生的构造应力形成的节理。构造节理常常成组出现，可将其中一个方向的一组平行破裂面称为一组节理。同一期构造应力形成的各组节理有成因上的联系，并按一定规律组合。

C.表生节理：由卸荷、风化、爆破等作用形成的节理，分别称为卸荷节理、风化节理、爆破节理等。常称这种节理为裂隙，为非构造次生节理。表生节理一般分布在地表浅层，大多无定方向性。

②按力学性质分类。

A.剪节理：一般为构造节理，由构造应力形成的剪切破裂面组成。一般与主应力成（45°－$\phi 12$）角度相交，其中 ϕ 为岩石内摩擦角。剪节理一般成对出现，相互交切为 X 形。剪节理面多平直，常呈密闭状态，或张开度很小，在砾岩中可以切穿砾石。

B.张节理：张节理可以是构造节理，也可以是表生节理、原生节理等，由张应力作用形成。张节理张开度较大，透水性好，节理面粗糙不平，在砾岩中常绕开砾石。

③按与岩层产状的关系分类。

A.走向节理：节理走向与岩层走向平行。

B.倾向节理：节理走向与岩层走向垂直。

C.斜交节理：节理走向与岩层走向斜交。

④按张开程度分类。

A.宽张节理：节理缝宽度大于 5mm。

B.张开节理：节理缝宽度为 3~5mm。

C.微张节理：节理缝宽度为 1~3mm。

D.闭合节理：节理缝宽度小于 1mm。

（2）节理发育程度分级

按节理的组数、密度、长度、张开度及充填情况，将节理发育程度分级，见表 3-1。

表 3-1 节理发育程度分级

发育程度等级	基本特征
节理不发育	节理 1~2 组，规则，为构造，间距在 1m 以上，多为闭合节理，岩体切制成大块状
节理较发育	节理 2~3 组，呈 X 形，较规则，以构造型为主，多数间距大于 0.4m，多为闭合节理，部分为微张节理，少有充填物。岩体切割成块石状
节理发育	节理 3 组以上，不规则，呈 X 形或"米"字形，以构造型或风化型为主，多数间距小于 0.4m，大部分为张开节理，部分有充填物。岩体切割成块石状
节理祝发育	节理 3 组以上，杂乱，以风化型和构造型为主，多数间距小于 0.2m，以张开节理为主，有个别宽张节理，一般均有充填物。岩体切割成碎裂状

（3）节理的调查内容

节理是广泛发育的一种地质构造，工程地质勘查应对其进行调查，包括以下内容：

①节理的成因类型、力学性质。

②节理的组数、密度和产状。节理的密度一般采用线密度或体积节理数表示。线密度以"条/m"为单位计算。体积节理数（J_v）用单位体积内的节理数表示。

③节理地张开度、长度和节理面的粗糙度。

④节理的充填物质及厚度、含水情况。

⑤节理发育程度分级。

此外，对节理十分发育的岩层，在野外许多岩体露头上，可以观察到数十条以至数百条节理。它们的产状多变，为了确定它们的主导方向，必须对每个露头上的节理产状逐条进行测量统计，编制该地区节理玫瑰花图、极点图或等密度图，由图确定节理的密集程度及主导方向。一般在 1m² 露头上进行测量统计。

2.断层

断层是指岩层受力断开后，断裂面两侧岩层沿断裂面有明显相对位移时的断裂构造。断层广泛发育，规模相差很大。大的断层延伸数百千米甚至上千千米，小的断层在手标本上就能见到。有的断层切穿了地壳岩石圈，有的则发育在地表浅层。断层是一种重要的地质构造，对工程建筑的稳定性起着重要作用。地震与活动性断层有关，滑坡、隧道中大多数的坍方、涌水均与断层有关。

（1）断层要素

为阐明断层的空间分布状态和断层两侧岩层的运动特征，给断层各组成部分赋予一定名称，称为断层要素。

①断层面：断层中两侧岩层沿其运动的破裂面。它可以是一个平面，也可以是一个曲面。断层面的产状用走向、倾向和倾角表示，其测量方法同岩层产状。有的断层面由一定宽度的破碎带组成，称为断层破碎带。

②断层线：断层面与地平面成垂直面的交线，代表断层面在地面或垂直面上的延伸方向。它可以是直线，也可以是曲线。

③断盘：断层两侧相对位移的岩层称为断盘。当断层面倾斜时，位于断层面上方的称为上盘，位于断层面下方的称为下盘。

④断距：岩层中同一点被断层断开后的位移量。其沿断层面移动的直线距离称为总断距，其水平分量称为水平断距，其垂直分量称为垂直断距。

（2）断层常见分类

①按断层上、下两盘相对运动方向分类。这种分类是主要的分类方法。

A.正断层：上盘相对向下滑动，下盘相对向上滑动的断层，正断层一般受地壳水平拉张力作用或重力作用而形成，断层面多陡直，倾角大多在45°以上。正断层可以单独出露，也可以多个连续组合形式出现，形成地堑、地垒和阶梯状断层。走向大致平行的多个正断层，当中间地层为共同的下降盘时，称为地堑；当中间地层为共同的上升盘时，称为地垒。组成的堑或地垒两侧的正断层，可以单条产出，也可以由多条产状近似的正断层组成，形成依次向下断落的阶梯状断层。

B.逆断层：上盘相对向上滑动，下盘相对向下滑动的断层。逆断层主要受地壳水平挤压应力形成，常与褶皱伴生。按断层面倾角可将逆断层划分为逆冲断层、逆掩断层和辗掩断层。

a.逆冲断层：断层面倾角大于45°的逆断层。

b.逆掩断层：断层面倾角在25°~45°的逆断层，常由倒转褶曲进一步发展而成。

c.辗掩断层：断层面倾角小于25°的逆断层。一般规模巨大，常有时代老的地层被推覆到时代新的地层之上，形成推覆构造。

当一系列逆断层大致平行排列，在横剖面上看，各断层的上盘依次上冲时，其组合形式称为叠瓦式逆断层。

C.平移断层：断层两盘主要在水平方向上相对错动的断层。平移断层主要由地壳水平剪切作用形成，断层面常陡立，断层面上可见水平的擦痕。

②按断层面产状与岩层产状的关系分类。

A.走向断层：断层走向与岩层走向一致的断层。

B.倾向断层：断层走向与岩层倾向一致的断层。

C.斜向断层：断层走向与岩层走向斜交的断层。

③按断层面走向与褶曲轴走向的关系分类。

A.纵断层：断层走向与褶曲轴走向平行的断层。

B.横断层：断层走向与褶曲轴走向垂直的断层。

C.斜断层：断层走向与褶曲轴走向斜交的断层。

当断层面切割褶曲轴时，在断层上、下盘同地层出露界线的宽窄常发生变化，背斜上升盘核部地层变宽，向斜上升盘核部地层变窄。

④按断层力学性质分类。

A.压性断层：由压应力作用形成，其走向垂直于主压应力方向，多呈逆断层形式，断面为舒缓波状，断裂带宽大，常有断层角砾岩。

B.张性断层：在张应力作用下形成，其走向垂直于张应力方向，常为正断层形式，断层面粗糙，多呈锯齿状。

C.扭性断层：在切应力作用下形成，与主压应力方向交角小于45°，常成对出现。断层面平直光滑，常有大量擦痕。

（3）断层存在的判别

①构造线标志。同一岩层分界线、不整合接触界面、侵入岩体与围岩的接触带、岩脉、褶曲轴线、早期断层线等，在平面或剖面上出现了不连续，即突然中断或错开，则有断层存在。

②岩层分布标志。一套顺序排列的岩层，由于走向断层的影响，常造成部分地层的重复或缺失现象，即断层使岩层发生错动，经剥蚀夷平作用使两盘地层处于同一水平面时，会使原来顺序排列的地层出现部分重复或缺失。通常有六种情况造成的地层重复和缺失，见表3-2。

表3-2　走向断层造成的地层重复和缺失

断层性质	断层倾斜与地层倾斜的关系		
	二者倾向相反	二者倾向相同	
		断层倾角大于岩层倾角	断层倾角小于岩层倾角
正断层	重复	重复	重复
逆断层	缺失	缺失	缺失
断层两盘相对动向	下降盘出现新地层	下降盘出现新地层	上升盘出现新地层

③断层的伴生现象。当断层通过时，在断层面（带）及其附近常形成一些构造伴生现象，也可作为断层存在的标志。

A.擦痕、阶步和摩擦镜面。断层上、下盘沿断层面做相对运动时，因摩擦作用，在断层面上形成一些刻痕、小阶梯或磨光的平面，分别称为擦痕、阶步和摩擦镜面。

B.构造岩（断层岩）。因地应力沿断层面集中释放，常造成断层面处岩体十分破碎，形成一个破碎带，称为断层破碎带。破碎带宽几十厘米至几百米不等，破碎带内碎裂的岩、土体经胶结后称为构造岩。构造岩中碎块颗粒直径大于2mm时称为断层角砾岩，当碎块颗粒直径为0.01~2mm时称为碎裂岩，当碎块颗粒直径更小时称为糜棱岩，当颗粒均研磨成泥状时称为断层泥。

C.牵引现象。断层运动时，断层面附近的岩层受断层面上摩擦阻力的影响，在断层面附近形成弯曲现象，称为断层牵引现象，其弯曲方向一般为本盘运动方向。

④地貌标志。在断层通过地区，沿断层线常形成一些特殊地貌现象。

A.断层崖和断层三角面。在断层两盘的相对运动中，上升盘常常形成陡崖，称为断层崖，如峨眉山金顶舍身崖、昆明滇池西山龙门陡崖。当断层崖受到与崖面垂直方向的地表流水侵蚀切割，使原崖面形成一排三角形陡壁时，称为断层三角面。

B.断层湖、断层泉。沿断层带常形成一些串珠状分布的断陷盆地、洼地、湖泊、泉水等，可指示断层延伸方向。

C.错断的山脊、急转的河流。正常延伸的山脊突然被错断，或山脊突然断陷成盆地、平原，正常流经的河流突然产生急转弯，一些顺直深切的河谷，均可指示断层延伸的方向。

判断一条断层是否存在，主要依据地层的重复、缺失和构造不连续这两个标志。其他标志只能作为辅证，不能依其下定论。

（4）断层运动方向的判别

判别断层性质，首先要确定断层面的产状，从而确定出断层的上、下盘，再确定上、下盘的运动方向，进而确定断层的性质。断层上、下盘运动方向可由以下几点判别：

①地层时代。在断层线两侧，通常上升盘出露地层较老，下降盘出露地层较新。地层倒转时相反。

②地层界线。当断层横截褶曲时，背斜上升盘核部地层变宽，向斜上升盘核部地层变窄。

③断层伴生现象。刻蚀的擦痕凹槽较浅的一端、阶步陡坎方向，均指示对盘运动方向。牵引现象弯曲指示本盘运动方向。

④符号识别。在地质图上，断层一般用粗红线醒目地标示出来，断层性质用相应符号表示，正断层和逆断层符号中，箭头所指为断层面倾向，角度为断层面的倾角，短齿所指方向为上盘运动方向。平移断层符号中箭头所指方向为本盘运动方向。

第四章　地表水及地下水的地质作用

第一节　基础知识

　　自然界中水的分布十分广泛，大气圈、水圈、生物圈和地球内部都有水的存在，并且处于不断运动、互相转化的过程中。自然界中的水循环就反映了它们之间的相互联系。在太阳热能的作用下，从水面、岩（土）表面和植物叶面蒸发的水，以水蒸气的形式上升到大气圈中。在适宜的条件下以雨、雪、霜、雹等形式降到地面或水面上。降到地面上的水，一部分形成地表水，一部分渗入地下形成地下水，其余部分再度蒸发返回大气中。地下水在地下渗流一段距离后，又可能溢出地表，形成地表水。地表水和地下水是影响外力地质作用的主要因素之一，是改造地壳表层结构和形态的重要地质营力。它们在向湖、海等地势低洼的地方流动过程中，不仅能侵蚀岩层，形成各种侵蚀现象，同时又把被侵蚀的物质加以搬运和堆积，形成各种堆积物和堆积地貌。本章将以此作为研究内容，讨论地表水地质作用和地下水地质作用。

第二节　地表水的地质作用

　　地表水的地质作用分为暂时性流水地质作用和经常性流水地质作用。本节将讨论暂时性流水地质作用和经常性流水地质作用，以及由这些地质作用形成的堆积物、地貌形态及其特征和工程地质性质。

　　地表水也称为地面流水，是指陆地表面在重力作用下流动着的液态水。地面流水包括片流、洪流和河流，后两者也称为线流。片流是降雨或降雪时产生的暂时性水流，由无数股无固定流路的细小水流顺斜坡呈片状流动，对地面进行洗刷，同时产生坡积物。片流作用范围广泛，能造成严重的水土流失，增加河流的含砂量。洪流是当片流遇到凹凸不平的地面时，地表水集中到低洼的沟中流动形成的。河流是经常性流水，它的水源除大气降水、片流和洪流之外，高山上的冰雪融化水和地下水都可能是它的重要水源。线流对地面造成线状侵蚀，其结果是形成线状伸展的沟槽及相应的堆积物，其中，由暂时性的线流冲刷地表而形成的沟槽称为冲沟，其堆积物称为洪积物；而经常性的线流则形成河谷及冲积物。

地面流水直接汇入同一条河流的区域，称为流域。流域之间的高地称为分水岭，流域内大大小小的河流汇集成的水网称为水系。

根据流水中水质点的运动方式，流水可分为层流和紊流。层流即水质点在流动过程中，相对位置保持平行的一种水流；紊流是水质点在流动过程中，彼此相对位置随时变换的一种水流。紊流产生的上举力是泥沙悬浮的主要原因。流水从层流转变为紊流的速度称为临界速度：

$$v = Re\frac{\mu}{10\rho d}$$

式中，v——临界速度，cm/s；

μ——流体黏度，$Pa \cdot s$，流水的黏度$\approx 10^{-3}Pa \cdot S$；

ρ——流体密度，g/cm^3；

d——管径，cm；

Re——雷诺数，量纲为1，Re的物理含义为流体惯性力与流体黏滞力之间的比率关系。Re越大，即惯性力越大，越容易出现紊流。一般$Re<2320$时为层流，$Re>2320$时为紊流。

一、暂时性流水的地质作用

1.雨蚀作用

就整个山坡来说，山坡上部经雨滴的多次冲击，物质遭受侵蚀，山坡下部不断有激溅下落的泥沙堆积，使山坡变缓，这种地质作用称为雨蚀作用。雨蚀作用可分为机械作用（降雨时雨滴以加速度冲击地面）和化学作用（雨水的化学溶蚀作用）。

降落在斜坡上的雨水和冰雪融水呈片状或网状沿坡面漫流。由于水层薄，流速小，水流分散，因此能比较均匀地冲刷斜坡上的松散物质（主要是土壤和岩石风化产物）。例如，我国西北半干旱的黄土高原地区，由于降水强度较大，且植物覆盖率低，土质松散，造成水土大量流失。雨蚀作用的强度取决于以下方面。

（1）降雨量和降雨速度

降雨越多、越猛烈，作用越强。

（2）斜坡性质和坡度

斜坡性质包括组成斜坡的岩石或土壤的粒径大小、固结程度、透水性能和植被覆盖情况。此外，风向也有一定的关系。斜坡坡度越陡，作用越强。

2.片流的地质作用

片流的地质作用也称为洗刷作用，即片流沿整个斜坡把细小的松散颗粒冲洗至斜坡下部。洗刷作用强度与气候、地形及地面岩性和植被有关。降水量越大、越猛烈，洗刷作用强度越大：坡度在 40° 左右的山坡洗刷作用强度最大，坡度过大、过小时洗刷作用都减弱；山坡为松散物质，无黏结性，有利于片流的洗刷作用；植被茂盛的山坡几乎不产生洗刷作用。片流侵蚀将斜坡上的松散物质向下搬运，由于水流时间短、动能小，因此搬运的距离一般不远。被搬运的物质，一部分直接或间接流入江河，成为江河泥沙的主要来源；一部分在缓坡或坡脚处堆积下来，形成坡积物。

（1）坡积物的特征

颗粒的分选性及磨圆度差，一般无层理或层理不清晰，组成成分与斜坡上部岩石性质有关，颗粒大小由斜坡上部向坡脚逐渐变细，上部多为较粗的岩石碎屑，靠近坡脚处常由细粒粉质黏土和黏土等组成，并夹有大小不等的岩块。坡积物的厚度，通常在斜坡上部较薄，下部逐渐变厚，坡脚处最厚可达几十米。

（2）坡积物的工程地质性质

坡积物的组成物质结构松散，孔隙率高，压缩性大，抗剪强度低，在水中容易崩解。当黏土质成分含量较多时，透水性较弱：含粗碎屑石块较多时，则透水性强。当坡积层下伏基岩表面倾角较陡，坡积物与基岩接触处为黏性土而又有地下水沿基岩面渗流时，则易发生滑坡。在山区的河谷谷坡和山坡上，坡积物广泛分布，这对基坑开挖、开渠、修路等危害很大。在坡积物上修建建筑物时，还应注意地基的不均匀沉降问题。当选址涉及坡积物时，应查明其厚度及物理力学性质，正确评价建筑物的稳定问题。

3.洪流的地质作用

洪流的地质作用也称为冲刷作用，即洪流以巨大的机械力猛烈冲刷沟底及沟壁岩石。冲刷作用的强度与气候、地形及地面岩性和植被有关。缺少植被保护、土质松散而降雨又集中的山坡，冲刷作用强烈，易形成冲沟。洪流一旦流出沟口，坡度减小水流散开，动力很快减弱，冲刷物沉积形成洪积扇。冲刷作用的结果是形成洪积物及洪积扇地貌。

洪积物常发育在干旱、半干旱地区，往往在山间河谷沟口形成洪积扇，并与坡积物、冲积物交互沉积在一起，形成山麓的坡积、洪积裙和山前洪积、冲积倾斜平原。洪积物的特点是在近山区地带为分选性不好的粗碎屑土，而远处则为分选性较好的细碎屑土和黏性土，其磨圆度与搬运距离有关，有斜交层理或透镜体。其工程地质性质与所处部位有关，近山口的粗碎屑土的孔隙度和透水性都很大，压缩性小，承载力大，而远离山口的细碎屑土和黏性土透水性小，压缩性大。

二、经常性流水的地质作用

最常见的经常性流水是河流。河流所流经的槽状地形称为河谷，河谷由谷底和谷坡两大部分组成。谷底包括河床及河漫滩，河床是指平水期河水占据的谷底，或称河槽；河漫滩是河床两侧洪水时才能淹没的谷底部分，而枯水时则露出水面。谷坡是河谷两侧的岸坡。谷坡下部常年洪水不能淹没并具有陡坎的沿河平台称为阶地。河水在流动时，对河床进行冲刷破坏，并将所侵蚀的物质带到适当的地方沉积下来，故河流的地质作用可分为侵蚀作用、搬运作用和沉积作用。

1.侵蚀作用

河流的侵蚀作用包括机械侵蚀和化学溶蚀两种。前者最为普遍；只有在可溶岩地区的河流，溶蚀才比较明显。河流的侵蚀作用，一方面向下切割河床，称为下蚀作用；另一方面向两岸冲刷谷坡，称为侧蚀作用。

（1）下蚀作用

河流的下蚀作用是指河水及其所携带的沙砾对河床基岩撞击、磨蚀，对可溶性岩石的河床还进行溶解，致使河床受侵蚀而逐渐使破坏加深。河流下蚀作用的强弱由多种因素决定，如河床岩石的软硬、河流含砂量的多少和河水的流速等。山区河流，由于地势高差大，河床坡度陡，故水流速度快，下蚀作用强；平原河流，流速缓慢，一般下蚀作用微弱，甚至没有。

（2）侧蚀作用

河水流动时，由于受河床的岩性、地形、地质构造及地球自转等因素的影响，河流的表面水流流向凹岸，致使凹岸不断被冲刷淘空、垮落。侵蚀下来的物质又被河流底层的水流带向凸岸或下游，在适当的地点堆积起来。随着河流的弯曲程度进一步发展，河流弯曲也越来越大。在洪水期，相邻的河湾逐渐靠近时容易被冲开，使河床"截弯取直"。被废弃的旧河道则逐渐淤塞断流，与原河道失去联系，形成牛轭湖。

河流的下蚀作用和侧蚀作用常是同时进行的，即河水对河床加深的同时，也在加宽河谷。一般在上游以下蚀作用为主，侧蚀作用较弱；中、下游则由于河床坡降变小，下蚀作用变弱而侧蚀作用加强，形成较宽的河谷。

2.搬运作用

河水在流动过程中，搬运着河流自身侵蚀和谷坡上崩塌、冲刷下来的物质。其中，大部分是机械碎屑物，少部分为溶解于水中的各种化合物，前者称为机械搬运，后者称为化学搬运。机械碎屑物质在搬运过程中，可以沿河床以滑动、滚动和跳跃等方式进行，也可以悬浮于水中被搬运，相应的搬运物质称为推移质和悬移质。机械搬运方式有悬运、推运和跃运三种。

（1）悬运

如果颗粒在水中的重力小于水的上举力，这些颗粒将悬浮于水中运动，称为悬运（紊流支持）。

（2）推运

如果上举力小于颗粒在水中的重力，颗粒在水流冲力推动下，或沿河床滚动，或沿河床滑动，称为推运（悬浮力小于颗粒重力）。

（3）跃运

如果上举力与颗粒在水中的重力不相上下，颗粒在水流冲力作用下，跳跃前进，称为跃运（悬浮力约等于颗粒重力）。

河流的机械搬运能力和物质被搬运的状态受河流的流量，特别是流速的控制。例如，流经黄土地区的河流，往往有着很高的泥沙含量。黄河在建水库前，在陕县测得的平均含砂量达 $36.9kg/m^3$，永定河在官厅测得的平均含砂量竟高达 $60.9kg/m^3$（水库修建前）。

3.沉积作用

当河床的坡度减小或搬运物质增加而引起流速变慢时，河流的搬运能力降低，河水携带的碎屑物质便逐渐沉积下来，形成层状的冲积物，这个过程称为沉积作用。河流的沉积作用主要发生在河流入海、入湖和支流入干流处，或者在河流的中、下游，以及河曲的凸岸，但大部分都沉积在海洋和湖泊里。河谷沉积只占搬运物质的少部分，而且多是暂时性沉积，很容易被再次侵蚀、搬走。

由于河流搬运物质的颗粒大小与流速有关，因此，当流速较小时，被搬运的物质就按颗粒的大小或密度，依次从大到小或从重到轻先后沉积下来。故一般在河流的上游沉积较粗的砂砾石，越往下游沉积物质越细，多为沙壤土或黏性土，更细的或溶解质多带入海中沉积。

4.冲积物

冲积物是由河流所携带的物质沉积下来的沉积物，其特点是，山区河谷中只发育单层砾石结构的河床相沉积，山间盆地和宽谷中有河漫滩相沉积，其分选性较差，具有透镜状或不规则的带状构造，有斜层理出现，厚度不大，一般不超过 15m，多与崩塌堆积物交错混合。平原河流具有河床相、河漫滩相和牛轭湖相沉积。

正常的河床相沉积的结构是，底部河槽被冲刷后，底部是由厚度不大的块石、粗砾组成的沉积，其上是由粗砂、卵石土组成的透镜体，上面为分选性较好的具有斜层理与交错层理由砂或砾石组成的滨河床浅滩沉积。一般情况是粗颗粒具有很大的透水性，也是很好的建筑材料；当其为细砂时，饱水后在开挖基坑时往往会出现流沙现象，应特别注意。

河漫滩相沉积的主要特征是上部的细砂和黏性土与下部河床相沉积组成二元结构，具有斜层理与交错层理构造。一般为细碎屑土和黏性土，结构较为紧密，形成阶地，大多分布在冲积平原的表层，成为各种建筑物的地基。我国不少大城市，如武汉、上海、天津等都位于河漫滩相沉积物之上。

牛轭湖相沉积由淤泥质土和少量黏性土组成，含有机质，呈暗灰色、黑色、灰蓝色并带有铁锈斑，具有水平层理和斜层理构造。冲积物的工程地质性质视具体情况而定。在河流下游，冲积物常形成广阔的冲积平原或三角洲平原。各地冲积物厚度变化很大，北方厚而南方薄。河床沉积为砂层，由河床向外依次为粉砂、粉质黏土及黏土，粗细物质常呈带状分布，各种岩性犬牙交错，相互穿插过渡。若河流改道，冲积物分布也相应改变。

5.河谷阶地

当地壳从长期稳定或下降一旦转变为快速上升时，河流下蚀力增大，在原来的宽谷底上切出新的河谷，原来的谷底便抬升到新河谷的谷坡上形成台阶，称为河谷阶地。阶地地形常较开阔平坦，土地肥沃，往往是进行农业生产、工程建筑的重要场所，也是人类经常居住的重要场所。根据阶地的成因可将其分为侵蚀阶地、基座阶地、堆积阶地和埋藏阶地四种类型。

（1）侵蚀阶地

阶面为侵蚀基岩，根部无冲积物的称为侵蚀阶地。侵蚀阶地的特点是由基岩组成，在阶地上有时残留极少的冲积物，所以又称基岩阶地。这种阶地多见于构造运动上升的山区河谷中，它作为厂房的地基或坝肩、桥台的地基是有利的。

（2）基座阶地

陡面和陡坎上部是冲积物，下部是基岩的阶地称为基座阶地。基座阶地的特点是由两种不同物质组成，其上层为冲积物，下层为基岩底座。它的形成反映了河流下蚀作用的深度已超过原来谷底冲积层厚度，并且切入基岩。基座阶地在河流中比较常见。

（3）堆积阶地

阶地陡坎上没有基岩的称为堆积阶地。堆积阶地全部由冲积物组成，通常多分布在河流中流和下游地区。它的形成反映河流下蚀深度均未超过原来谷底的冲积层。根据下蚀深度的不同，堆积阶地又可分为上叠阶地和内叠阶地。

（4）埋藏阶地

河谷形成阶地以后，如果地壳相对下降，新的河流沉积物把河谷阶地掩埋，被掩埋的阶地称为埋藏阶地。河流阶地是常见的河谷地貌，许多河流有一级阶地或多级阶地，可由河漫滩（或河床）算起，向上依次称一级阶地、二级阶地……n 级阶地。一般形成年代最新的阶地，保存最好；时代越老的阶地，保存越不完整。

第三节　地下水的地质作用

一、地下水概述

地下水是埋藏于地表以下岩土体空隙（孔隙、裂隙、溶隙）中各种状态的水，它是地球上水体的重要组成部分。地下水与大气水、地表水之间的不断运动和相互转化，即为在各种自然因素影响下进行着的自然界水循环。

大气降水（包括降雨、雪、冰雹等）到达地表后，一部分渗入地下形成地下水。地表水（河流、湖泊、海洋、水库、渠道等）水体也能通过岩土体空隙渗入地下形成地下水。在降水稀少的干旱地区，地下水主要由岩土体空隙中的水蒸气凝结而成。地下水的分布是极其广泛的，是一种宝贵的地下资源；同时，它也可能给工程建设带来一定的困难和危害。因此，研究地下水对国民经济建设具有重要意义。本节主要论述地下水的存在形式、物理性质、化学成分，岩土的水理性质，地下水的基本类型及其特征等。

二、地下水的基本知识

1.地下水的存在形式

水在岩土体空隙中存在的形式不同，其物理性质也不同。地下水的存在形式包括气态水、液态水（吸着水、薄膜水、毛管水和重力水）和固态水，其中以液态水为主。

（1）气态水

以水蒸气形式存在于未被水饱和的岩土体空隙中，它可以从水汽压力（绝对湿度）大的地方向水汽压力小的地方运移，当温度降低到0℃时，气态水凝结成液态水。

（2）液态水

①吸着水。土颗粒表面及岩石空隙壁面均带有电荷，水是偶极体，因此在电引力作用下，土颗粒或岩体裂隙壁表面可吸附水分子，形成一层极薄的水膜，称为吸着水。这些水分子和颗粒结合得非常紧密，因此，也称强结合水。它不受重力作用影响，只有变成水汽才能移动。吸着水不能溶解盐类，也不能被植物吸收。

②薄膜水。在吸着水膜的外层，还能吸附水分子而使水膜加厚，这部分水称为薄膜水。随着水膜的加厚吸附力逐渐减弱，因此薄膜水又称弱结合水。它的特点也是不受重力影响，但水分子能从薄膜厚处向薄膜薄处移动。吸着水和薄膜水又称结合水。

③毛管水。毛管水是指充满于岩土毛细管空隙中的水，也称毛细水。毛管水同时受重力和毛管力的作用，它可以传递静水压力，毛管水的上升高度取决于岩土体空隙的大小，并随地下水面的升降和蒸发作用而变化。

④重力水。岩土体空隙全部被水充满时，在重力作用下能自由运动的水，称为重力水。能透水而又饱含重力水的岩土体层称为含水层：不透水（或透水性很弱）且不能给水的岩土体层称为隔水层。

含水层的形成应具备一定的条件：首先必须具备储水空间，即岩土层应具有空隙，外部的重力水才能流入和储存：同时应具有储水的地质构造，才能存住水。例如，处在较高阶地上的沙砾石层，虽然具有良好的透水性，但它处于当地侵蚀基准面及河水面以上，地下水很快流失，也不能形成含水层。

隔水层的概念是相对的，但一般认为渗透系数小于 0.001m/d 的岩土层为隔水层。通常隔水层可分为两类，一类是致密岩石，其中没有裂隙，不透水也不含水：另一类是岩土体孔隙率很大，但孔隙小，孔隙绝大部分被结合水充填，地下水几乎不能流动，如黏土等。

（3）固态水

当岩土体中温度低于 0℃时，空隙中的液态水就结冰转化为固态水。因为水冻结时体积膨胀，所以冬季在许多地方都有冻胀现象。在东北北部和青藏高原等高寒地区，有一部分地下水多年保持固态，形成多年冻土区。

2.地下水的物理性质及化学成分

由于地下水的补给来源、埋藏条件、径流途径等不同，地下水与周围岩土体进行着广泛的相互作用，溶解岩土体中某些盐分、气体和有机物质，同时，地下水在参与自然界水循环的过程中，从大气降水和地表水中也获得了各种物质成分。因此，地下水成为一种复杂的天然溶液。

研究地下水的物理性质和化学成分，对于了解地下水的形成条件与动态变化，进行供水的水质评价，分析地下水对建筑材料的侵蚀性及查明地下水的污染源等方面，都具有重要意义。

（1）地下水的物理性质

地下水的物理性质包括温度、颜色、透明度、臭（气味）、口味、导电性和放射性等。

地下水的温度主要受气温、地热控制，随自然地理、地质条件和水循环深度而变化。

例如，寒带和多年积雪地带，浅层的地下水温度可低至-5℃以下，而埋藏于火山活动地区及地壳深处的地下水温度可达几十摄氏度甚至超过 100℃。

地下水一般是无色、无臭、无味和透明的。当水中含有某些元素或悬浮物质及胶体时，便会带有不同的颜色而显得混浊。

地下水按透明度可划分为透明、微浊、混浊和极混浊四级。

地下水的气味取决于它所含的气体成分和有机质。地下水的口味取决于其所含的盐分和气体。

地下水的导电性取决于其所含电解质的种类和数量。离子含量越多，离子价越高，则水的导电性就越强。

地下水的放射性取决于其所含放射性元素的含量，一般地下水的放射性极为微弱。

（2）地下水的化学成分

地下水中含有各种气体、离子、胶体物质和有机质。自然界中存在的元素，绝大多数已在地下水中发现，但只有少数元素含量较高。

①地下水中常见的成分。地下水中常见的成分可以分为离子成分、气体成分、胶体成分、有机质和细菌成分。

A.离子成分。地下水中常见的离子成分有 Cl^-、SO_4^{2-}、HCO_3^-、K^+、Na^+、Ca^{2+}、Mg^{2+} 七种。它们分布广，在地下水中含量最多，这些成分决定了地下水化学成分的基本类型和特点。

B.气体成分。地下水中含有多种气体成分，常见的有 O_2、N_2、H_2S 等。

C.胶体成分。地下水中含有未离解的化合物构成的胶体，如 $Fe(OH)_3$、$Al(OH)_3$ 及 SiO_2 等。

D.有机质和细菌成分。有机质主要来源于生物遗体的分解，多富集于沼泽水中，有特殊气味。细菌成分可分为病源菌和非病源菌两种。

②地下水的主要化学性质。地下水的主要化学性质包括总矿化度、硬度、酸碱度和侵蚀性等。

A.总矿化度。地下水中含有各种离子、分子和化合物的总量称为总矿化度，简称矿化度。它表示水中含盐量的多少，以 g/L 为单位。通常是以 $105 \sim 110℃$ 温度下将水蒸干所得的干涸残余物总量来确定。根据矿化度的大小，可将地下水分为淡水（<1g/L）、微咸水（$1 \sim 3$g/L）、咸水（$3 \sim 10$g/L）、盐水（$10 \sim 50$g/L）和卤水（>50gL）五类。

高矿化水能降低混凝土强度、腐蚀钢筋，并能促进混凝土表面风化，故拌和混凝土时，一般不允许用高矿化水。

B.硬度。水的硬度取决于水中 Ca^{2+}、Mg^{2+} 的含量。硬度分为总硬度、暂时硬度和永久硬度。总硬度是指水中所含 Ca^{2+}、Mg^{2+} 的总量；暂时硬度是指将水加热煮沸后，水中一部分 Ca^{2+}、Mg^{2+} 与 HCO_3^-；作用生成碳酸盐沉淀（$CaCO_3$ 或 $MgCO_3$），这部分 Ca^{2+}、Mg^{2+} 的总量称为暂时硬度。永久硬度等于总硬度减去暂时硬度。

硬度的表示方法很多，我国目前采用德国度表示，1 德国度相当于 1L 水中含 10mg 氧化钙（CaO）或 7.2mg 氧化镁（MgO）。根据硬度可将地下水分为五类，见表 4-1。

表 4-1　地下水按硬度分类

水的类型	极软水	软水	微硬水	硬水	极硬水
德国度	<4.2	4.2~8.4	8.4~16.8	16.8~25.2	>25.2

C.酸碱度。地下水的酸碱度取决于水中所含 H'的浓度，常用 pH 表示。pH 为水中 HT 浓度的负对数值。

D.侵蚀性。侵蚀性是指水对碳酸盐类物质（如石灰岩、混凝土等）及金属机械、钢筋构件的侵蚀能力。地下水能破坏混凝土，是因为地下水能溶解混凝土中某些成分，并能形成一些新的化合物。例如：

a.硫酸型侵蚀：当水中 SO_4^{2-} 含量多时，会与混凝土中某些成分相互作用，形成含水的硫酸盐结晶（如生成 $CaSO_4 \cdot 2H_2O$），在这种新化合物的形成过程中，体积膨胀，混凝土结构遭到破坏，故又称结晶性侵蚀。

b.碳酸型侵蚀：主要是指水中侵蚀性二氧化碳对混凝土中的碳酸钙成分的溶解，使混凝土遭到破坏。

3.岩土的水理性质

从水文地质观点来研究，岩土的水理性质是指与地下水的储存和运移等有关的岩土性质，包括岩土的溶水性、持水性、给水性和透水性等，表征它们的定量指标是进行水文地质评价的基本参数。

（1）溶水性

岩土体空隙能容纳一定水量的性能称为溶水性。表征溶水性的指标是容水度，容水度是指岩土中所能容纳水的体积与岩土体总体积之比，用小数或百分数表示。显然容水度在数值上与空隙率（孔隙率、裂隙率、溶隙率）近似相等。

（2）持水性

饱水岩土体在重力作用下排水后仍能保持一定水量的性能称为持水性。表征持水性的指标是持水度，持水度是指饱水岩土体排水后，仍然保持的水体积与岩土总体积之比，以小数或百分数表示。在重力影响下，岩土体空隙中尚能保持的水主要是结合水和悬挂毛管水。

（3）给水性

饱水岩土在重力作用下能自由排出一定水量的性能，称为给水性。表征给水性的指标是给水度，给水度是指饱水岩土能自由流出水的体积与岩土总体积之比，以小数或百分数表示。给水度在数值上等于容水度减去持水度。不同岩土的给水度是不同的（表 4-2），具有张开裂隙的坚硬岩石或粗粒的砂卵砾石，持水度很小，给水度接近于容水度；具有闭合裂隙的岩石或黏土，持水度大，给水度很小甚至等于零。

表 4-2　松散沉积物的给水度

岩石名称	给水度	岩石名称	给水度
砾石	0.30~0.35	细砂	0.15~0.20
粗砂	0.25~0.30	极细砂及粉砂	0.05~0.15
中砂	0.20~0.25	黏性土	0~0.05

（4）透水性

岩土体允许水通过的性能称为透水性。岩石透水性的强弱主要取决于岩土空隙的大小及其连通情况，其次是空隙率的大小。在具有相似连通程度的条件下，水在大空隙中流动所受阻力就小，水流速度快，透水性强。在细小空隙中，由于其间多为结合水所充填，水流所受阻力就大，透水性弱。例如，黏土孔隙率虽然可高达50%左右，但因其中孔隙细小，往往成为不透水层或隔水层。衡量岩土透水性的指标是渗透系数，渗透系数越大，表示岩土的透水性越强，见表4-3。

表 4-3　各类岩土渗透系数经验值

岩土名称	渗透系数 k/（m/d）	岩土名称	渗透系数 k/（m/d）
粉质黏土	0.001~0.1	中砂	5.0~20.0
粉质粉土	0.1~0.5	粗砂	20.0~50.0
粉砂	0.5~1.0	砾石	50.0~150.0
细砂	1.0~5.0	卵石	100.0~500.0

三、地下水的基本类型及其特征

地下水这一名词有广义和狭义之分。广义的地下水是指赋存于地面以下岩土空隙中的水，包气带及饱水带中所有含于岩石空隙中的水均属于广义地下水；狭义的地下水是指赋存于饱水带岩土空隙中的水。地下水的赋存特征对其水量、水质、分布有决定性意义，其中最重要的是埋藏条件与含水介质类型。

地下水埋藏条件是指含水岩层在地质剖面中所处的部位及受隔水层（弱透水层）限制的情况，据此可将地下水分为包气带水、潜水和承压水。按含水介质（空隙）类型，可将地下水分为孔隙水、裂隙水和岩溶水。

1.按埋藏条件分类

（1）包气带水

位于潜水面以上未被水饱和的岩土体中的水称为包气带水。此带称为包气带，其下称为饱水带。包气带中的水主要有土壤水和上层滞水。

①土壤水。土壤水是土壤层中的水，主要以毛管水和结合水形式存在。土壤水的形成主要靠大气降水的渗入、水汽凝结及潜水补给。大气降水通过土壤层向下渗透，就有一部分水保持在土壤层里，称为田间持水量（土壤层中最大悬挂毛管水含水量）。多余的部分

呈重力水下渗补给潜水。土壤水主要消耗于蒸发和被植物根系吸收。土壤水的动态主要受气候条件控制，呈季节性变化。

②上层滞水。存在于包气带中局部隔水层之上的重力水称为上层滞水。它由大气降水或地表水入渗补给，并在原地以蒸发或向隔水层四周散流的形式排泄，其动态随季节而变化。由于上层滞水分布范围有限、水量小，因此只能作为小型临时性的供水水源。在基坑开挖遇到上层滞水时，也容易处理。

（2）潜水

①潜水的概念及特征。潜水是埋藏于地表以下第一个稳定隔水层之上的重力水，见图4-1。

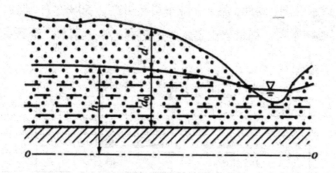

图4-1 潜水埋藏示意图

1.砂层；2.隔水层：3.含水层：4.潜水面：5.基准面；

d.潜水埋藏深度；d_0.含水层厚度；h.潜水位

潜水具有自由的水面，称为潜水面。潜水面任意一点的高程，称为该点的潜水位（h）。潜水面至地表的距离为潜水埋藏深度（d）。自潜水面至隔水底板之间充满了重力水的岩土层，称为含水层。其间的垂直距离为含水层厚度（d_0）。

根据潜水的埋藏条件，潜水具有以下特征：

A.潜水具有自由水面，为无压水。在重力作用下可以由水位高处向水位低处渗流，形成潜水径流。

B.潜水的分布区和补给区基本是一致的。在一般情况下，大气降水、地表水可通过包气带入渗直接补给潜水。

C.潜水的动态（如水位、水量、水温、水质等随时间的变化）随季节不同而有明显变化。例如，雨季降水多，潜水补给充沛，使潜水面上升，含水层厚度增大，水量增加，埋藏深度变浅；而在枯水季则相反。

D.在潜水含水层之上因无连续隔水层覆盖，一般埋藏较浅，因此容易受到污染。

②潜水面的形状。在自然界中，潜水面的形状因时因地而异，它受地形、地质、气象、水文等各种自然因素和人为因素的影响。一般情况下，潜水面不是水平的，而是向着邻近洼地（如冲沟、河流、湖泊等）倾斜的曲面。潜水面的形状与地形有一定程度的一致性，一般地面坡度越陡，潜水面坡度也越大：但潜水面坡度总是小于相应的地面坡度，其形状比地形要平缓得多。

③潜水的补给、径流与排泄。

A.潜水的补给。潜水含水层自外界获得水量的过程称为潜水的补给。

a.大气降水的入渗。大气降水的入渗是潜水的主要补给来源。其补给量取决于大气降水的性质和强度、地面坡度、植物覆盖程度、包气带岩土的透水性和厚度等因素。当降水强度不大，但延续时间较长时，入渗量就多。如植物覆盖层发育，地面坡度较缓时，则有利于潜水的补给。反之，在沟壑纵横、植被稀少、水土流失严重的荒山秃岭区，降水主要形成地面径流，入渗补给潜水的水量就少。包气带岩土透水性越好，厚度越薄（潜水埋深较浅），则入渗补给的水量越多；反之就越少。

b.地表水的入渗。地表水的入渗是潜水的重要补给来源。地表水的补给常发生在河流的下游，在河流中游多是洪水期河水补给潜水，而枯水期则潜水补给河水。河水补给潜水的水量大小取决于河水位与潜水位的高差、洪水的延续时间、河水流量、河流沿岸岩土的透水性及河水与潜水有水力联系地段的分布范围等因素。

c.越流补给。当潜水下部承压含水层的水位高于潜水水位时，承压水可通过弱透水层或断裂带补给潜水，这种补给称为越流补给。

在干旱气候条件下，凝结水也是潜水的重要补给来源。

B.潜水的径流。潜水由补给区流向排泄区的过程称为潜水径流。影响径流的因素主要是地形坡度、地面切割程度与含水层的透水性，如地形坡度陡、地面切割强烈、含水层透水性强，径流条件就好，反之则差。

C.潜水的排泄。潜水含水层失去水量的过程称为潜水的排泄。在山区、丘陵区及山前地带，潜水常以泉或散流形式排泄于沟谷或溢出地表，这种排泄方式称为水平排泄；在平原地区，潜水排泄主要消耗于蒸发，称为垂直排泄。垂直排泄只排泄水分，不排泄盐分，结果使潜水含盐量增加，矿化度升高，水质变差。

潜水补给、径流和排泄的无限往复，组成了潜水的循环。潜水在循环过程中，其水量、水质都不同程度地得到更新置换，这种更新置换称为水交替。水交替的强弱取决于含水层透水性的强弱、地形陡缓、切割程度及补给量的多少等。随着深度的增加，水交替也逐渐减弱。总之，潜水分布广泛，埋藏较浅，水量消耗容易得到补充、恢复，所以常是生活和工农业供水的重要水源。

（3）承压水

①承压水的概念及特征。承压水是充满于两个隔水层（或弱透水层）之间，含水层中具有静水压力的重力水。承压含水层上部的隔水层称为隔水顶板，下部的隔水层称为隔水底板，顶、底板之间的垂直距离称为承压含水层的厚度（d）。打井时，若未揭穿隔水顶板则见不到承压水，当揭穿隔水顶板后才能见到，此时的水面高程为初见水位，以后水位不断上升，达到一定高度后稳定下来，该水面高程称为稳定水位，即该点处承压含水层的承压水位（测压水位）。

当两个隔水层之间的含水层未被水充满时，称为层间无压水。

承压水的埋藏条件决定了它与潜水具有不同的特征：

A.承压水具有承压性能，其顶面为非自由水面。

B.承压水分布区与补给区不一致。

C.承压水动态受气象、水文因素的季节性变化影响不显著。

D.承压水的厚度稳定不变，不受季节变化的影响。

E.承压水的水质不易受到污染。

②承压水的埋藏类型。承压水的形成主要取决于地质构造。适宜形成承压水的蓄水构造大体可分为两类：一类是盆地或向斜蓄水构造，称为承压（或自流）盆地；另一类是单斜蓄水构造，称为承压（或自流）斜地。

A.承压盆地。承压盆地按水文地质特征可分为三个组成部分。

a.补给区。补给区一般位于盆地边缘、地势较高处，含水层出露地表，可直接接受大气降水和地表水的入渗补给。该区地下水和潜水一样具有自由水面。

b.承压区。承压区一般位于盆地中部，分布范围广，地下水承受静水压力，但能否自溢于地表，取决于承压水位与地面高程之间的高差关系。

c.排泄区。排泄区一般位于盆地边缘的低洼地区，地下水常以泉水的形式排泄于地表。当承压盆地有几层承压含水层时，各个含水层都有自己的承压水位。

承压盆地的规模差异很大，四川盆地是典型的承压盆地，小型的一般只有几平方千米。

B.承压斜地。承压斜地的形成有三种情况。

a.含水层被断层所截形成的承压斜地。单斜含水层的上部出露地表成为补给区，下部被断层切割。若断层不导水，则向深部循环的地下水受阻，在补给区能形成泉排泄，此时补给区与排泄区在相邻地段；若断层导水，断层出露的位置又较低，则承压水可通过断层排泄于地表，此时补给区与排泄区位于承压区的两侧，与承压盆地相似。

b.含水层岩性发生相变和尖灭，裂隙随深度增加而闭合，使其透水性在某一深度变弱

（成为不透水层），形成承压斜地。此种情况与阻水断层形成的承压斜地相似。

c.侵入岩体阻截形成的承压斜地。各种侵入岩体（如花岗岩、闪长岩等）侵入透水性很强的岩土体层中，并处于含水层下游时，便起到阻水作用，可形成承压斜地。例如，山东省济南市的承压斜地，济南市向南为寒武奥陶系构成的山区，地形与岩层产状均向济南市方向倾伏。由于市区北侧为闪长岩侵入体所阻截，来自南面千佛山一带石灰岩补给区的地下水流便在侵入体接触带汇集起来，使水位抬高，形成了承压斜地。地下水通过近 20m 厚的第四系覆盖层出露地表而成为泉，如趵突泉、珍珠泉等泉群，在 2.6km^2 范围内出露有 106 个泉，故济南市有"泉城"之称。

③承压水的补给、径流与排泄。承压水的补给来源取决于埋藏条件，当承压水的补给区出露于地表时，补给来源多为大气降水的入渗；当补给区位于河床或湖沼地带时，则主要由地表水补给。当承压水位低于潜水位时，潜水可以通过断裂带或弱透水层的"天窗"等通道补给承压水。

承压水的径流条件主要取决于含水层的透水性、补给区到排泄区的距离和水位差及含水层的挠曲程度。当含水层透水性越强，补给区到排泄区的距离越近，水位差越大，构造挠曲程度越小时，承压水的径流条件就越通畅，水交替也就越强烈；反之，径流就缓慢，水交替也就微弱。承压水径流条件的好坏、水交替的强弱，决定了水的矿化度高低和水质的好坏。

承压水的排泄有以下几种形式：在排泄区有潜水时，可直接排入潜水；当水文网切割至含水层时，承压水就以泉的形式排泄；承压水还可以通过导水断层排泄于地表。

2.按含水介质类型分类

（1）孔隙水

孔隙水赋存于松散沉积物颗粒构成的孔隙网络之中。在我国，第四系与部分第三系属未胶结或半胶结的松散沉积物，赋存孔隙地下水。在此，主要介绍第四系松散沉积物中的孔隙水。

特定沉积环境中形成的成因类型不同的松散沉积物，受到不同的水动力条件控制，从而呈现岩性与地貌有规律的变化，决定着赋存于其中的地下水的特征。

①积扇中的地下水。洪水沿河槽流出山口，进入平原或盆地，便不再受河槽的约束，加之地势突然转为平坦，集中的洪流转为辫状散沉，水的流速顿减，搬运能力急剧降低，洪流所携带的物质以山口为中心堆积成扇形，称为洪积扇。在山进入平原盆地处常常形成一系列大大小小的洪积扇，扇间为洼地。

洪积扇在岩性和地貌形态上都有其独特的变化规律，因而，依据储存于其中的地下水的埋藏深度、形成条件和水化学特征等，自扇顶向边缘可划分为三个水文地质带。

A.径流带。径流带一般在洪积扇顶部，靠近山区，地形坡度较陡。岩性多为粗沙砾石层堆积，具有良好的渗透性和径流条件，因此，不但可以接受山区下渗的地下径流，而且能够大量吸收大气降水和地表水的入渗补给，水量较为丰富。潜水埋藏较深，通常地下水埋深可达十几米到几十米，因而蒸发作用微弱。加之径流条件好，深滤作用强烈，水的矿化度低（一般小于1g/L），多为重碳酸盐型水，故此带又称地下水盐分溶滤带。

B.溢出带。溢出带一般位于洪积扇中部，地形坡度变缓，堆积物变细，主要为细砂、粉质砂土及粉质黏土等交错沉积。透水性变弱，径流受阻，往往形成壅水，埋藏深度变浅。在适宜地段，地下水常以泉或沼泽等形式出露于地表，故此带称为潜水溢出带。由于蒸发作用加强，水的矿化度增高，水的化学成分由重碳酸盐型变为重碳酸—硫酸盐型，故此带又称盐分过路带。

C.垂直交替带。此带位于洪积扇的前缘，主要由黏性土和粉砂夹层组成。岩土体透水性极弱，径流很缓慢，蒸发作用强烈，水以垂直交替为主，故称潜水垂直交替带。由于河流的排泄作用，此带地下水的埋藏深度比溢出带稍有加深，故又称潜水下沉带。因地下水埋藏仍很浅，在干旱、半干旱条件下，蒸发作用强烈进行，矿化度急剧增加，常为硫酸氯化物型水或氯化物型水，地表往往形成盐渍化，故此带又称盐分堆积带。

洪积扇中地下水的分带性在我国西北干旱的山间盆地表现得最为典型。

②冲积平原中的地下水。在冲积平原上，近期古河道与现代河道地势最高，沉积颗粒较粗的砂；向外随着地势变低依次堆积粉质砂土、粉质黏土；在河间洼地的中心部位则堆积黏土。随地势从高到低，地下水具有良好的分带特征。现代河道与近期古河道由于地势高、岩性粗、渗透性好，利于接受地表水与降水的入渗补给，地下水埋藏深度大，蒸发较弱，以溶滤作用为主，水质良好。自两侧向河间洼地，地势逐渐变低，岩性变细，渗透性变差，地下水位变浅，蒸发增加，矿化度增大。

③湖积物中的地下水。我国第四纪初期湖泊众多，湖积物发育，后期湖泊萎缩，湖积物多被冲积物所覆盖，因此，裸露于地表的粗粒湖积物很少见。由于湖积物往往是砂砾石与黏土的互层，垂向越流补给比较困难。侧向上分布广泛的粗粒的湖积含水沙砾层主要通过进入湖泊的冲积砂层与外界联系。湖积物通常有规模大的含水沙砾层，容易给人以赋存地下水丰富的印象。但由于其与外界联系较差，补给困难，地下水资源一般并不丰富。

（2）裂隙水

埋藏于基岩裂隙中的地下水称为基岩裂隙水。岩石裂隙是水储存和运移的场所，由于裂隙张开和密集程度、连通及充填情况都很不均匀，因此裂隙水的埋藏、分布及水动力特征非常不均匀。裂隙发育的地方含水多，裂隙不发育的地方含水少或不含水。有时在同一地层中打两口相邻很近的井，其水位水量都可能相差悬殊，甚至一孔有水，而另一孔无水。

这种不均匀性是基岩裂隙水同松散沉积物孔隙水的主要区别。

裂隙水的埋藏状况比较复杂，裂隙含水层的性状是多种多样的，主要受岩性和地质构造控制。裂隙含水层不都是层状，还有很多表现为似层状、脉状和带状。根据裂隙水的产状特征，其可分为面状裂隙水、层状裂隙水和脉状裂隙水三种。

①面状裂隙水。面状裂隙水埋藏于各种基岩的风化裂隙中，风化裂隙一般发育均匀密集，有一定程度地张开性，储存在其中的水，通常是相互连通、构成统一的地下水面，含水层似层状，呈面状分布。由于风化裂隙发育一般随深度增加而减弱，微风化带或未风化的基岩构成了隔水底板，因此常储存潜水。

面状裂隙水的水量大小取决于岩石裂隙的发育程度、风化壳的厚度、气候条件及地貌等。

②层状裂隙水。层状裂隙水多埋藏于层状岩石的区域构造裂隙和成岩裂隙中。裂隙以网状组合为主，裂隙之间往往有较好的水力联系，含水层分布边界主要受不同性质的岩层界面控制，形成典型的层状含水层。

层状裂隙水的埋藏与分布主要受地层岩性控制，其富水性取决于含水层厚度和裂隙发育程度以及地形条件等。在沉积岩和变质岩地区，一般脆硬性岩石（如砂岩、石英岩等）的构造裂隙远较塑性岩石（如页岩、板岩等）发育，当其互层时，脆硬性岩石往往形成含水层，而较软塑性岩石则构成相对隔水层。地下水则常成为承压水，也可形成潜水。层状裂隙水虽然与一定层位裂隙发育的岩层相一致，但含水层的露水性在不同构造部位和不同深度上的差异也很大，如褶曲轴部的富水性较褶曲翼部强，埋藏较浅的含水层较相同岩性埋藏较深的含水层富水性强。

在岩浆岩地区，层状裂隙水常见于喷出岩体的成岩裂隙中，如玄武岩等柱状节理及层面节理发育，裂隙分布较均匀密集，张开性和连通性好，常形成储水丰富、透水性强、具有统一地下水面的潜水含水层，其下伏隔水层为另一裂隙不发育的岩层，含水层呈层状，属层状裂隙水。分布范围为弱透水层覆盖时，也可形成承压含水层。层状裂隙水的水质主要由埋藏深度决定。浅部含水层的地下水处于良好的水交替带中，水质为重碳酸盐型水，向下水交替逐渐减弱，过渡为硫酸盐型水，到深部为氯化物型水。总矿化度也随深度增加而增高。

③脉状裂隙水。脉状裂隙水埋藏于局部构造裂隙带中，含水层不受岩层界面的限制，含水带（体）呈脉状或带状分布。它可穿越不同性质的岩层或岩，地下水为承压水或潜水。

脉状裂隙水的埋藏与分布主要受地质构造控制，一般分布在断层破碎带、褶曲轴部张裂带、侵入体与围岩接触带等局部断裂破碎部位。裂隙呈脉状或网脉状，分布很不均匀，巨大的主干断裂主要起导水作用，微小支裂隙主要起储水和释水作用。

脉状裂隙含水带的富水性很不均匀，如断裂带通过脆性岩层时，裂隙较好发育，且张开度大，含水性及导水性较强；通过塑性岩层时，裂隙发育程度较弱，导水性差，甚至起隔水作用。即使在同一岩层里，脉状含水带各个部位的富水性也很不相同。当水井穿过含水带主干裂隙时，因其导水性强，出水量很大，可成为良好的供水水源；当水井穿过含水带较小裂隙时，其出水量则较小。

综上所述，裂隙水的分布特征是非常不均匀的。比较常见的富水地带有褶曲轴部或转折端、含水带穿越脆性岩层地段、断裂交叉带、正断层的构造岩带、逆断层两盘（尤其是上盘）影响带、侵入体与围岩的接触带等。当然，影响裂隙水分布的因素很多，如地形地貌控制着地下水补给和汇流条件，往往盆地、洼地和沟谷低地是裂隙发育之处，有利于地下水的汇集。

（3）岩溶水

储存和运动于可溶性岩石溶隙中的地下水称为岩溶水。由于岩溶发育和分布规律极其复杂，因此岩溶水在埋藏、分布和水动力条件等方面，都与其他类型的地下水具有不同的特征。

①岩溶水的埋藏与分布特征。岩溶水可以是潜水，也可以是承压水。当岩溶含水层裸露于地表时，常形成潜水或局部具有承压性能的水；当岩溶含水层被不透水层覆盖时，就可形成承压水。在岩溶含水层下距地表不深处有隔水层时，岩溶水的埋藏较浅；当隔水层埋藏很深时，岩溶水的埋藏深度受区域排水基准面和地质构造的控制，往往埋藏较深，地面常呈现严重缺水现象。

岩溶发育的不均匀性使岩溶水在垂直和水平方向上变化都很大。在可溶性岩层内可能同时具有含水层与非含水层、强含水层与弱含水层、均质含水层与集中渗流的特点。例如，我国南方，岩溶水主要以地下河或地下河系的管流、洞流形式存在，河系多呈树枝状，水量丰富。在打井时，往往在溶洞孔道中水多，而未遇到溶洞或溶洞被黏土充填时，涌水量就小或无水。实践证明，岩溶水常常富集在岩溶发育地带，如厚层质纯的可溶岩分布地带的断层带或裂隙密集带、褶曲轴部和岩层急转弯处、可溶岩与非可溶岩的接触部位等。另外，一般浅层岩溶比深层岩溶富水性强。

②岩溶水的补给、径流与排泄。

A.岩溶水的补给。岩溶水主要补给来源是吸收大气降水和地面水，其次是非岩溶含水层地下水的渗流。在我国南方裸露岩溶区，降水入渗量达降水量的80%以上；在北方岩溶区，大气降水量的40%~50%可以渗入地下，个别也可达80%。

B.岩溶水的径流。岩溶水可以在裂隙中渗流，也可以在岩溶管道、孔洞中流动。由于溶蚀管道断面变化很大，岩溶水的运动特征和径流条件极为复杂。

岩溶水的运动特征：孤立水流与具有统一地下水面的水流并存；无压流与有压流并存；层流与紊流并存；明流与暗流交替出现。

岩溶水的径流条件：岩溶水的径流条件一般是良好的，但随着深度的增加而减弱。

在裸露型厚层缓倾斜的可溶岩地区，岩溶水交替和水流状态不同，在垂直方向显示出明显的分带性。

C.岩溶水的排泄。岩溶水排泄的最大特点是排泄集中和排泄量大，并多以暗河形式排入河流，或以泉的形式排出地表。

③岩溶水的动态特征。岩溶水的动态特征主要是对降水反应明显，水位和水量变化幅度大。在降水后，地下水位抬高显著，几乎是紧接着降水过程便出现高水位。雨停后，岩溶水沿管道迅速排泄，水位很快降落。水位变化幅度一般为几十米，甚至可达百余米。流量变化幅度可达几十倍，甚至几百倍。

在规模较大的岩溶承压水区，地下水位和流量较为稳定，且地下水径流途径长，地下水动态受季节变化影响较小。

岩溶水的补给、径流和排泄条件决定了水交替条件良好，矿化度低，一般在0.5g/L以下，常为重碳酸盐型水。岩溶水的补给区，地下水矿化度低，而在地下深处，地下水矿化度有所提高，水质由重碳酸盐型变为重碳酸盐—硫酸盐型水或硫酸盐—重碳酸盐型水。

岩溶水在我国分布很广，水量充沛，常是工农业和生活供水的重要水源，但是岩溶水极易污染，在开采利用时，应注意水源保护。

第五章　岩石及特殊土的工程性质

第一节　岩石的物理性质

岩石的物理性质是岩石的基本工程性质，主要是指岩石的重力性质和孔隙性。

一、岩石的力性质

1.岩石的相对密度

岩石的相对密度是岩石固体部分(不含孔隙)的质量与同体积水在4℃时质量的比值。

岩石相对密度的大小取决于组成岩石的矿物相对密度及其在岩石中的相对含量。组成岩石的矿物相对密度大、含量多，则岩石的相对密度大。一般岩石的相对密度在2.65左右，相对密度大的可达3.3。

2.岩石的重度

岩石的重度指岩石单位体积的重力，在数值上，它等于岩石试件的总重力（含孔隙中水的重力）与其总体积（含孔隙体积）之比。

岩石的重度大小取决于料石中的矿物相对密度、岩石的孔隙性及其含水率。岩石孔隙中完全没有水存在时的重度称为干重度，岩石中的孔隙全部被水充满时的重度称为岩石的饱和重度。组成岩石的矿物相对密度大，或岩石中的孔隙性小，则岩石的重度大。对于同一种岩石，若重度有差异，则重度大的结构致密、孔隙性小，强度和稳定性相对较高。

3.岩石的密度

岩石单位体积的质量称为岩石的密度。岩石孔隙中完全没有水存在时的密度称为干密度，岩石中孔隙全部被水充满时的密度称为岩石的饱和密度。常见岩石的密度为2.3~2.8g/cm^3。

二、岩石的孔隙性

岩石中的空隙包括孔隙和裂隙。岩石的空隙性是岩石的孔隙性和裂隙性的总称，可用空隙率、孔隙率、裂隙率来表示其发育程度。但人们已习惯用孔隙性来代替空隙性，即用岩石的孔隙性反映岩石中孔隙、裂隙的发育程度。

岩石的孔隙率（或称孔隙度）是指岩石孔隙（含裂隙）的体积与岩石总体积之比，常

以百分数表示，即

$$n = \frac{V_v}{V} \times 100\%$$

式中，n——岩石的孔隙率，%；

V_v——岩石中孔隙（含裂隙）的体积，cm^3；

V——岩石的总体积，cm^3。

岩石孔隙率的大小主要取决于岩石的结构构造，同时也受风化作用、岩浆作用、构造运动及变质作用的影响。由于岩石中孔隙、裂隙发育程度变化很大，因此其孔隙率的变化也很大。例如，三叠纪砂岩的孔隙率为 0.6%~27.7%。碎屑沉积岩的时代越新，其胶结越差，则孔隙率越高。结晶岩类的孔隙率较低，很少高于 3%。

常见岩石的物理性质指标见表 5-1。

表 5-1　常见岩石的物理性质指标

岩石名称	相对密度 ds	重度 γ /（kN/m3）	孔隙率 n/%
花岗岩	2.50~2.84	23.0~28.0	0.04~2.80
正长岩	2.50~2.90	24.0~28.5	
闪长岩	2.60~3.10	25.2~.29.6	0.18~5.00
辉长岩	2.70~3.20	25.5~29.8	0.29~4.00
斑岩	2.60~2.80	27.0~27.4	0.29~2.75
玢岩	2.60~2.90	24.0~28.6	2.10~5.00
辉绿岩	2.60~3.10	25.3~29.7	0.29~-5.00
玄武岩	2.50~3.30	25.0~31.0	0.30~7.20
安山岩	2.40~2.80	23.0~27.0	1.10~4.50
凝灰岩	2.50~2.70	22.9~25.0	1.50~-7.50
砾岩	2.67~2.71	24.0~26.6	0.80~10.00
砂岩	2.60~2.75	22.0~27.1	1.60~28.30
页岩	2.57~2.77	23.0~27.0	0.40~10.00
石灰岩	2.40~2.80	23.0~27.7	0.50~27.00
泥灰岩	2.70~2.80	23.0~25.0	1.00~10.00
白云岩	2.70~2.90	21.0~27.0	0.30~25.00
片麻岩	2.60~3.10	23.0~30.0	0.70~2.20
花岗片麻岩	2.60~2.80	23.0~33.0	0.30~2.40
片岩	2.60~2.90	23.0~26.0	0.02~1.85
板岩	2.70~2.90	23.1~27.5	0.10~0.45
大理岩	2.70~2.90	26.0~27.0	0.10~6.00
石英岩	2.53~2.84	28.0~33.0	0.10~8.70
蛇纹岩	2.40~2.80	26.0	0.10~2.50
石英片岩	2.60~2.80	28.0~29.0	0.70~3.00

第二节　岩石的水理性质

岩石的水理性质是指岩石与水作用时所表现的性质，主要有岩石的吸水性、透水性、溶解性、软化性和抗冻性等。

1.岩石的吸水性

岩石吸收水分的性能称为岩石的吸水性，常以吸水率和饱水率两个指标来表示。

（1）岩石的吸水率

岩石的吸水率是指在常压下岩石的吸水能力，以岩石所吸水分的重力与干燥岩石重力之比的百分数表示，即

$$\omega_1 = \frac{G_W}{G_s} \times 100\%$$

式中，ω_1——岩石吸水率，%；

G_w——岩石在常压下所吸水分的重力，kN；

G_s——干燥岩石的重力，kN。

岩石的吸水率与岩石的孔隙数量、大小、开闭程度和空间分布等因素有关。岩石的吸水率越大，则水对岩石的侵蚀、软化作用就越强，岩石强度和稳定性受水作用的影响也就越显著。

（2）岩石的饱水率

岩石的饱水率是指在高压（15MPa）或真空条件下岩石的吸水能力，仍以岩石所吸水分的重力与干燥岩石重力之比的百分数表示。

岩石的吸水率与饱水率的比值称为岩石的饱水因数，其大小与岩石的抗冻性有关，一般认为饱水因数小于 0.8 的岩石是抗冻的。

2.岩石的透水性

岩石的透水性是指岩石允许水通过的能力。岩石的透水性大小主要取决于岩石中孔隙、裂隙的大小和连通情况。岩石的透水性用渗透系数（K）表示。

3.岩石的溶解性

岩石的溶解性是指岩石溶解于水的性质，常用溶解度或溶解速度来表示。常见的可溶性岩石有石灰岩、白云岩、石膏、岩盐等。岩石的溶解性主要取决于岩石的化学成分，但和水的性质有密切关系，如富含 CO_2 的水具有较大的溶解能力。

4.岩石的软化性

岩石的软化性是指岩石在水的作用下，强度和稳定性降低的性质。岩石的软化性主要取决于岩石的矿物成分和结构构造特征。岩石中黏土矿物含量高、孔隙率大、吸水率高，则易与水作用而软化，使其强度和稳定性大大降低甚至丧失。

岩石的软化性常用软化因数来表示。软化因数等于岩石在饱水状态下的极限抗压强度

与岩石风干状态下极限抗压强度的比值，用小数表示。其值越小，表示岩石在水的作用下的强度和稳定性越差。未受风化影响的岩浆岩和某些变质岩、沉积岩，软化因数接近于1，是弱软化或不软化的岩石，其抗水、抗风化和抗冻性强；软化因数小于0.75的岩石，认为是强软化的岩石，工程性质较差，如黏土岩类。

5.岩石的抗冻性

岩石的孔隙、裂隙中有水存在时，水一结冰，体积膨胀，则产生较大的压力，使岩石的构造遭受破坏。岩石抵抗这种冰冻作用的能力，称为岩石的抗冻性。在高寒冰冻区，抗冻性是评价岩石工程地质性质的一个重要指标。

岩石的抗冻性与岩石的饱水因数、软化因数有着密切关系。一般是饱水因数越小，岩石的抗冻性越强；易于软化的岩石，其抗冻性也低。温度变化剧烈，岩石反复冻融，则降低岩石的抗冻能力。

岩石的抗冻性有不同的表示方法，一般用岩石在抗冻试验前后抗压强度的降低率表示。抗压强度降低率小于25%的岩石，认为是抗冻的；大于25%的岩石，认为是非抗冻的。

常见岩石的水理性质的主要指标见表5-2、表5-3。

表5-2　常见岩石的吸水性

岩石名称	吸水率 $\omega 1$/%	饱水率 $\omega 2$/%	饱水因数/%
花岗岩	0.46	0.84	0.55
石英闪长岩	0.32	0.54	0.59
玄武岩	0.27	0.39	0.69
基性斑岩	0.35	0.42	0.83
云母片岩	0.13	1.31	0.10
砂岩	7.01	11.99	0.60
石灰岩	0.09	0.25	0.36
白云质石灰岩	0.74	0.92	0.80

表5-3　常见岩石的软化因数

岩石名称	软化因数	岩石名称	软化因数
花岗岩	0.72~0.97	泥质砂岩、粉砂岩	0.21~0.75
闪长岩	0.60~0.80	泥岩	0.40~0.60
闪长玢岩	0.78~0.81	页岩	0.24~0.74
辉绿岩	0.33~0.90	石灰岩	0.70~0.94
流纹岩	0.75~0.95	泥灰岩	0.44~0.54
安山岩	0.81~0.91	片麻岩	0.75~0.97
玄武岩	0.30~0.95	变质片状岩	0.70~0.84
凝灰岩	0.52~0.86	千枚岩	0.67~0.96
砾岩	0.50~0.96	硅质板岩	0.75~0.79
砂岩	0.93	泥质板岩	0.39~0.52
石英砂岩	0.65~0.97	石英岩	0.94~0.96

第三节　岩石的力学性质

一、岩石的变形指标

岩石的变形指标主要有弹性模量、变形模量和泊松比。

1.弹性模量

弹性模量为应力与弹性应变的比值，即

$$E = \frac{\sigma}{\varepsilon_e}$$

式中，E——弹性模量，Pa；

σ——应力，Pa；

εe——弹性应变。

2.变形模量

变形模量为应力与总应变的比值，即

$$E_0 = \frac{\sigma}{\varepsilon_p + \varepsilon_e}$$

式中，$E0$——变形模量，Pa；

εp——塑性应变；

3.泊松比

岩石在轴向压力的作用下，除产生纵向压缩外，还会产生横向膨胀。这种横向应变与纵向应变的比值称为泊松比，即

$$\mu = \frac{\varepsilon_1}{\varepsilon}$$

式中，μ——泊松比；

$\varepsilon 1$——横向应变；

ε——纵向应变。

泊松比越大，表示岩石受力作用后的横向变形越大。岩石的泊松比一般在 0.2~0.4 之间。

二、岩石的强度指标

岩石受外力作用后的破坏形式有压碎、拉断及剪断等，故岩石的强度可分为抗压强度、抗剪强度及抗拉强度。岩石的强度单位用 Pa 表示。

1.抗压强度

抗压强度为岩石在单向压力的作用下抵抗压碎破坏的能力，即

$$\sigma_u = \frac{P}{A}$$

式中，σu——抗压强度，Pa；

P——单向压力，N；

A——受压截面面积，m^2。

各种岩石抗压强度值差别很大，主要取决于岩石的结构和构造，同时受矿物成分和岩石生成条件的影响。

2.抗剪强度

表征岩石抵抗剪切破坏的能力称为抗剪强度，以岩石被剪破时的极限应力表示。根据试验形式不同，岩石抗剪强度可分为以下几种。

（1）抗剪断强度

抗剪断强度即在垂直压力作用下的岩石剪断强度，即

$$\tau_b = \sigma \tan \phi + c$$

式中，τ_b——岩石抗剪断强度，Pa；

σ——破裂面上的法向应力，Pa；

φ——岩石的内摩擦角；

$\tan\varphi$——岩石摩擦因数；

c——岩石的内聚力，Pa。

坚硬岩石因和牢固的结晶联结或胶结联结，故其抗剪断强度一般都比较高。

（2）纯剪强度

纯剪强度是沿已有的破裂面发生剪切滑动时的指标，即

$$\tau_c = \sigma \tan \phi$$

显然，纯剪强度大大低于抗剪断强度。

（3）抗切强度

抗切强度为压应力等于 0 时的抗剪断强度，即

$$\tau_c = c$$

3.抗拉强度

抗拉强度是岩石单向拉伸时抵抗拉断破坏的能力，以拉断破坏时的最大张应力表示。抗拉强度是岩石力学性质中的一个重要指标。

岩石的抗压强度最高，抗剪强度居中，抗拉强度最小。岩石越坚硬，其值相差越大，软弱的岩石差别较小。岩石的抗剪强度和抗压强度是评价岩石（岩体）稳定性的指标，是对岩石（岩体）的稳定性进行定量分析的依据。由于岩石的抗拉强度很小，因此当岩层受到挤压形成褶皱时，常在弯曲变形较大的部位受拉破坏，产生张性裂隙。

第四节　风化作用

阳光、风、电、大气降水、气温变化等外引力作用及生物活动等因素的影响，会引起

地壳表层的岩石矿物成分、化学成分以及结构构造的变化，使岩石逐渐发生破坏，该过程称为风化作用。

一、风化作用类型

按风化作用的性质和特征，风化作用可划分为三类。

1.物理风化作用

岩石在风化应力的作用下，只发生机械破坏，无成分改变的作用称为物理风化作用。引起岩石物理风化作用的因素主要包括温度变化、冰劈作用及盐类结晶的膨胀作用。

（1）温度变化

温度变化是导致物理风化的主要因素。岩石是热的不良导体，在阳光强烈照射下，岩石表层首先受热膨胀，内部未变热，体积不变；晚上，由于气温下降，岩石表层开始收缩，这时岩石内部可能还在升温膨胀。受到这种表里不一致的膨胀、收缩长期反复作用，岩石就会逐渐开裂，导致完全破坏。花岗岩的球状风化是这种作用的代表。

（2）冰劈作用

气温降至 0℃以下时，岩石裂隙水就会冰冻，水变为冰，体积膨胀，对岩石产生强大压力，促使裂隙扩大，长期反复冻融，会逐渐导致岩石破碎。

（3）盐类结晶的膨胀作用

岩石裂隙中的水溶液由于水分蒸发，盐分逐渐饱和，当气温降低、溶解度变小时，盐分就会结晶出来，对岩石裂隙产生压力，逐渐促使岩石破裂。

2.化学风化作用

在水和空气的作用下，地表岩石发生化学成分改变，从而导致岩石破坏，称为化学风化作用。常见的化学风化作用有溶解作用、水化作用、氧化作用和碳酸化作用等。

（1）溶解作用

水或水溶液直接溶解岩石中矿物的作用称为溶解作用。岩石中可溶解物质被溶解流失，致使岩石孔隙增加，降低了颗粒之间的联系，更易于遭受物理风化。

（2）水化作用

岩石中的某些矿物与水化合形成新的矿物，称为水化作用。例如，硬石膏（$CaSO_4$）吸水后形成石膏（$CaSO_4 \cdot H_2O$），体积膨胀 1.5 倍，产生压力，导致岩石破裂。

（3）氧化作用

岩石中的某些矿物与大气或水中的氧化形成新矿物，称为氧化作用。例如，常见的黄铁矿氧化成褐铁矿，同时形成腐蚀性较强的硫酸，腐蚀岩石中的其他矿物，致使岩石破坏。

（4）碳酸化作用

水中的碳酸根离子与矿物中的阳离子结合，形成易溶于水的碳酸盐，使水溶液对矿物的离解能力加强，化学风化速度加快，这种作用称为碳酸化作用。例如，正长石经碳酸化作用形成碳酸钾、二氧化硅胶体及高岭石。

3.生物风化作用

有动、植物及微生物参与的岩石风化作用称为生物风化作用。例如，生长在岩石裂缝中的树的根劈作用可以使岩石破裂，属生物物理风化；生长在岩石表面的生物或生物遗体的分泌物可以腐蚀岩石，使岩石分解，属生物化学风化。

二、影响岩石风化的因素

影响岩石风化的主要因素有岩性、地质构造、气候和地形。

1.岩性

岩石的成因、矿物成分及结构构造对风化作用都有重要的影响。

（1）成因

岩石的成因反映了它生成时的环境和条件。如果岩石的生成环境和条件与目前地表接近，则岩石抗风化能力强，相反就容易风化。例如，岩浆岩中喷出岩、浅成岩、深成岩抗风化能力依次减弱，一般情况下沉积岩比岩浆岩和变质岩抗风化能力强。

（2）矿物成分

岩石中的矿物成分不同，其结晶结构和化学活泼性也不同。常见造岩矿物的抗风化能力由强到弱的顺序是石英、正长石、酸性斜长石、角闪石、辉石、基性斜长石、黑云母、黄铁矿。从矿物颜色来看，深色矿物风化快，浅色矿物风化慢。对碎屑岩和黏土岩来说，抗风化能力主要还取决于胶结物，硅质胶结、钙质胶结、泥质胶结的抗风化能力依次降低。

（3）结构构造

一般来说，隐晶质结构的岩石抗风化能力强，其次细粒显晶结构比粗粒结构岩石抗风化能力强，等粒结构比斑状结构抗风化能力强。从构造上看，致密块状构造的岩石比层理、片理发育的岩石抗风化能力强。

2.地质构造

地质构造发育的岩石，节理裂隙发育，易于风化破碎，为空气、水进入岩石内部提供了条件，更易于化学风化。因此，褶曲轴部、断层破碎带的岩石风化程度较高。

3.气候

不同的气候区，气温、降水和生物繁殖都会有显著不同，所以岩石的风化类型和特点也有明显的差别。寒冷的极地和高山区，以物理风化为主；在热带湿润气候区，各种风化类型都有，但化学风化和生物风化较显著。我国干旱的西北地区以物理风化为主，而潮湿多雨的南方则各种风化都有，且化学风化较突出。在地表条件下，温度增加10℃，化学作用增强一倍。

4.地形

地形可影响风化作用的速度、深度、风化类型和风化产物的堆积。地形陡峭、切割深度很大的地区，以物理风化为主，岩石表面的风化产物（岩屑）不断崩落并被搬运走，新鲜岩石露出地表，直接遭受风化，风化产物较薄。在地形起伏小的平坦地区，水流速度缓慢，以化学风化作用为主，风化产物搬运距离小，所以风化产物较厚。低洼处有沉积物覆盖，岩石不易风化。

第五节 岩石、土的工程分类

在工程应用中常根据岩石的工程性质和特征把岩石划分为不同的类型。据单项指标划分的如岩石按坚硬程度的划分，据多项指标划分的如岩土施工的工程分级。

一、岩石按坚硬程度划分

岩石坚硬程度可按定性指标划分，见表 5-4。岩石坚硬程度的定量指标采用岩石单轴饱和抗压强度 R_c 的实测值，其对应关系见表 5-5。

表 5-4　岩石坚硬程度的定性划分

名称		定性鉴定	代表性岩石
硬质岩	坚硬岩	锤击声清脆，有回弹，震手，难击碎，没入水后，大多数无吸水反应	未风化至微风化的花岗岩、正长岩、闪长岩、辉绿岩、玄武岩、安山岩、片麻岩、石英片岩、硅质板岩、石英岩、硅质胶结的砾岩、石英砂岩。硅质石灰岩等
	较坚硬岩	锤击声较清脆，有轻微回弹，稍震手，较难击碎；浸入水后，有轻微吸水反应	①弱风化的坚硬岩；②未风化至微风化的熔结凝灰岩、大理岩、石灰岩、钙质胶结的砂岩等
软质岩	较软岩	锤击声不清脆，无回弹，较易击碎；浸入水后，指甲可刻出印痕	①强风化的坚硬岩；②弱风化的较坚硬岩；③未风化至微风化的凝灰岩、千枚岩、砂质泥岩、泥灰岩、泥质砂岩、粉砂岩、页岩等
	软岩	锤击声哑，无回弹，有凹痕，易击碎；漫入水后，手可掰开	①强风化的坚硬岩；②弱风化至强风化的较坚硬岩；③弱风化的较软岩；④未风化的泥岩等
	极软岩	锤击声哑，无回弹，有较深凹痕，手可捏碎；漫入水后，可捏成团	①全风化的各种岩石；②各种半成岩

表 5-5　岩石坚硬程度与单轴饱和抗压强度的对应关系

坚硬程度	坚硬岩	较坚硬岩	较软岩	软岩	及软岩
R_c/MPa	>60	30~60	15~30	5~15	<5

二、土的工程分类

土是由固体颗粒（固相）、水（液相）和气体（气相）组成的三相体系。土也是由岩石经风化作用形成的碎屑物在原地或经搬运在低洼处形成的沉积物。

1.根据颗粒级配分类

根据土颗粒的形状、级配或塑性指数可将土划分为碎石类土、砂类土、粉土和黏性土。

（1）碎石类土。碎石类土根据土颗粒的形状和颗粒级配的分类见表5-6。

表5-6　碎石类土的分类

土的名称	颗粒形状	土的颗粒级配
漂石土	浑圆或圆棱状为主	粒径大于200mm的颗粒超过总质量的50%
块石土	尖棱状为主	
卵石土	浑圆或圆棱状为主	粒径大于20mm的颗粒超过总质量的50%
碎石土	尖棱状为主	
圆石土	浑圆或圆枝状为主	粒径大于2mm的颗粒超过总质量的50%
角砾土	尖棱状为主	

（2）砂类土。砂类土的分类见表5-7。

表5-7　砂类土的分类

土的名称	土的颗粒级配
砾砂	粒轻大于2mm的颗粒占总质量的25%~50%
粗砂	粒轻大于0.5mm的颗粒超过总质量的50%
中砂	粒轻大于0.25mm的颗粒超过总质量的50%
细砂	粒径大于0.075mm的颗粒超过总质量的85%
粉砂	粒径大于0.075mm的颗粒超过总质量的50%

（3）粉土。塑性指数不大于10，且粒径大于0.075mm颗粒的质量不超过总质量的50%的土，定名为粉土。

（4）黏性土。其根据土的塑性指数划分为粉质黏土和黏土，见表5-8。

表5-8　黏性土的分类

土的名称	塑性指数
粉质黏土	$10 < I_p \leqslant 17$
黏土	$I_p > 17$

2.按地质成因分类

土按地质成因可分为残积土、坡积土、洪积土、冲积土、淤积土、冰积土、风积土和化学堆积土等类型。

第六节　特殊土的工程性质

一、黄土的工程性质

1.黄土的特征及分布

黄土是以粉粒为主，含碳酸盐，具大孔隙，质地均一，无明显层理而有显著垂直节理的黄色陆相沉积物。

典型黄土具备以下特征：

（1）颜色为淡黄、褐黄和灰黄色。

（2）以粉土颗粒（0.005~0.075mm）为主，占总质量的60%~70%。

（3）含各种可溶盐，主要富含碳酸钙，含量达10%~30%，对黄土颗粒有一定的胶结作用，常以钙质结核的形式存在，又称姜石。

（4）结构疏松，孔隙多且大，孔隙度达33%~64%，有肉眼可见的大孔隙、虫孔、植物根孔等。

（5）无层理，具柱状节理和垂直节理，天然条件下稳定边坡，近直立。

（6）具有湿陷性。

具备上述六项特征的黄土是典型黄土，只具备其中部分特征的黄土称为黄土状土。

黄土分布广泛，在欧洲、北美、中亚等地均有分布，在全球分布面积达 $13 \times 10^6 km^2$，占地球表面的2.5%以上。我国是黄土分布面积最广的国家，总面积约 $64 \times 10^4 km^2$，西北、华北、山东、内蒙古及东北等地均有分布：黄河中游的陕西、甘肃、宁夏及山西、河南等省区黄土面积广、厚度大，属黄土高原。

2.黄土的成因

黄土按生成过程及特征可划分为风积、坡积、残积、洪积、冲积等成因类型。

（1）风积黄土：分布在黄土高原平坦的顶部和山坡上，厚度大，质地均匀，无层理。

（2）坡积黄土：多分布在山坡坡脚及斜坡上，厚度不均，基岩出露区常夹有基岩碎屑。

（3）残积黄土：多分布在基岩山地上部，由表层黄土及基岩风化而成。

（4）洪积黄土：主要分布在山前沟口地带，一般有不规则的层理，厚度不大。

（5）冲积黄土：主要分布在大河的阶地上，如黄河及其支流的阶地上。阶地越高，黄土厚度越大，且有明显层理，常夹有粉砂、黏土、砂卵石等，大河阶地下部常有厚数米及数十米的砂卵石层。

3.黄土的性能指标

（1）黄土的颗粒成分

黄土中粉粒占总质量的60%~70%，其次是砂粉和黏粒，各占1%~29%和8%~26%。我国从西向东，由北向南黄土颗粒有明显变细的分布规律。陇西和陕北地区黄土的砂粒含量大于黏粒，而豫西地区黏粒含量大于砂粒。黏土颗粒含量大于20%的黄土，湿陷性明显减小或无湿陷性。因此，陇西和陕北黄土的湿陷性通常大于豫西黄土，这是由于均匀分布在黄土骨架中的黏土颗粒起胶结作用，湿陷性减小。

（2）黄土的密度

土粒密度为2.54~2.84g/cm³，黄土的密度为1.5~1.88g/cm³，干密度为1.3~1.6g/cm³。

干密度反映了黄土的密实程度，干密度小于1.5g/cm的黄土具有湿陷性。

（3）黄土的含水量

黄土天然含水量一般较低。含水量与湿陷性有一定关系。含水量低，湿陷性强；含水量增加，湿陷性减弱，当含水量超过 25% 时就不再湿陷了。

（4）黄土的压缩性

土的压缩性用压缩系数 a 表示：

$a<0.1MPa^{-1}$：低压缩性土；

$a=0.1~0.5MPa^{-1}$：中压缩性土；

$a>0.5MPa^{-1}$：高压缩性土。

黄土多为中压缩性土，近代黄土为高压缩性土，老黄土压缩性较低。

（5）黄土的抗剪强度

一般黄土的内摩擦角 $\varphi=15°~25°$，凝聚力 $c=30~40kPa$，抗剪强度中等。

（6）黄土的湿陷性和黄土陷穴

天然黄土在一定的压力作用下，浸水后产生突然的下沉现象称为湿陷。这个一定的压力称为湿陷起始压力。在饱和自重压力作用下的湿陷称为自重湿陷，在自重压力和附加压力共同作用下的湿陷称为非自重湿陷。

黄土湿陷性评价多采用浸水压缩试验的方法，将原状黄土放入固结仪内，在无侧限膨胀条件下进行压缩试验。当变形稳定后，测出试样高 h，再测当浸水饱和、变形稳定后的试样高度 h，计算相对湿陷性因数 δ：

$\delta_s<0.015$：非湿陷性黄土；

$0.015\leqslant \delta_s\leqslant0.03$：轻微湿陷性黄土；

$0.03< \delta_s\leqslant0.07$：中等湿陷性黄土；

$\delta_s>0.07$：强湿陷性黄土。

此外，黄土地区常常有天然或人工洞穴，由于这些洞穴的存在和不断发展扩大，往往引起上覆建筑物突然塌陷，称为陷穴。黄土陷穴的发展主要是由于黄土湿陷和地下水的侵蚀作用造成的。为了及时整治黄土洞穴，必须查清黄土洞穴的位置、形状及大小，然后有针对性地采取有效整治措施。

二、膨胀土的工程性质

膨胀土是一种富含亲水性黏土矿物，并且随含水量增减，体积发生显著胀缩变形的高塑性黏土。其黏土矿物主要是蒙脱石和伊利石，二者吸水后强烈膨胀，失水后收缩，长期反复多次胀缩，强度衰减，可能导致工程建筑物开裂、下沉、失稳破坏。膨胀土在全世界分布广泛，我国是世界上膨胀土分布面积广阔的国家之一，20 多个省区市都有分布。我国亚热带气候区的广西、云南等地的膨胀土与其他地区相比，胀缩性强烈，形成时代自第三纪的上新世（N_2）开始到上更新世（Q_3），多为上更新统地层。其成因有洪积、冲积、湖积、坡积、残积等。

1.膨胀土的特征

（1）膨胀土多为灰白、棕黄、棕红、褐色等，颗粒成分以黏粒为主，含量在35%~85%，粉粒次之，砂粒很少。黏粒的矿物成分多为蒙脱石和伊利石，这些黏土颗粒比表面积大，有较强的表面能，在水溶液中吸引极性水分子和水中离子，呈现强亲水性。

（2）天然状态下，膨胀土结构紧密、孔隙比小，干密度达1.6~1.8g/cm³；塑性指数为18~23，天然含水量接近塑限，一般为18%~26%，土体处于坚硬或硬塑状态，有时被误认为是良好地基。

（3）膨胀土中裂隙发育，这是不同于其他土的典型特征。膨胀土裂隙可分为原生裂隙和次生裂隙两类，原生裂隙多闭合，裂面光滑，常有蜡状光泽；次生裂隙以风化裂隙为主，在水的淋滤作用下，裂面附近蒙脱石含量增高，呈白色，构成膨胀土中的软弱面，膨胀土边坡失稳滑动常沿灰白色软弱面发生。

（4）天然状态下膨胀土抗剪强度和弹性模量比较高，但遇水后强度显著降低，凝聚力一般小于0.05MPa，有的c值接近于零，φ值从几度到十几度。

（5）膨胀土具有超固结性。超固结性是指膨胀土在历史上曾受到过比现在的上覆自重压力更大的压力，因而孔隙比小，压缩性低，一旦被开挖外面，卸荷回弹产生裂隙，遇水膨胀，强度降低，造成破坏。膨胀土固结度用超固结比R表示：

$$R=P_c/P_0$$

式中，P_c——土的前期固结压力：

P_0——目前上覆土层的自重压力。

正常土层$R=1$；超固结膨胀土$R>1$，如成都黏土$R=2\sim4$。成昆铁路的狮子山滑坡就是由成都黏土造成的，施工后强度衰减，导致滑坡。

2.膨胀土危害的防治措施

（1）地基危害的防治措施

①防水保湿措施。防止地表水下渗和土中水分蒸发，保持地基土湿度稳定，控制胀缩变形。在建筑物周围设置散水坡，设水平和垂直隔水层；加强上下水管道防漏措施及热力管道隔热措施；建筑物周围合理绿化，防止植物根系吸水造成地基土不均匀收缩：选择合理的施工方法，基坑不宜暴晒或浸泡，应及时处理夯实。

②地基土改良措施。地基土改良的目的是消除或减少土的胀缩性能，常采用：A.换土法，挖除膨胀土，换填砂、砾石等非膨胀性土；B.压入石灰水法，石灰与水相互作用产生氢氧化钙，吸收周围水分，氢氧化钙与二氧化碳形成碳酸钙，起胶结土粒的作用；C.阴离

子与土粒表面的阳离子进行离子交换，使水膜变薄脱水，使土的强度和抗水性提高。

（2）边坡危害的防治措施

①地表水防护。防止水渗入土体，冲蚀坡面，设置排水天沟、平台纵向排水沟、侧沟等排水系统。

②坡面加固。植被防护，植草皮、小乔木、灌木，形成植物覆盖层，防止地表水冲刷。

③骨架护坡。采用浆砌片石方形及拱形骨架护坡，骨架内植草效果更好。

④支挡措施。采用抗滑挡墙、抗滑桩、片石垛等。

三、软土的工程性质

1.软土及其特征

软土是天然含水量大、压缩性高、承载力和抗剪强度很低的呈软溯流塑状态的黏性土。软土是一类土的总称，还可以将它细分为软黏性土、淤泥质土、淤泥、泥炭质土和泥炭等。我国软土分布广泛，主要位于沿海平原地带、内陆湖盆、洼地及河流两岸地区。我国软土成因类型主要有：①沿海沉积型（滨海相、泻湖相、溺谷相、三角洲相）；②内陆湖盆沉积型；③河滩沉积型；④沼泽沉积型。

软土主要是静水或缓慢流水环境中沉积的以细颗粒为主的第四纪沉积物。通常在软土形成过程中有生物化学作用参与，这是因为在软土沉积环境中生长有喜湿植物，植物死亡后遗体埋在沉积物中，在缺氧条件下分解，参与软土的形成。我国软土有下列特征：

（1）软土的颜色多为灰绿、灰黑色，有滑腻感，能染指，有机质含量高时有腥臭味。

（2）软土的颗粒成分主要为黏粒及粉粒，黏粒含量高达 60%~70%。

（3）软土的矿物成分，除粉粒中的石英、长石、云母外，黏土矿物主要是伊利石，高岭石次之。此外软土中常有一定量的有机质，可高达 8%~9%。

（4）软土具有典型的海绵状或蜂窝状结构，其孔隙比大，含水量高，透水性小，压缩性大，是软土强度低的重要原因。

（5）软土具层理构造，软土、薄层粉砂、泥炭层等相互交替沉积，或呈透镜体相间沉积，形成性质复杂的土体。

2.软土的变形破坏和地基加固措施

（1）软土的变形破坏

软土地基变形破坏的主要原因是承载力低，地基变形大或发生挤出。建筑物变形破坏的主要形式是不均匀沉降,使建筑物产生裂缝,影响正常使用。修建在软土地基上的公路、铁路路堤高度受软土强度的控制,路堤过高,将导致挤出破坏,产生坍塌。

（2）软土地基的加固措施

软土地基采用的加固措施主要有以下几种：

①砂井排水。在软土地基中按一定规律设计排水砂井，井孔直径多在 0.4~2.0m，井孔中灌入中、粗砂，砂井起排水通道作用，加快软土排水固结过程，使地基土强度提高。

②砂垫层。在建筑物（如路堤）底部铺设一层砂垫层，其作用是在软土顶面增加一个排水面。在路堤填筑过程中，由于荷载逐渐增加，软土地基排水固结，渗出的水可以从砂垫层排走。

四、冻土的工程性质

冻土是指温度不大于 0℃，并含有冰的各类土。冻土可分为季节冻土和多年冻土。季节冻土是随季节变化周期性冻结融化的土，多年冻土是冻结状态持续三年以上的土。

1.季节冻土及其冻融现象

我国季节冻土主要分布在华北、西北和东北地区。随着纬度和地面高度的增加，冬季气温越来越低，季节冻土厚度增加。季节冻土对建筑物的危害表现在冻胀和融沉两个方面。冻胀是冻结时水分向冻结部位转移、集中、体积膨胀，对建筑物产生危害。融化时，地基土局部含水量增大，土呈软塑或溯流状态，出现融沉，严重时使建筑物开裂变形。季节冻土的冻胀和融沉与土的颗粒成分和含水量有关。

2.多年冻土及其工程性质

（1）多年冻土的分布及其特征

我国多年冻土可分为高原冻土和高纬度冻土。高原冻土主要分布在青藏高原及西部高山（天山、阿尔泰山、祁连山等）地区；高纬度冻土主要分布在大、小兴安岭，满洲里—牙克石—黑河以北地区。多年冻土埋藏在地表面以下一定深度。从地表到多年冻土，中间常有季节冻土分布。高纬度冻土由北向南厚度逐渐变薄。

多年冻土具有以下特征：

①组成特征。冻土由矿物颗粒、冰、未冻结的水和空气组成。其中矿物颗粒是主体，它的大小、形状、成分、比表面积、表面活动性等对冻土性质及冻土中发生的各种作用都有重要影响。冻土中的冰是冻土存在的基本条件，也是冻土各种工程性质的形成基础。

②结构特征。冻土结构有整体结构、网状结构和层状结构三种。

A.整体结构是由于温度降低很快，冻结时水分来不及迁移和集中，冰晶在土中均匀分布，构成整体结构。

B.网状结构是在冻结过程中，由于水分转移和集中，在土中形成网状交错冰晶，这种结构对土原状结构有破坏，融冻后土呈软塑和流塑状态，对建筑物稳定性有不良影响。

C.层状结构是在冻结速度较慢的单向冻结条件下，伴随水分转移和外界水的充分补给，形成土层、冰透镜体和薄冰层相间的结构，原有土结构完全被分割破坏，融化时产生强烈融沉。

③构造特征。多年冻土的构造是指多年冻土层与季节冻土层之间的接触关系衔接型构造，是指季节冻土的下限，达到或超过了多年冻土层上限的构造，这是稳定的和发展的多年冻土区的构造。非衔接型构造是季节冻土的下限与多年冻土上限之间有一层融土，这种构造属退化的多年冻土区。

（2）多年冻土的工程地质问题

①道路边坡及基底稳定问题。在融沉性多年冻土区开挖道路路堑，使多年冻土上限下降，由于融沉可能产生基底下沉，边坡滑塌；如果修筑路堤，则多年冻土上限上升，路堤内形成冻土结核，发生冻胀变形，融化后路堤外部沿冻土，上限发生局部滑塌。

②建筑物地基问题。桥梁、房屋等建筑物地基的主要工程地质问题包括冻胀、融沉及长期荷载作用下的流变，以及人为活动引起的热融下沉等问题。

③多年冻土区主要不良地质现象——冰丘和冰锥。多年冻土区的冰丘、冰锥和季节冻土区类似，但规模更大，而且可能延续数年不融。它们对工程建筑有严重危害，基坑工程和路堑应尽量绕避。

3.冻土危害的防治措施

（1）排水

水是影响冻胀融沉的重要因素，必须严格控制土中的水分。在地面修建一系列排水沟、排水管，用以拦截地表周围流来的水，汇集、排除建筑物地区和建筑物内部的水，防止这些地表水渗入地下。在地下修建盲沟、渗沟等拦截周围流来的地下水，降低地下水位，防止地下水向地基土集聚。

（2）保温

应用各种保温隔热材料，防止地基土温度受人为因素和建筑物影响，最大限度地防止冻胀融沉。例如，在基坑或路堑的底部和边坡上或在冻土路堤地面上铺设一定厚度的草皮、泥炭、苔藓、炉渣或黏土，都有保温隔热作用，使多年冻土上限保持稳定。

（3）改善土的性质

①换填土。用粗砂、砾石、卵石等不冻胀土代替天然地基的细颗粒冻胀土，是最常采用的防治冻害措施。一般基底砂垫层厚度为0.8~1.5m，基侧面为0.2~0.5m。在铁路路基下常采用这种砂垫层，但在砂垫层上要设置0.2~0.3m厚的隔水层，以免地表水渗入基底。

②物理化学法。在土中加某种化学物质，使土粒、水和化学物质相互作用，降低土中水的冰点，使水分转移受到影响，从而削弱和防止土的冻胀。

第六章　工程地质勘探

第一节　基础知识

1.工程地质勘查的目的

工程地质勘查是工程建设的前期准备工作，它是综合运用地质学、工程地质及相关学科的基本理论知识和相应技术方法，在拟建场地及其附近进行调查研究，以获取工程建设场地原始工程地质资料，为工程建设制定技术可行、经济合理和具有明显综合效益的设计和施工方案，达到合理利用自然资源和保护自然环境的目的，以免因工程的兴建而恶化地质环境，甚至引起地质灾害。

根据建设场地明确性与否，工程地质勘查的任务可分为两大类。

一类是具有明确指定建设场地的工程地质勘查任务。这类场地已经做过技术条件、经济效益、资源环境等多方面的综合论证，已经明确建设的具体场地，不需要进行建设场地的方案比选，如三峡工程就在长江三峡地段、上海金茂大厦就在陆家嘴。故这类场地的工程勘察任务主要是：查明建设地区或地点的工程地质条件，如地形、地貌和地层分布情况，同时指出对工程建设有利的和不利的条件，以便工程设计"扬长避短"；测定地基土的物理力学性质指标，如土的天然密度、含水量、孔隙比、渗透系数、压缩系数、抗剪强度、塑性指标、液性指标等，并研究这些指标在工程建设施工和使用期间可能发生的变化及提出有效预防和治理措施的建议。

另一类是需要进行方案比选来确定建设场地的工程地质勘查任务。这类场地还没有具体确定，尚需要进行初步试勘后经过方案比选才能确定，如高速公路的选线、大型桥梁桥位的选址。故这类场地的工程勘察任务主要是：分析研究与建设场地有关的工程地质问题做出定性与定量评价；选出建设工程地质条件比较合适的工程建筑场地。所谓工程地质条件，是指与工程结构物相关的各种地质条件的综合，主要包括岩石（土）类别、地质结构与构造、地形地貌条件、水文地质条件、物理地质作用或现象（如地震、泥石流岩溶等）和天然建筑材料等方面。值得一提的是，良好、优越的工程地质条件并不一定是方案最好的建设场地，因为选择这类场地往往以牺牲大片良田沃土为代价。

2.工程地质勘查阶段

虽然各类建设工程对勘察设计阶段划分的名称不尽相同，但是勘察设计各个阶段的实质内容是大同小异的。工程地质勘查阶段一般分为可行性研究勘察阶段、初步勘察阶段、详细勘察阶段和施工勘察阶段。

（1）可行性研究勘察阶段

可行性研究勘察阶段，主要满足选址或者确定场地的要求，该阶段应对拟建场地的稳定性和适宜性做出客观评价。为此，在确定拟建工程场地时，若方案允许，宜避开以下区段：①不良地质现象发育且对场地稳定性有直接危害或潜在威胁的地段；②地基土性质严重不良的地段；③不利于抗震的地段；④洪水或地下水对场地有严重不良影响且又难以有效预防和控制的地段；⑤地下有未开采的有价值矿藏的地段；⑥埋藏有重要意义的文物古迹或不稳定的地下采空区的地段。

可行性研究勘察阶段的主要勘察方法是：①对拟建地区进行大、小比例尺工程地质测绘；②进行较多的勘探工作，包括在控制工程点做少量的钻探；③进行较多的室内试验工作，并根据需求进行必要的野外现场试验；④在可能发生不利地质作用的地址进行长期观测工作；⑤进行必要的物探。

（2）初步勘察阶段

初步勘察阶段应对场地内建设地段的稳定性作岩土工程定量分析。本阶段的工程地质勘查工作有：①搜集项目的可行性研究报告、场址地形图、工程性质、规模等文件资料；②初步查明地层、构造、岩性、透水性是否存在不良地质现象，若场地条件复杂，还应进行工程地质测绘与调查；③对抗震设防烈度不小于7度的场地，应初步判定场地或地基是否会发生液化。

初步勘察应在搜集分析已有资料的基础上，根据需要进行工程地质测绘、勘探及测试工作。

（3）详细勘察阶段

详细勘察应密切结合工程技术设计或施工图设计，针对不同工程结构提供详细的工程地质资料和设计所需的岩土技术参数，对拟建物的地基做出岩土工程分析评价，为路基路面或基础设计、地基处理、不良地质现象的预防和整治等具体方案进行具体论证并得出结论和提出建议。详细勘察的具体内容应视拟建物的具体情况和工程要求来定。

（4）施工勘察阶段

施工勘察主要是与设计、施工单位相结合进行的地基验槽，深基础工程与地基处理的质量和效果的检测，施工中的岩土工程监测和必要的补充勘察，解决与施工有关的岩土工程问题，并为施工阶段路基路面或地基基础设计变更提供相应的地基资料，具体内容视工程要求而定。

需要指出的是，并不是每项工程都严格遵守上述步骤进行勘察，有些工程项目的用地有限，没有场地选择的余地，如遇到地质条件不是很好时，则通过采取地基处理或其他措施来改善，这时施工阶段的勘察尤为重要。此外，对于有些建筑等级要求不高的工程项目，可根据邻近的已建工程的成熟经验而不需要任何勘察亦可兴建，如 1~3 层的工业与民用建筑工程项目。

3.工程地质测绘

工程地质测绘是工程地质勘查中最基本的方法，也是工程地质勘查最先进行的综合基础工作。它运用地质学原理，通过野外调查，对有可能选择的拟建场地区域内地形地貌、地层岩性、地质构造、不良地质现象进行观察和描述，将所观察到的地质要素按要求的比例尺填绘在地形图和有关图表上，并对拟建场地区域内的地质条件做出初步评价，为后续布置勘探、试验和长期观测打基础。工程地质测绘贯穿于整个勘察工作的始终，只是随着勘察设计阶段的不同，要求测绘的范围、内容、精度不同而异。

（1）工程地质测绘的范围

工程地质测绘的范围应根据工程建设类型、规模，并考虑工程地质条件的复杂程度等综合确定。一般工程跨越地段越多、规模越大、工程地质条件越复杂，测绘范围就相对越广。例如，京珠高速公路的线路测绘，横亘南北、穿山越岭、跨江过水，测绘范围就比三峡大坝选址工程测绘范围要广阔。

（2）工程地质测绘的内容

工程地质测绘的内容主要有以下六个方面。

①地层岩性

明确一定深度范围内的地层内各岩层的性质、厚度及其分布规律，并确定其形成年代、成因类型、风化程度及工程地质特性。

②地质构造

研究测区内各种构造形迹的产状、分布、形态、规模及其结构面的物理力学性质，明确各类构造岩的工程地质特性，并分析其对地貌形态、水文地质条件、岩石风化等方面的影响及其近、晚期构造活动的情况，尤其是地震活动情况。

③地貌条件

如果说地形是研究地表形态的外部特征，如高低起伏，坡度陡缓和空间分布，那么地貌则是研究地形形成的地质原因和年代及其在漫长地质历史中不断演变的过程和将来发展的趋势，即从地质学和地理学的观点来考察地表形态。因此，研究地貌的形成和发展规律，对工程建设的总体布局有着重要意义。

④水文地质

调查地下水资源的类型、埋藏条件、渗透性，并测试分析水的物理性质、化学成分及动态变化对工程结构建设期间和正常使用期间的影响。

⑤不良地质

查明岩溶、滑坡、泥石流及岩石风化等分布的具体位置、类型、规模及其发育规律，并分析其对工程结构的影响。

⑥可用材料

对测区内及附近地区短程可以利用的石料、砂料及土料等天然构筑材料资源进行附带调查。

（3）工程地质测绘的精度

工程地质测绘的精度是指将在野外观察得到的工程地质现象和获取的地质要素信息标记、描述和表示在有关图纸上的详细程度。所谓地质要素，即场地的地层、岩性、地质构造地貌、水文地质条件、物理地质现象、可利用天然建筑材料的质量及其分布等。测绘的精度主要取决于单位面积上观察点的多少。在地质复杂的地区，观察点的分布多一些，简单地区则少一些，观察点应布置在反映工程地质条件各因素的关键位置上。一般应反映在图上的与 2mm 的一切地质现象和对工程有重要影响的地质现象；在图上不足 2mm 时，应扩大比例尺进行表示，并注明真实数据，如溶洞等。

（4）工程地质测绘的方法和技术

工程地质测绘的方法有相片成图法和实地测绘法。随着科学技术的进步，遥感新技术也在工程地质测绘中得到应用。

①相片成图法

相片成图法是利用地面摄影或航空（卫星）摄影的相片，先在室内根据判释标志，结合所掌握的区域地质资料，确定地层岩性、地质构造、地貌、水系和不良地质现象等，描绘在单张相片上，然后在相片上选择需要调查的若干布点和路线，以便进一步实地调查、校核并及时修正和补充，最后将结果转成工程地质图。

②实地测绘法

顾名思义，实地测绘法就是在野外对工程地质现象进行实地测绘的方法。实地测绘法通常有路线穿越法、布线测点法和界线追索法三种。

路线穿越法是指沿着在测区内选择的一些路线，穿越测绘场地，将沿途遇到的地层、构造、不良地质现象、水文地质、地形、地貌界线和特征点等填绘在工作底图上的方法。路线可以是直线也可以是折线。观测路线应选择在露头较好或覆盖层较薄的地方，起点位置应有明显的地物，如村庄、桥梁等，同时为了提高工作成效，穿越方向应大致与岩层走向、构造线方向及地貌单元相垂直。

布线测点法就是根据地质条件复杂程度和不同测绘比例尺的要求，先在地形图上布置一定数量的观测路线，然后在这些线路上设置若干观测点的方法。观测线路力求避免重复，尽量使之达到最优效果。

界线追索法就是为了查明某些局部复杂构造，沿地层走向或某一地质构造方向或某些不良地质现象界线进行布点追索的方法。这种方法常在上述两种方法的基础上进行，是一种辅助补充方法。

③遥感技术应用

遥感技术就是根据电磁波辐射理论，在不同高度观测平台上，使用光学、电子学或电子光学等探测仪器，对位于地球表面的各类远距离目标反射、散射或发射的电磁波信息进行接收并以图像胶片或数字磁带形式记录，然后将这些信息传送到地面接收站，接收站再把这些信息进一步加工处理成遥感资料，最后结合已知物的波谱特征，从中提取有用信息，识别目标和确定目标物之间相互关系的综合技术。简而言之，遥感技术是通过特殊方法对地球表层地物及其特性进行远距离探测和识别的综合技术方法。遥感技术包括传感器技术，信息传输技术，信息处理、提取和应用技术，目标信息特征的分析和测量技术等。

遥感技术应用于工程地质测绘，可大量节省地面测绘时间及测绘工作量，并且完成质量较高，从而节省工程勘察费用。

第二节　工程地质勘探方法

工程地质勘探是在工程地质测绘的基础上，为了详细查明地表以下的工程地质问题，取得地下深部岩土层的工程地质资料而进行的勘察工作。

常用的工程地质勘探手段有开挖勘探、钻孔勘探和地球物理勘探。

一、开挖勘探

开挖勘探就是对地表及其以下浅层局部土层直接开挖，以便直接观察岩土层的天然状态以及各地层之间的接触关系，并能取出接近实际的原状结构岩土样，进行详细观察和描述其工程地质特性的勘探方法。根据开挖体空间形状的不同，开挖勘探可分为坑探、槽探、井探和洞探等。

坑探就是用锹镐或机械来挖掘在空间上三个方向的尺寸相近的坑洞的一种明挖勘探方法。坑探的深度一般为 1~2 m，适用于不含水或含水量较少的、较稳固的地表浅层，主要用来查明地表覆盖层的性质和采取原状土样。

　　槽探就是对在地表挖掘的呈长条形且两壁常为倾斜、上宽下窄的沟槽进行地质观察和描述的明挖勘探方法。探槽的宽度一般为 0.6~1.0 m，深度一般小于 3 m，长度则视情况而定。探槽的断面有矩形梯形和阶梯形等多种形式。工程实际中一般采用矩形断面；当探槽深度较大时，常采用梯形断面；当探槽深度很大且探槽两壁地层稳定性较差时，则采用阶梯形断面，必要时还应对两壁进行支护。槽探主要用于追索地质构造线、断层、断裂破碎带宽度、地层分界线、岩脉宽度及其延伸方向，探查残积层、坡积层的厚度和岩石性质及采取试样等。

　　井探是指勘探挖掘空间的平面长度方向和宽度方向的尺寸相近，而其深度方向大于长度和宽度的一种挖探方法。探井的深度一般都大于 20 m，其断面形状有方形（1 m×1 m、1.5 m×1.5m）、矩形（1 m×2 m）和圆形（直径一般为 0.6~1.25 m）。掘进时遇到破碎的井段应进行外壁支护。井探用于了解覆盖层厚度及性质、构造线、岩石破碎情况、岩溶、滑坡等。当岩层倾角较缓时，效果较好。

　　洞探就是在指定标高的指定方向开挖地下洞室的一种勘探方法。这种勘探方法一般将探洞布置在平缓山坡、山坳处或较陡的岩坡坡底。洞探多用于了解地下一定深处的地质情况并取样，如查明坝底两岸地质结构，尤其在岩层倾向河谷并有易于滑动的夹层或层间错动较多、断裂较发育及斜坡变形破坏等，更能观察清楚，可获得较好效果。

二、钻孔勘探

　　钻孔勘探简称钻探。钻探就是利用钻进设备打孔，通过采集岩芯或观察孔壁来探明深部地层的工程地质资料，补充和验证地面测绘资料的勘探方法。钻探是工程地质勘探的主要手段，但是钻探费用较高，因此，一般是在开挖勘探不能达到预期目的和效果时才采用这种勘探方法。

　　钻探方法较多，钻孔直径不一。一般采用机械回转钻进，常规孔径为：开孔 168 mm，终孔 91 m。由于行业部门及设计单位的要求不同，孔径的取值也不一样。如水电部门使用回转式大口径钻探的最大孔径可达 1 500 mm，孔深 30~60 m，工程技术人员可直接下孔观察孔壁；而有的部门采用孔径仅为 36 mm 的小孔径，钻进采用金刚石钻头，这种钻探方法对于硬质岩而言，可提高其钻进速度和岩芯采取率或成孔质量。

　　一般情况下，钻探通常采用垂直钻进方式。对于某些工程地质条件特别的情况，如被调查的地层倾角较大，则可选用斜孔或水平孔钻进。

　　钻进方法有四种：冲击钻进、回转钻进、综合钻进和振动钻进。

　　1.冲击钻进

冲击钻进法采用底部圆环状的钻头，钻进时将钻具提升到一定高度，利用钻具自重，迅速放落，钻具在下落时产生冲击力，冲击孔底岩土层，使岩土达到破碎而进一步加深钻孔。冲击钻进可分为人工冲击钻进和机械冲击钻进。人工冲击钻进所需设备简单，但是劳动强度大，适用于黄土、黏性土和砂性土等疏松覆盖层；机械冲击钻进省力省工，但是费用相对高些，适用于砾石层、卵石层及基岩。冲击钻进一般难以取得完整的岩芯。

2.回转钻进

回转钻进法利用钻具钻压和回转，使嵌有硬质合金的钻头切削或磨削岩土进行钻进。根据钻头的类别，回转钻进可分为螺旋钻探、环形钻探（岩芯钻探）和无岩芯钻探。螺旋钻探适用于黏性土层，可干法钻进，螺纹旋入土层，提钻时带出扰动土样；环形钻探适用于土层和岩层，对孔底做环形切削研磨，用循环液清除输出的岩粉，环行中心保留柱状岩芯，然后进行提取；无岩芯钻探适用于土层和岩层，对整个孔底作全面切削研磨，用循环液清除输出的岩粉，不提钻连续钻进，效率高。

3.综合钻进

综合钻进法是一种冲击与回转综合作用下地钻进方法。它综合了前两种钻进方法在地层钻进中的优点，以达到提高钻进效率的目的，在工程地质勘探中应用广泛。

4.振动钻进

振动钻进法采用机械动力将振动器产生的振动力通过钻杆和钻头传递到圆筒形钻头周围的土中，使土的抗剪强度急剧减小，同时利用钻头依靠钻具的重力及振动器重量切削土层进行钻进。圆筒钻头主要适用于粉土、砂土、较小粒径的碎石层以及黏性不大的黏性土层。

三、地球物理勘探

地球物理勘探简称物探，是指利用专门仪器来探测地壳表层各种地质体的物理场，包括电场、磁场、重力场、辐射场、弹性波的应力场等，通过测得的物理场特性和差异来判明地下各种地质现象，获得某些物理性质参数的一种勘探方法。组成地壳的各种不同岩层介质的密度、导电性、磁性、弹性、反射性及导热性等方面存在差异，这些差异将引起相应的地球物理场的局部变化，通过测量这些物理场的分布和变化特性，结合已知的地质资料进行分析和研究，就可以推断地质体的性状。这种方法兼有勘探和试验两种功能。与钻探相比，物探具有设备轻便、成本低、效率高和工作空间广的优点，但是，物探不能直接取样观察，故常与钻探配合使用。

物探按照探测时所利用的岩土物理性质的不同可分为声波勘探、电法勘探、地震勘探、重力勘探、磁力勘探及核子勘探等几种方法。在工程地质勘探中采用较多的主要是前三种方法。

最普遍的物探方法是电法勘探与地震勘探，并常在初期的工程地质勘查中使用，配合工程地质测绘，初步查明勘察区的地下地质情况。此外，也常用于查明古河道、洞穴、地下管线等的具体位置。

1.声波勘探

声波勘探是指运用声波在岩土或岩体中的传播特性及变化规律来测试岩土或岩体物理力学性质的一种探测方法。在实际工程中，还可利用在外力作用下岩土或岩体的发声特性对其进行长期稳定性观察。

2.电法勘探

电法勘探简称电探，是利用天然或人工的直流或交流电场来测定岩土或岩体电学性质的差异，勘查地下工程地质情况的一种物探方法。电探的种类很多，按照使用电场的性质，可分为人工电场法和自然电场法，而人工电场法又可分为直流电场法和交流电场法。工程勘察使用较多的是人工电场法，即人工对地质体施加电场，通过电测仪测定地质体的电阻率大小及其变化，再经过专门解释，区分地层、岩性、构造以及覆盖层、风化层厚度、含水层分布和深度、古河道、主导充水裂隙方向以及天然建筑材料的分布范围、储量等。

3.地震勘探

地震勘探是利用地质介质的波动性来探测地质现象的一种物探方法。其原理是利用爆炸或敲击方法向岩体内激发地震波，根据不同介质弹性波传播速度的差异来判断地质情况。根据波的传递方式，地震勘探又可分为直达波法、反射波法和折射波法。直达波是指由地下爆炸或敲击直接传播到地面接收点的波。直达波法就是利用地震仪器记录直达波传播到地面各接收点的时间和距离，然后推算地基土的动力参数，如动弹性模量、动剪切模量和泊松比等；而反射波或折射波则是指由地面产生激发的弹性波在不同地层的分界面发生反射或折射而返回到地面的波，反射波法或折射波法就是根据反射波或折射波传播到地面各接收点的时间，并研究波的振动特性，确定引起反射或折射的地层界面的埋藏深度、产状岩性等。地震勘探直接利用地下岩石的固有特性，如密度、弹性等，较其他物探方法准确，且能探测地表以下很大的深度，因此该勘探方法可用于了解地下深部地质结构，如基岩面，覆盖层厚度、风化壳、断层带等地质情况。

物探方法的选择，应根据具体地质条件进行确定。常用多种方法进行综合探测，如重力法、电视测井等新技术方法的运用，但由于物探的精度受到限制，因而其只是一种辅助性的方法。

<h1 style="text-align:center">第三节　原位测试</h1>

原位测试是在保持土体原有应力状态条件下，在现场进行的各种测试试验，主要包括平板载荷试验、静力触探、圆锥试验、标准贯入试验和十字板剪切试验。对于难以取得原状土样的岩土样的岩土层、砂土、碎石土、软土等宜采用原位测试。

1.平板载荷试验

平板载荷试验主要用于确定地基土承载力特征值及土的变形模量，试验一般在试坑中进行。

将试坑挖到基础的持力层位置，用 1~2cm 中粗砂找平，放上承压板，在承压板上施加荷载时，总加荷量约为设计荷载的 2 倍。荷载按预估极限荷载的 1/10~1/8 分级施加。每级荷载稳定的标准为连续 2h 内，每小时的沉降增量不大于 0.1mm。试验应做到破坏，破坏的标志是：承压板周围土有明显的侧向挤出；或同一级荷载下，24h 内沉降不稳，呈加速发展的趋势。达到破坏时应停止加荷。

试验成果主要是绘制荷载–沉降曲线，即 P–S 曲线。

试验成果应用：（1）确定地基承载力特征值；（2）确定地基土变形模量 E_0。E_0 计算公式如下：

$$E_0 = I_0 \left(1 - \mu^2\right) pd/s$$

式中：I_0——承压板形状系数；

μ——泊松比；

d——承压板直径；

p——弹性段荷载；

s——弹性段荷载对应的沉降量。

2.静力触探

静力触探（Cone Penetration Test，CPT）是将圆锥形的金属探头以静力方式按一定的速率均匀压入土中，量测其贯入阻力，借以间接判定土的物理力学性质的试验。其优点是可在现场快速、连续、较精确地直接测得土地灌入阻力指标，了解土层原始状态的物理力学性质。特别是对于不易取样的饱和砂土、高灵敏的软土层，以及土层竖向变化复杂而不能密集取样或测试以查明土层性质变化的情况下，静力触探具有它独特的优点。其缺点是不能取土直接观察鉴别，测试深度不大（常小于 50m），对基岩和碎石类土层不适用。

3.圆锥试验、标准贯入试验和十字板剪切试验

（1）圆锥试验

圆锥试验和标准贯入试验都属动力触探，即利用一定的落能量，将与探杆连接的金属探头打入土层，以一定深度所需的锤击数来判定土的工程性质。动力触探按锤击能量的大小不同可分为轻型、中型、重型和超重型四种。

（2）标准贯入试验

标准贯入试验设备主要由标准贯入器、触探杆和穿心锤三部分组成。

操作时，先用钻具钻进到试验土层标高以上约15cm处，63.5kg重心穿心锤从76cm将贯入器打入土层15cm不计数，然后打入土层30cm的锤击数即为实测锤击数N'。当触探杆长度大于3m时，锤击数需要进行杆长修正。

标贯锤击数N可用于确定土的承载力，判别砂土的液化及状态，判别黏性土的稠度状态和无侧限抗压强度q_u。

3.十字板剪切试验

十字板剪切试验是测定现场原位软黏土抗剪强度的一种方法，特别适用于高灵敏度的黏性土。

通过地面上扭动力设备对钻杆施加扭矩，伏埋在土中的十字板扭转，测出把土剪切损坏时的最大力矩M，并通过下式计算十字板原位土的抗剪强度S：

$$S = \frac{2M}{\pi D^2 (H + \dfrac{D}{3})}$$

式中，H——十字板高度；

D——十字板直径。

第四节　建筑地基抗震稳定性评价

一、地震对地基土强度和变形的影响

地震时基础土承受一系列的振动应力，由于地震运动是有限次的震动，因此地震荷载也是有限次数的脉动作用。主震时地基大约在半分钟内受到10~15次强应力脉冲，包括主震之后的余震在内，较大的应力脉冲共30~40次。其频率为1~5 Hz。软土频率低些，坚硬土层频率较高。这些应力脉冲加上结构物振动产生的应力，将引起地基土的强度和稳定性的变化，而且砂土类地基和黏土类地基的表现有明显的差异。

1.黏性土

对饱和黏性土进行动力试验发现，振动时黏土的剪切变形显著增加，当振动速度达到某固定数值以上时，抗剪强度会有所降低。所以在动荷载下黏性土的强度是振动频率、振动加速度、剪切前振动的作用时间和振动应力的函数。这主要是因为在振动过程中土颗粒间原来的平衡状态遭到破坏，而达到新的更为稳定的平衡状态。实验结果表明，对于一般黏土而言，在短时间重复荷载作用下，其强度变化不大，但软弱黏土的强度有明显降低。所以，对于建造在软弱地基上的建筑物，在抗震设计中应当注意这个特性。尤其对于在不均匀地基上且局部是软弱土层的情况，更应当认真处理，否则容易引起不均匀沉降，使上部结构损坏。既然试验结果证明软弱黏土在反复荷载的作用下强度有所降低，那么凡是软弱地基的承载能力在抗震设计中就应当进行调整，使其小于常规使用的承载能力。但在我国以及其他国家的抗震设计规范中却乘以不小于 1.0 的系数来提高地基容许承载能力，如日本一律采用 2.0 来调整。阿尔及利亚和印度则根据地基的种类分别采用不同系数。究其原因，可能是地基土的容许承载力的安全系数较大，地震发生的或然率又较低，所以从经济角度考虑，对地基承载力作了某些调整。

2.砂类土

对于干、湿砂进行模拟试验证明，当振动加速度较小时，砂的强度随着加速度的增加而呈线性降低，但压密较小。当振动加速度超过 0.3g（g 为重力加速度）时，砂土结构出现破坏，强度显著下降，变形突然增加。对于干砂，振动后已经达到最密实的状态时，若加水并继续振动则还能压实。

3.砂土的振动液化

对于均质的饱和粉细砂，在地震力作用下，由于砂土的结构发生破坏，引起砂土颗粒间抗剪强度的消失（主要是摩擦力），粒间孔隙水压力骤然增大。如果孔隙水不能及时排走，则孔隙水压力会不断递增，当孔隙水压力增高到等于上部覆盖压力时，则有效侧限应力变为零，砂就完全丧失强度，它在瞬息间由固体变为没有支承能力的砂悬浮液，这就是砂土的振动液化。

砂土的振动液化现象与下述因素有关。

（1）砂土本身的性质（相对密度、饱和度、粒径、级配、有效侧限应力等）。

（2）动力的性质（地震剪应力的大小、地震的持续时间等）。

二、地基震害造成上部结构的破坏

建筑物的抗震性能取决于上部结构的抗震能力、地基基础的处理和工程地质条件。许多地震震害的宏观调查，都证明了地震时地基基础的震害与上部建筑的破坏有着密切的关系。

1.地裂缝通过建筑物的地基

地震产生的地裂缝是构造应力和地震波作用于地壳表层的结果。当地裂缝通过各种建筑物的地基时，大大加剧了建筑物破坏的程度。这种破坏使得地基开裂，并使之产生位移。这种张扭性的裂缝能拉裂基础，造成上部结构严重开裂甚至倒塌。例如，海城地震后，营口县医院主楼和住院部被两组构造地裂缝破坏得相当严重。

2.喷砂冒水造成建筑物不均匀下沉

由于强烈的地震造成饱和砂土地基振动液化，地面喷砂冒水，使地基遭到破坏，发生大量不均匀沉陷，建造在其上的建筑物就会产生倾斜或不均匀下沉，并加剧了上部结构的破坏。例如唐山地震时，位于 11 度区的唐山齿轮厂锻锤车间大量喷砂冒水，地坪不均匀下沉，厂房严重开裂并倾斜，幸亏采用宽度较大的毛石基础再加上钢筋混凝土基础圈梁，才避免整个厂房倒塌。

喷砂冒水不仅会使建筑物地基遭到破坏，使建筑物倾斜开裂，而且还会造成桥墩发生位移，使桥梁坠落、堤坝裂缝和沉陷、铁路路基下沉、公路路面龟裂、灌溉机井和渠道淤塞，以及大量农田被砂覆盖，进一步加重了农田的盐碱化。

3.软硬交错地基在地震时造成不均匀下沉

山区有不少房屋建造在山坡上，由于不断堆积，有些地表虽已近于平坦，但其下的基岩表面仍是倾斜的，有的岩面坡度还很大。有些地方又由于局部基岩埋藏较深，该部分房屋的基础就砌筑在填土上，使整个建筑物建在软硬不均匀的地基上。在强烈地震时，岩石地基一般无沉降，而填土部分或由于振动压密，或由于基岩表面倾斜产生滑动，致使房屋墙面、楼板因地基不均匀下沉而产生开裂。如云南东川（7 度区）新村第一人民医院门诊部的西北角原为泥塘，后作填土地基，地震时西面和北面基础下沉开裂造成局部严重破坏。

4.滑坡崩塌地区在地震时的地基破坏

在地震力的作用下，斜坡由于动力作用可能局部或全部发生滑动，当滑裂面通过建筑物地基时，必然加重上部结构的破坏。例如，河北邢台某县医院建造在较高的土台上，地震后土台局部崩塌，给建筑物造成了损坏。

5.地震时地基与上部建筑发生共振导致结构损坏

在地震波的作用下，地基与上部建筑都发生振动，当二者的振动周期（自振频率）一致时，就会发生共振现象，在这种情况下地基并不一定遭到破坏，但是建筑物却会遭到特别严重的破坏。对于同一地区来说，建筑物的振动周期不同，遭受的地震破坏也不一样。位于7度波及区的鞍山市有2座采用同一设计图纸、由同一施工单位建造的三层学校建筑，一座位于地基较好的（Ⅰ类土）山上，一座位于土质较差的Ⅲ类场地土上。地震以后，位于山上的校舍破坏严重，砖墙上出现许多斜裂缝，而位于土质较差地基上的学校的震害反而较轻。这可能是由于刚性房屋自振周期短，与坚硬地基的自振周期接近，因而发生共振，加重了震害。

三、地基基础的防震和抗震

从上述地基震害造成上部结构破坏的实例来看，地震时地基的表现对上部结构的影响还是很大的。有时由于地基失效引起上部结构的严重破坏，使人民生命财产蒙受严重损失，付出很大代价。为了避免和减轻这方面的损失，今后应该特别重视以下几个问题。

1.地震区场地选择

通过大量的震害调查，同一地震区内由于土质不同，可能会产生某些地区稍高或稍低于该地区的平均烈度，即所谓小区烈度异常。同时，对可能发生振动液化的饱和砂土地基和会发生不均匀沉降的软弱地基，也不能在结构计算中单纯依靠增大地震荷载来增加建筑物的抗震能力。因此，在地震区的建设中，对于场地选择是非常重要的，应该根据各地区的场地土质、构造地形条件选择对抗震有利的地段，避开危险地段。

有可能发生强烈地震同时又产生明显错动和地裂缝密集的一部分活动断层为危险地段，不应在这些地段进行建设。对于规模较大、胶结不好、具有活动性的一般断层的端部、转折和交叉部分，则应区别对待，慎重处理。但是有些断层虽然与发震断层属于同一构造体系，但规模较小，胶结又比较好，在构造上属于较稳定的地段，因此可以不避开，而按一般断层处理。

地裂缝对结构震害有明显影响，只要是地裂缝带经过之处，破坏程度显得特别严重。构造地裂缝通常出现在地震烈度为8度以上的地区往往与发震构造的所在区域相符，在考虑避开的问题上，可以和发震断层同等对待。非构造裂缝分布较广，主要与地形、岩性、河道、沟坑和洼地有关，选厂时应尽可能避开或在建筑物上采取特别加强措施。

高出的山包和孤立突出的丘陵地带，地震反应较强。根据实测，对于不太高的山包，在山顶处的地震加速度比山脚处的大1.8倍。加之斜坡地带在地震时容易发生坍塌、滑坡、滚石等现象，危及建筑物的安全，所以这些地点应该避开建厂。

2.地基液化

松散饱和砂土地基在地震情况下，有产生液化现象的可能。液化现象的产生将招致建筑物的毁坏，因此必须采取可靠的措施。

在工程地质勘查中，如发现基础下有一定厚度的饱和松砂层，宜立即进行标准贯入度试验，以鉴定是否容易发生液化。

如果是容易发生液化的砂土地基，可采取如下措施。

（1）换土：将可能发生液化的砂土地基用其他黏性土置换。

（2）增加密度：用振动或爆破加密可能液化的砂层。

（3）加固：用灌浆方法，注入各种化学凝固剂将砂土固结起来。

（4）增加上覆压力：随着砂土上覆压力的增加，饱和松砂地基发生振动液化的程度将下降。

（5）降低砂层中的水位。

当地基中有一定厚度的、可能发生液化的砂层时，对于重要建筑物可采用桩基，但桩要有足够的长度，以完全穿过可能液化的砂层，使桩尖到达不会液化的土层。例如，辽河化肥厂造粒塔高 65.5 m，直径 20 m，基础下打了 187 根钢筋混凝土桩，桩长 15~17 m。海城地震后，虽然塔下地面发生喷砂冒水，厂区地面下沉，但造粒塔没有产生下沉和倾斜。而当时正在施工中的田庄台大桥虽然也采用了桩基，但两岸桩的长度不足，桩尖仍处于易液化的砂层中，因此震后桩基和桥墩发生位移和下沉，并向河心方向倾斜，使大桥遭到严重破坏。由此可见，打桩是一项有效的抗震措施，其关键是进行合理的设计。

3.避免地基和结构在地震时发生共振

在地震波作用下，地表以一定的周期发生振动，根据微震观察资料，某些地基土的自振周期如表 6-1 所示。

表 6-1 地基土的自振周期

地基土种类	微震时的自振周期（s）
坚硬岩石	0.15
强风化软岩石	0.25
洪积层	0.40
冲积层	0.60

在高烈度的地震区要考虑地基土层的特点和下部建筑物的地震反应，合理选择地基方案和上部结构形式，防止发生共振而加大震害。

冲积层具有较大的自振周期，冲积层上的建筑物震害随着土层的加厚而加剧。而坚硬岩石地基的自振周期较短，即使发生很大振动也是振动较低的反复荷载。一般来说，房屋受震变形小，震害也是较小的。在防止地基和上部结构发生共振的前提下，坚硬地基上的建筑物震害较冲积层上的建筑物震害要小得多。因此，选择合适的场地或根据场地选择不同刚度的建筑物就能减少或避免地震的损害。

4.合理地进行地震区的地基基础设计

有些类场地的软弱地基常在地表有一个不太厚的硬层，而其下则为深厚的淤泥质土或饱和粉砂层。除了重要的和高耸的建筑物采用桩基外，一般都是充分利用这层较硬的土层作为持力层，采用浅基础。但是一般情况下，地震区的基础采用深埋形式较好，因为在地面附近沿深度方向地震的振幅显著减少。据测定在地下 3 m 处结构物的振幅仅为地表处的3%，所以具有深基础的建筑物的振害要小些。例如，河北省宁河县城（9 度区）在唐山地震后大部分房屋倒塌，但县委办公室完好，这是因为除了其本身的砌筑质量较好外，主要是这幢办公楼带有一层地下室。

基础的构造形式对加强结构的抗震性能有显著影响。片筏基础对于抗地裂缝、调整建筑物的下沉或倾斜有较大帮助，在高烈度区不失为一种好的基础形式。例如，天津塘沽新港有 27 幢住宅建造在吹填土上，采用片筏基础。在唐山地震后，虽基础下沉了 7 cm，但房屋基本完好，裂缝较少。

对于地震区的山地建筑，要求基础砌筑在均一的地基土壤上，如基岩埋藏较浅，则应将基础全部落在岩石上；当基岩埋藏在较深的斜坡上时，单独基础可加纵、横两个方向的联系梁，或采用条形基础或十字条形基础，不宜采用侧向无拉结的单独基础。

对于填土，必须在最佳含水量下经过分层夯实，地震区绝不允许采用杂填土作为地基。对于重要的设备基础，应做成独立的深基础或采用桩基。对于厂房整片地坪，发生地裂缝破坏时，进行修复就会影响生产，因此可以采用混凝土预制块铺砌。

四、建筑地基抗震稳定性评价

建筑场地是指对建筑安全施工及运营有影响的区域。场地不同，其工程地质条件会产生差别，地震破坏效应也不相同。

选择建筑场地时，应根据工程需要和地震活动情况、工程地质和地震地质的有关资料，对抗震有利、不利和危险地段做出综合评价，确定场地类别。对不利地段，应提出避开要求，当无法避开时应采取有效措施，不应在危险地段建造一般建筑，更不能建造重要功能性工程。

1.场地类别

（1）建筑场地覆盖层厚度确定。建筑场地覆盖层厚度的确定，应符合下列要求：

①一般情况下，应按地面至剪切波速大于 500 m/s，且其下卧各层岩土的剪切波速均不小于 500 m/s 的土层顶面的距离确定。

②当地面 5 m 以下存在剪切波速大于其上部各土层剪切波速 2.5 倍的土层，且该层及其下卧各层岩土的剪切波速均不小于 400 m/s 时，可按地面至该土层顶面的距离确定。

③剪切波速大于 500 m/s 的孤石、透镜体，应视同周围土层。

④土层中的火成岩硬夹层，应视为刚体，其厚度应从覆盖土层中扣除。

（2）等效剪切波速。土层的等效剪切波速应按下列公式计算：

$$v_{se} = d_0 / t$$

$$t = \sum_{i=1}^{n} (d_i / v_{si})$$

式中 v_{se}——土层等效剪切波速（m/s）；

d_0——计算深度（m），取覆盖层厚度和 20 m 两者较小值；

t——剪切波在地面至计算深度间的传播时间；

d_i——计算深度范围内第 i 土层的厚度（m）；

v_{si}——计算深度范围内第 i 土层的剪切波速（m/s）；

n——计算深度范围内土层的分层数。

（3）场地类别划分。建筑场地的类别应该根据土层等效剪切波速和场地覆盖层厚度按照表 6-2 划分为四类，其中 I 类分为 I_0 和 I_1 两个亚类。

表 6-2　各类建筑场地的覆盖层厚度

土的等效剪切波速/（m·s⁻¹）	场地类别				
	I_0	I_1	II	III	IV
$v_s>800$	0				
$500<v_s\leqslant800$		0			
$250<v_s\leqslant500$		<5	≥5		
$150<v_s\leqslant250$		<3	3~50	>50	
$v_s\leqslant150$		<3	3~15	15~80	>80

2.发震断裂评价

当场地内存在发震断裂时，应对发震断裂进行评价。对符合下列条件之一的可忽略发震断裂的影响：

（1）抗震设防烈度小于 8 度。

（2）非全新世活动断裂。

（3）抗震设防烈度为 8 度和 9 度时，隐伏断裂的土层覆盖厚度分别大于 60 m 和 90 m。

建筑抗震设防类别的确定方法如下：

（1）特殊设防类：特殊设防类是指使用上有特殊设施，涉及国家公共安全的重大建筑工程和地震时可能发生严重次生灾害等特别重大灾害后果，需要进行特殊设防的建筑。简称甲类。

（2）重点设防类：重点设防类是指地震时使用功能不能中断或需尽快恢复的生命线相关建筑，以及地震时可能导致大量人员伤亡等重大灾害后果，需要提高设防标准的建筑。简称乙类。

（3）标准设防类：标准设防类是指大量的除①、②、④款以外按标准要求进行设防的建筑。简称丙类。

（4）适度设防类：适度设防类是指使用上人员稀少且震损不致产生次生灾害，允许在一定条件下适度降低要求的建筑。简称丁类。

3.天然地基承载力抗震验算

天然地基基础抗震验算时，应采用地震作用效应标准组合，地基抗震承载力应按下式计算：

$$f_{aE}=\zeta_a f_a$$

式中 f_{aE}——调整后的地基抗震承载力；

ζ_a——地基抗震承载力调整系数；

f_a——深宽修正后的地基承载力特征值。

验算天然地基地震作用下的竖向承载力时，按地震作用效应标准组合的基础底面平均压力和边缘最大压力应满足以下要求：

$$p \leq f_{aE}$$

$$p_{max} \leq 1.2 f_{aE}$$

式中 p——地震作用效应标准组合的基础底面平均压力；Pmax

p_{max}——地震作用效应标准组合的基础边缘最大压力。

第五节　公路工程地质勘探

1.路基主要工程地质问题

公路路基包括路堑和半路堤、半路堑等。路基的主要工程地质问题是路基边坡稳定性问题、路基基底稳定性问题以及天然建筑材料问题，在气候寒冷地区还存在公路冻害问题。

（1）路基边坡稳定性。路基边坡包括天然边坡、半填半挖的路基边坡以及深路堑的人工边坡等。因其具有一定坡度和高度，故边坡在重力作用、河流冲刷等因素影响下会发生不同形式的变形和破坏，其主要表现为滑坡和崩塌。

路堑边坡在一定条件下还能引起古滑坡复活。由于古滑坡发生时间较长，长期在各种外力地质作用下，其外表形迹已被改造成平缓的山坡地形，故难以被发现。当施工开挖使其滑动面临空时，很可能造成已休止的古滑坡重新活动。

（2）路基基底稳定性。一般路堤和高填路堤对路基基底的要求是要有足够的承载力。它不仅承受车辆在运营中产生的动荷载，而且在填方路堤地段还承受很大的填土压力。基底土的变形性质和变形量的大小主要取决于基底土的力学性质、基底面的倾斜程度、软弱夹层或软弱结构面的性质与产状等。另外，水文地质条件也是促进基底不稳定的因素，它往往使基底产生巨大的塑性变形而造成路基的破坏。

（3）天然建筑材料。路基工程所需要的天然建筑材料不仅种类繁多，如土料、片石、矿和碎石等，而且数量也较大，并且要求各种建筑材料产地沿线路两侧零散分布。建筑材料的质量和运输距离常常会影响工程的质量和造价。

（4）公路冻害。公路冻害具有季节性。公路在冬季负温的长期作用下，其土体中的水分重新分布，并平行于冻结界面形成数层冻层，局部还会有冰透镜体，因而当土体体积增大（约 9%）时，就会产生路基隆起现象；春季地表冰层融化早，而下层土尚未解冻，融化层的水分难以下渗，致使上层土的含水量增大而软化，在外荷载作用下，就会出现路基翻浆现象。

2.公路工程勘察基本要求

公路工程地质勘查可分为预可行性研究阶段工程地质勘查（简称预可勘察）、工程可行性研究阶段工程地质勘查（简称工可勘察）、初步设计阶段工程地质勘查（简称初步勘察）和施工图设计阶段工程地质勘查（简称详细勘察）四个阶段。

（1）预可勘察。预可勘察应了解公路建设项目所处区域的工程地质条件及存在的工程地质问题，为编制预可行性研究报告提供工程地质资料。

预可勘察应充分收集区域地质、地震、气象、水文、采矿、灾害防治与评估等资料，采用资料分析、遥感工程地质解译、现场踏勘调查等方法，对各路线走廊带或通道的工程地质条件进行研究，完成下列各项工作内容：

①了解各路线走廊带或通道的地形地貌、地层岩性、地质构造、水文地质条件、地震动参数、不良地质和特殊性岩土的类型、分布范围、发育规律。

②了解当地建筑材料的分布状况和采购运输条件。

③评估各路线走廊带或通道的工程地质条件及主要工程地质问题。

④编制预可行性研究阶段工程地质勘查报告。

（2）工可勘察。工可勘察应初步查明公路沿线的工程地质条件和对公路建设规模有影响的工程地质问题，为编制工程可行性研究报告提供工程地质资料。

工可勘察应以资料收集和工程地质调绘为主，辅以必要的勘探手段，对项目建设各工程方案的工程地质条件进行研究，完成下列各项工作内容：

①了解各路线走廊或通道的地形地貌、地层岩性、地质构造、水文地质条件、地震动参数、不良地质和特殊性岩土的类型、分布及发育规律。

②初步查明沿线水库、矿区的分布情况及其与路线的关系。

③初步查明控制路线及工程方案的不良地质和特殊性岩土的类型、性质、分布范围与发育规律。

④初步查明技术复杂大桥桥位的地层岩性、地质构造、河床及岸坡的稳定性、不良地质和特殊性岩土的类型、性质、分布范围及发育规律。

⑤初步查明长隧道及特长隧道隧址的地层岩性、地质构造、水文地质条件、隧道围岩分级、进出口地带斜坡的稳定性、不良地质和特殊性岩土的类型、性质、分布范围及发育规律。

⑥对控制路线方案的越岭地段、区域性断裂通过的峡谷、区域性储水构造，初步查明其地层岩性、地质构造、水文地质条件及潜在不良地质的类型、规模、发育条件。

⑦初步查明筑路材料的分布、开采、运输条件以及工程用水的水质、水源情况。

⑧评价各路线走廊或通道的工程地质条件，分析其存在的工程地质问题。

⑨编制工程可行性研究阶段工程地质勘查报告。

（3）初步勘察。初步勘察应基本查明公路沿线及各类构筑物建设场地的工程地质条件，为工程方案比选与初步设计文件编制提供工程地质资料。

初步勘察应与路线和各类构筑物的方案设计相结合，根据现场地形、地质条件，采用遥感工程地质解译、工程地质调绘、钻探、物探、原位测试等手段相结合的综合勘察方法，对路线及各类构筑物工程建设场地的工程地质条件进行勘察。

①路线初勘。路线初勘应以工程地质调绘为主，勘探测试为辅，需要基本查明下列内容：

A.地形地貌、地层岩性、地质构造、水文地质条件。

B.不良地质和特殊性岩土的成因、类型、性质和分布范围。

C.区域性断裂、活动性断层、区域性储水构造、水库及河流等地表水体、可供开采和利用的矿体的发育情况。

D.斜坡或挖方路段的地质结构，有无控制边坡稳定的外倾结构面，工程项目实施有无诱发或加剧不良地质的可能性。

E.陡坡路堤、高填路段的地质结构，有无影响基底稳定的软弱地层。

F.大桥及特大桥、长隧道及特长隧道等控制性工程通过地段的工程地质条件和主要工程地质问题。

②一般路基初勘。一般路基初勘应根据现场地形地质条件，结合路线填挖设计，划分工程地质区段，分段应基本查明下列内容：

A.地形地貌的成因、类型、分布、形态特征和地表植被情况。

B.地层岩性、地质构造、岩石的风化程度、边坡的岩体类型和结构类型。

C.层理、节理、断裂、软弱夹层等结构面的产状、规模、倾向路基的情况。

D.覆盖层的厚度、土质类型、密实度、含水状态和物理力学性质。

E.不良地质和特殊性岩土的分布范围、性质。

F.地下水和地表水的发育情况及其腐蚀性。

（4）详细勘察。详细勘察应查明公路沿线及各类构筑物建设场地的工程地质条件，为施工图设计提供工程地质资料。

详细勘察应充分利用初勘取得的各项地质资料，采用以钻探、测试为主，调绘、物探、简易勘探等手段为辅的综合勘察方法，对路线及各类构筑物建设场地的工程地质条件进行勘察。

①路线详勘。路线详勘应查明公路沿线的工程地质条件，为确定路线和构筑物的位置

提供地质资料。路线详勘应查明初勘规定的有关内容，其应对初勘资料进行复核。当路线偏离初步设计线位较远或地质条件需进一步查明时，应进行补充工程地质调绘，补充工程地质调绘的比例尺为 1：2 000。

②一般路基详勘。一般路基详勘应在确定的路线上查明各填方、挖方路段的工程地质条件，其内容应符合初勘的规定。其应对初勘调绘资料进行复核。当路线偏离初步设计线位或地质条件需进一步查明时，应进行补充工程地质调绘，补充工程地质调绘的比例尺为 1：2 000。

第六节　桥梁工程地质勘探

桥梁一般由上部构造、下部结构、支座和附属构造物组成，上部结构又称为桥跨结构，其是跨越障碍的主要结构；下部结构包括桥台、桥墩和基础；支座为桥跨结构与桥墩或桥台的支承处所设置的传力装置；附属构造物则是指桥头搭板、锥形护坡、护岸、导流工程等。桥涵根据多孔跨径总长和单孔跨径划分为特大桥、大桥、中桥、小桥和涵洞五种类型。

1.桥梁工程的主要工程地质问题

桥梁工程的主要工程地质问题有桥墩台地基稳定性、桥台的偏心受压及桥墩台地基的冲刷等。

（1）桥墩台地基稳定性。桥墩台地基稳定性主要取决于墩台岩土地基的容许承载力，它是桥梁设计中最重要的力学参数，它对确定桥梁的基础和结构形式起着决定性的作用。虽然桥墩台的基底面积不大，但经常遇到基底软弱、强度不一或软硬不均等问题，这严重影响了桥基的稳定性。在溪谷沟床、河流阶地，故河湾及古老洪积扇等处修建桥墩台时，往往会遇到强度很低的饱和软土层，有时也会遇到较大的断层破碎带，近期活动的断裂或基岩面高低不平，风化深槽，软弱夹层，囊状风化带，软硬悬殊的界面或深埋的古滑坡等地段，它们均能使桥墩台基础产生过大沉降或不均匀下沉，甚至造成整体滑动。

（2）桥台的偏心受压。桥台除承受垂直压力外，还承受到岸坡的侧向主动土压力，在有滑坡的情况下，还受到滑坡的水平推力，使桥台基底总是处在偏心荷载状态下。桥墩的偏心荷载，主要是由于列车在桥梁上行驶突然中断而产生的，其对桥墩台的稳定性影响很大，所以，必须对其慎重考虑。

（3）桥墩台地基的冲刷。桥墩和桥台的修建，使原来的河槽过水断面减小，局部增大了河水流速，改变了流态，对桥基产生强烈冲刷，有时可把河床中的松散沉积物局部或全部冲走，使桥墩基础直接受到流水的冲刷，威胁桥墩台的安全。因此，桥墩台基础的埋深，除取决于持力层的埋深与性质外，还需要考虑冲刷的影响。

2.桥梁工程勘察基本要求

（1）勘察内容。桥梁勘察应根据现场地形地质条件，结合拟定的桥型、桥跨、基础形式和桥梁的建设规模等确定勘察方案，基本查明下列内容：

①地貌的成因、类型、形态特征、河流及沟谷岸坡的稳定状况和地震动参数。

②褶皱的类型、规模、形态特征、产状及其与桥位的关系。

③断裂的类型、分布、规模、产状、活动性，破碎带宽度、物质组成及胶结程度。

④覆盖层的厚度、土质类型、分布范围、地层结构、密实度和含水状态。

⑤基岩的埋深、起伏形态，地层及其岩性组合，岩石的风化程度及节理发育程度。

⑥地基岩土的物理力学性质及承载力。

⑦特殊性岩土和不良地质的类型、分布及性质。

⑧地下水的类型、分布、水质和环境水的腐蚀性。

⑨水下地形的起伏形态、冲刷和淤积情况以及河床的稳定性。

◎深基坑开挖对周围环境可能产生的不利影响，如桥梁通过气田、煤层、采空区时，有害气体对工程建设的影响。

桥梁详勘应根据现场地形地质条件和桥型、桥跨、基础形式制订勘察方案，查明桥位工程地质条件，其内容与初勘内容相同，并应对初勘工程地质调绘资料进行复核。当桥位偏离初步设计桥位或地质条件需进一步查明时，应进行补充工程地质调绘，补充工程地质调绘的比例尺为1∶2 000。

（2）桥位选择原则。桥位应选择在河道顺直、岸坡稳定、地质构造简单、基底地质条件良好的地段。桥位应避开区域性断裂及活动性断裂。当无法避开时，应垂直断裂构造线走向，以最短的距离通过。桥位应避开岩溶、滑坡、泥石流等不良地质及软土、膨胀性岩土等特殊性岩土发育的地带。

（3）勘探测试点布置及勘探深度。桥梁初勘应以钻探、原位测试为主，其勘探测试点的布置应符合下列规定：

①勘探测试点应结合桥梁的墩台位置和地貌地质单元沿桥梁轴线或在其两侧交错布置，其数量和深度应控制地层、断裂等重要的地质界线和说明桥位工程地质条件。

②特大桥、大桥和中桥的钻孔数量可按表6-3确定。小桥的钻孔数量每座不宜少于1个；深水、大跨桥梁基础及锚碇基础，其钻孔数量应根据实际地质情况及基础工程方案确定。

表6-3　桥位钻孔数量表

桥梁类型	工程地质条件简单	工程地质条件较复杂或复杂
中桥	2~3	3~4
大桥	3~5	5~7

| 特大桥 | ≥5 | ≥7 |

③基础施工有可能诱发滑坡等地质灾害的边坡，应结合桥梁墩台布置和边坡稳定性分析进行勘探。

④当桥位基岩裸露、岩体完整、岩质新鲜、无不良地质发育时，可通过工程地质调绘基本查明工程地质条件。

勘探深度应符合下列规定：

①当基础置于覆盖层内时，其勘探深度应至持力层或桩端以下不小于 3 m；在此深度内遇有软弱地层发育时，其应穿过软弱地层至坚硬土层内不小于 1.0 m。

②当覆盖层较薄，下伏基岩风化层不厚时，对于较坚硬岩或坚硬岩，钻孔钻入微风化基岩内不宜少于 3m；极软岩、软岩或较软岩，钻孔钻入未风化基岩内不宜少于 5 m。

③当覆盖层较薄，下伏基岩风化层较厚时，对于较坚硬岩或坚硬岩，钻孔钻入中风化基岩内不宜少于 3 m；极软岩、软岩或较软岩，钻孔钻入微风化基岩内不宜少于 5 m。

④在地层变化复杂的桥位，应布置加深控制性钻孔，探明桥位地质情况。

⑤在深水、大跨桥梁基础和锚碇基础勘探，钻孔深度应按设计要求专门研究后确定。

第七节　地下洞室工程地质勘探

地下洞室是指埋藏于地下岩土体内的各种构筑物，它在铁路、公路、矿冶、国防、城市地铁、城市建设等许多领域广泛应用。例如，公路和铁路的隧道，城市地铁、地下停车场、地下商场、地下体育馆，国防地下仓库等。

地下洞室的开挖改变了原始土体的应力状态，导致岩土体内的应力重新分布，使围岩产生变形。当重新分布以后的应力达到或超过岩石的强度极限时，除弹性变形外，还将产生较大的塑性变形，如果不阻止这种变形的发展就会导致围岩破裂，甚至失稳破坏。而且，对于那些被软弱结构面切割成块体或极破碎的围岩，则易于向洞室产生滑落和塌落，使围岩失稳。为了保障洞室的稳定安全，必须对其进行支护以阻止围岩变形过大和破坏。围岩的变形破坏可能对地下工程产生安全影响，同时可能对周边环境产生不良影响。

1.地下洞室的主要工程地质问题

围岩稳定性是地下洞室主要的工程地质问题，需要对地下洞室的围岩质量进行评价。由于结构面等的影响，地下洞室中地下水渗漏也是不可忽视的工程地质问题。

（1）围岩稳定性。

①影响围岩稳定性的因素。

A.岩体完整性。岩体是否完整，岩体中各种节理、断层等结构面的发育程度，对洞室稳定性影响极大。对此应着重考虑结构面的组数、密度和规模，结构面的产状、组合形态及其与洞壁的关系，结构面的强度等。

B.岩石强度。岩石强度主要取决于岩石的物质成分、组织结构、胶结程度和风化程度。

C.地下水。地下水的长期作用是降低岩石强度、软弱夹层强度，加速岩石风化，其对软弱结构面起润滑作用，促使岩块坍塌，如遇膨胀性岩石，还会引起膨胀，增加围岩压力。

当地下水位很高时，还有静水压力、渗流压力作用，对洞室稳定不利。

D.工程因素。洞室的埋深、几何形状、跨度、高度，洞室立体组合关系及间距，施工方法，围岩暴露时间及衬砌类型等，对围岩应力的大小和性质影响很大。对洞室必须考虑地应力的影响。

②公路隧道围岩分类

地下洞室勘察的围岩分级方法应与地下洞室设计采用的标准一致，无特殊要求时可根据现行国家标准《工程岩体分级标准》（GB 50218-2014）执行，地下铁道围岩类别应按现行国家标准《城市轨道交通岩土工程勘察规范》（GB 50307-2012）执行。

首先确定基本质量级别，然后考虑地下水、主要软弱结构面和地应力等因素对基本质量级别进行修正，并以此衡量地下洞室的稳定性，岩体级别越高，则洞室的自稳能力越好。《城市轨道交通岩土工程勘察规范》（GB 50307-2012）则为了与《地铁设计规范》（GB50157-2013）相一致，采用了铁路系统的围岩分类法。这种围岩分类是根据围岩的主要工程地质特征（如岩石强度、受构造的影响大小、节理发育情况和有无软弱结构面等）、结构特征和完整状态以及围岩开挖后的稳定状态等综合确定围岩类别，并可根据围岩类别估算围岩的均布压力。

③支护结构设计。支护结构应按洞室开挖后能发挥围岩的支护机能、保护围岩的原则，安全而有效地进行洞室内作业等设计；支护结构应在保持稳定的围岩中与开挖洞室而产生的新的应力相适应，并和洞室围岩成为一体以有效地利用周边围岩的支护机能，维持开挖断面，同时，还应确保洞室内作业安全的结构；伴随洞室开挖，作用在支护结构上的荷载，多数随着开挖后的时间推移而大大增大，所以，开挖后应立即施设能够施工的支护结构。一般情况下，作为支护构件，有喷射混凝土、锚杆、钢支撑及衬砌等，考虑到支护构件的作用，可考虑单独或组合形成有效的支护结构。

（2）地下水的渗漏。岩土体中存在不同程度的节理、断层等结构面。结构面是地下水运行的通道，在含有地下水的岩土体中开挖地下洞室，可能随时会使工作面通过结构面与地下水连通，导致地下水的渗漏和突涌，这种情况在岩溶地区尤为明显。一般在地下工程施工前，预先采用工程降水措施进行降水，使其降至基底以下一定深度，满足施工要求。如果地层中可能局部含有地下水，可预先钻进超前钻孔进行探查，在有地下水的区域可对其先进行冻结然后施工，以防地下水对工程施工产生影响。

2.地下洞室勘察基本要求

地下洞室勘察分为可行性勘察、初步勘察与详细勘察三种。

（1）可行性研究勘察应通过搜集区域地质资料、现场踏勘和调查，了解拟选方案的地形地貌、地层岩性、地质构造、工程地质、水文地质和环境条件，做出可行性评价，选择合适的洞址和洞口。

（2）初步勘察。初步勘察应采用工程地质测绘、勘探和测试等方法，初步查明选定方案的地质条件和环境条件，初步确定岩体质量等级（围岩类别），对洞址和洞口的稳定性做出评价，为初步设计提供依据。

初步勘察时，工程地质测绘和调查应初步查明如下问题：地貌形态和成因类型，地层岩性、产状、厚度和风化程度，断裂和主要裂隙的性质、产状、充填、胶结和贯通及组合关系，不良地质作用的类型、规模和分布，地震地质背景，地应力的最大主应力的作用方向，地下水类型、埋藏条件、补给、排泄和动态变化，地表水体的分布及其与地下水的关系、淤积物的特征，洞室穿越地面建筑物、地下构筑物、管道等既有工程的相互影响。初步勘察的勘探点宜沿洞室外侧交叉布置，勘探点间距为100~200 m，采取试样和原位测试勘探孔不宜少于勘探孔总数的 2/3，控制性勘探孔深度，对岩体基本质量等级为Ⅰ级和Ⅱ级的岩体宜钻入洞底设计标高下 1~3m；对Ⅲ级岩体宜钻入 3~5 m，对Ⅳ级和Ⅴ级的岩体勘探孔深度应根据实际情况确定。每一岩层和土层均应采取试样，当有地下水时，应采取水试样。当洞区存在有害气体或地温异常时，应进行有害气体成分、含量及地温测定。对高应力地区应进行地应力量测。

（3）详细勘察。详细勘察应采用以钻探、物探和测试为主的勘察方法，必要时可结合施工导洞布置洞探，详细查明洞址、洞口、洞室穿越线路的工程地质和水文地质条件，划分岩体质量等级，评价洞体和围岩的稳定性，为设计支护结构和确定施工方案提供资料。

详细勘察应进行以下工作：查明地层岩性及其分布，划分岩组和风化程度，进行岩石物理力学试验；查明断裂构造和破碎带的位置、规模、产状和力学属性，划分岩体结构类型；查明不良地质作用的类型、性质、分布，并提出防治措施的建议；查明主要含水层的分布、厚度、埋深，地下水的类型、水位、补给排泄条件，预测开挖期间出水状态、涌水量和水质的腐蚀性；当城市地下洞室需降水施工时，需提出降水施工措施及参数；查明洞室所在位置及临近地段的地面建筑和地下构筑物、管线情况，预测洞室开挖可能产生的影响，并提出防治措施。

详细勘察时，勘探点宜在洞室外侧6~8 m 交叉布置，山区地下洞室按地质构造布置，且勘探点间距不应大于 50 m，城市地下洞室的勘探点间距，岩土变化复杂的场地宜小于

25 m，中等复杂的宜为 25~40 m，简单的为 40~80 m。

第八节　房屋建筑物工程地质勘探

房屋建筑物是人们为了满足生产和生活的需要，利用所掌握的技术手段，并运用一定的科学规律和美学法创造的人工环境，其包括工业建筑和民用建筑。工业建筑是指供工业生产使用的建筑物，其包括专供生产使用的各种车间、厂房、电站、水塔、烟肉和栈桥等；民用建筑是居民住宅建筑和公共事业建筑的总称；居民住宅建筑是指供居民生活起居使用的建筑物，如住宅、宿舍等；公共事业建筑是指供人们进行社会公共活动的非生产性建筑物，例如医院、办公楼、学校、图书馆、影剧院、大会堂、展览馆、体育馆等。

1.房屋建筑物的工程地质问题

房屋建筑物主要的工程地质问题是地基稳定性，其包括地基强度和地基变形两个方面。

（1）地基强度。地基强度是通过地基承载力反映的。地基承载力是指地基土单位面积所能承受荷载的能力，其包括地基极限承载力和地基容许承载力。地基极限承载力是指地基土发生剪切破坏而即将失去整体稳定性时相应的最小基础底面压力。地基容许承载力是指要求作用在基底的压应力不超过地基的极限承载力，并且有足够的安全度，而且所引起的变形不能超过建筑物的容许变形，满足以上两项要求时地基单位面积上所能承受的荷载。

研究地基承载力的目的是在工程设计中必须限制建筑物基底的压力，使其不超过地基的承载能力，以保证地基土不会产生剪切破坏而失去稳定，也不会因为建筑物基础产生过大的沉降或沉降差而使上部结构开裂、倾斜以致影响其正常使用。

地基承载力主要取决于地基土的性质，同时，受基础形状、荷载倾斜与偏心、覆盖层抗剪强度、地下水位、下卧层等的影响。地基承载力可以通过理论公式进行计算，也可以采用静力载荷试验、静力触探等原位测试，并结合工程实践经验等方法综合确定。

（2）地基变形。地基变形主要表现为地基在上部结构荷载的作用下产生向下的沉降，包括均匀沉降和不均匀沉降。地基允许产生一定的变形，但不能超过定的限值，地基变形如果超过建筑物的允许变形，可能会导致建筑物开裂甚至倒塌等安全问题，因此，在实际工程中，这一情况是不允许发生的。地基变形可通过沉降量、沉降差、倾斜和局部倾斜等指标控制，具体指标选用取决于建筑结构类型。

2.房屋建筑物勘察基本要求

对房屋建筑物的岩土工程勘察，应在收集建筑物上部荷载、功能特点、结构类型、基础形式、埋藏深度和变形限制等方面资料的基础上进行。建筑物的岩土工程宜分阶段进行，可行性研究勘察应符合选择场址方案的要求，初步勘察应符合初步设计的要求，详细勘察应符合施工图设计的要求，场地条件复杂或有特殊要求的工程，宜进行施工勘察。

（1）可行性研究勘察。可行性研究勘察应对拟建场地的稳定性和适宜性做出评价，并收集区域地质、地形地貌、地震、矿产、当地岩土工程和建筑经验等资料，在此基础上通过踏勘了解场地的地层、构造、岩性、不良地质作用和地下水等工程地质条件。

（2）初步勘察。初步勘察应对场地拟建建筑地段的稳定性做出评价，并完成如下工作：收集拟建工程的有关文件、岩土工程资料及场地范围内的地形图；初步查明地质构造、地层结构、岩土工程特性、地下水埋藏条件；查明场地不良地质作用的成因、分布、规模、发展趋势，并对场地稳定性做出评价；对抗震设防烈度等于或大于6度的场地，应对场地和地基的地震效应做出评价；季节性冻土地区，应查明场地的标准冻结深度；初步判定水和土对建筑材料的腐蚀性。

初步勘察的勘探线、勘探点间距应按表6-4确定。对局部异常地段应加密。

表6-4　初步勘察勘探线、勘探点间距

地基复杂程度等级	勘探线间距	勘探点间距
一级（复杂）	50~100	30~50
二级（中等复杂）	75~150	40~100
三级（简单）	150~300	75~200

初步勘察的勘探孔深度应按表6-5确定。

表6-5　初步勘察勘探孔深度

工程重要性等级	一般性勘探孔	控制性勘探孔
一级（重要工程）	≥15	≥30
二级（一般工程）	10~15	15~30
三级（大要工程）	6~10	10~20

初步勘察采取土试样和进行原位测试的勘探点应结合地貌单元、地层结构和土的工程性质布置，其数量可占勘探点总数的1/4~1/2。采取土试样的数量和孔内原位测试的竖向间距，应按地层特点和土的均匀程度确定，每层土均应采取土样或进行原位测试，其数量不宜少于6个。

（3）详细勘察。详细勘察应按单体建筑物或建筑群提出详细的岩土工程资料和设计所需的岩土工程参数，对建筑地基做出岩土工程评价，并对地基类型、基础形式、地基处理、基坑支护、工程降水和不良地质作用的防治提出建议。

详细勘察的勘探点间距应按表6-6的规定确定。

表6-6　详细勘察勘探点的间距

地基复杂程度等级	勘探点间距/m	地基复杂程度等级	勘探点间距/m
一级（复杂）	10~15	三级（简单）	30~50
二级（中等复杂）	15~30		

详细勘察的勘探点的布置应符合下列规定：

勘探点宜按建筑物周边点和角点布置，对无特殊要求的其他建筑物可按建筑物或建筑群的范围布置；当同一建筑范围内的主要受力层或有影响的下卧层起伏较大时，应加密勘探点，以查明变化；重大设备基础应单独布置勘探点；重大动力机器基础及高耸构筑物，勘探点不宜少于 3 个；勘探手段宜采用钻探和触探相配合，在复杂地质条件、湿陷性土、膨胀岩土、风化岩和残积土地区，宜布置适当探井；详细勘察的单栋高层建筑勘探点的布置，应满足对地基均匀性评价的要求，且不应少于 4 个；对密集的高层建筑群，勘探点可适当减少，但每栋建筑物至少有一个控制性勘探点。

详细勘察的勘探深度自基础底面算起，并应符合下列规定：

勘探孔深度应能控制主要受力层，当基础底面宽度不大于 5.0 m 时，勘探孔的深度对条形基础不应小于基础底面宽度的 3 倍，对单独基础不应小于 1.5 倍，且不应小于 5m；对高层建筑和需做变形验算的地基，控制线勘探孔的深度应超过地基变形计算深度；高程建筑的一般性勘探孔应达到基底下 0.5~1.0 倍的基础宽度，并深入稳定分布的土层；对仅有地下室的建筑或高层建筑的裙房，当不能满足抗浮设计要求，需设置抗浮桩或锚杆时，勘探孔深度应满足抗拔承载力评价的要求；当有大面积地面堆载或软弱下卧层时，应适当加深控制性勘探孔的深度；如果遇到基岩或厚层碎石土等稳定地层时，勘探孔深度可适当调整。

详细勘察采取土试样和进行原位测试应满足岩土工程评价要求，并应符合下列要求：采取土试样和进行原位测试的勘探孔的数量，应根据地层结构、地基土的均匀性和工程特点确定，且不应少于勘探孔总数的1/2，钻探取土试样孔的数量不应少于勘探孔总数的1/3；每个场地、每个主要土层的原状土试样或原位测试数据不应少于 6 件（组），当采用连续记录的静力触探或动力触探为主要勘察手段时，每个场地不应少于 3 个孔；在地基主要受力层内，对厚度大于 0.5 m 的夹层或透镜体应采用土试样或进行原位测试；当土层性质不均匀时，应增加取土试样或原位测试。

基坑开挖后，若发现岩土条件与勘察资料不符或出现必须查明的异常情况时，应对其进行施工勘察，在工程施工或使用期间，当地基土、边坡体、地下水等发生未曾估计到的变化时，应对其进行监测，并对工程和环境的影响进行评价。

第九节　边坡工程地质勘探

1.边坡工程的工程地质问题

边坡包括天然斜坡和人工开挖的边坡。自然界中的山坡、谷壁、河岸等各种斜坡的形成，是地质应力作用的结果。人类工程活动也经常开挖出大量的人工边坡，如路堑边坡，运河渠道、船闸、溢洪道边坡，房屋基坑边坡和露天矿坑的边坡等。

　　边坡的形成，使岩土体内部原有应力状态发生变化，出现应力重分布，其应力状态在各种自然应力及工程的影响下，随着边坡演变而不断变化，使边坡岩土体发生不同形式的变形与破坏。不稳定的天然斜坡和人工边坡，在岩土体重力、水及振动力以及其他因素作用下，常常发生危害性的变形与破坏，导致交通中断、江河堵塞、塘库淤填，甚至酿成巨大灾害。在工程修建中和建成后，必须保证工程地段的边坡有足够的稳定性。边坡的工程地质问题，就是边坡的稳定性问题，边坡的工程地质问题主要有以下几个方面：

　　（1）滑坡。滑坡是指斜坡或边坡上的岩土体沿着一定的滑动面整体向下滑动的现象。滑坡的破坏性较大，危害严重，属于边坡的主要工程地质问题。

　　（2）崩塌。崩塌是指边坡岩土体中被陡倾的张性破裂面分割的块体突然脱离岩体，从陡倾的斜坡上崩落下来，以垂直运动为主，顺斜坡为猛烈翻转、跳跃，最后堆落在坡脚的现象和过程。崩塌因发生急剧、短促和猛烈，故常摧毁建筑、破坏道路、堵塞河道，危害很大。如我国成昆、宝成、贵昆等铁路沿线，常有崩塌发生，威胁行车安全，造成运输中断，详见第6章。崩塌可通过削坡、遮挡、支挡等方式进行处理。

　　（3）剥落。剥落是指边坡岩土体在外力作用下导致局部破坏，与坡体脱离的现象。剥落主要发生于岩质边坡，剥落导致边坡逐步破坏，坡度减缓，并影响坡脚及坡顶工程安全。剥落可通过抹面、锚喷等方式处理。

2.边坡工程勘察基本要求

（1）勘察等级的划分

边坡工程勘察等级应根据边坡工程安全等级和地质环境复杂程度按表6-7划分。

表6-7　边坡工程勘察等级

边坡工程安全等级	边坡地质环境复杂程度		
	简单	复杂	中等复杂
一级	一级	一级	二级
二级	一级	二级	三级
三级	二级	三级	三级

边坡地质环境复杂程度可按下列标准判别：

①地质环境复杂：组成边坡的岩土种类多、强度变化大，均匀性差，土质边坡潜在滑面多，岩质边坡受外倾结构面或外倾不同结构面组合控制，水文地质条件复杂。

②地质环境中等复杂：介于地质环境复杂与地质环境简单之间。

③地质环境简单：组成边坡的岩土种类少，强度变化小，均匀性好，土质边坡潜在滑

面少，岩质边坡不受外倾结构面或外倾不同结构面组合控制，水文地质条件简单。

（2）勘察阶段的划分

地质条件和环境条件复杂、有明显变形迹象的一级边坡工程以及边坡邻近有重要建（构）筑物的边坡工程、超过《建筑边坡工程技术规范》（GB50330-2013）适用范围的边坡工程均应进行专门性边坡岩土工程勘察，为边坡治理提供充分的依据，以达到安全、合理地整治边坡的目的；二、三级建筑边坡工程作为主体建筑的环境时要求进行专门性的边坡勘察，往往是不现实的，可结合对主体建筑场地勘察一并进行。但应满足边坡勘察的深度和要求，勘察报告中应有边坡稳定性评价的内容。

边坡岩土体的变异性一般都比较大，对于复杂的岩土边坡很难在一次勘察中就将主要的岩土工程问题全部查明；对于一些大型边坡，设计往往也是分阶段进行的。因此，大型的和地质环境条件复杂的边坡宜分阶段勘察；当地质环境条件复杂时，岩土差异性就表现得更加突出，往往即使进行了初勘、详勘还不能准确地查明某些重要的岩土工程问题。因此，地质环境复杂的一级边坡工程尚应进行施工勘察。

各阶段应符合下列要求：

①初步勘察应收集地质资料，进行工程地质测绘和少量的勘探和室内试验，初步评价边坡的稳定性。

②详细勘察应对可能失稳的边坡及相邻地段进行工程地质测绘、勘探、试验、观测和分析计算，做出稳定性评价，对人工边坡提出最优开挖坡角；对可能失稳的边坡提出防护处理措施的建议。

③施工勘察应配合施工开挖进行地质编录、核对、补充前阶段的勘察资料，必要时进行施工安全预报，提出修改设计的建议。

边坡工程勘察前除应收集边坡及邻近边坡的工程地质资料外，尚应取得以下资料：

①附有坐标和地形的拟建边坡支挡结构的总平面布置图。

②边坡高度、坡底高程和边坡平面尺寸。

③拟建场地的整平高程和挖方、填方情况。

④拟建支挡结构的性质、结构特点及拟采取的基础形式、尺寸和埋置深度。

⑤边坡滑塌区及影响范围内的建（构）筑物的相关资料。

⑥边坡工程区域的相关气象资料。

⑦场地区域最大降雨强度和二十年一遇及五十年一遇最大降水量；河、湖历史最高水位和二十年一遇及五十年一遇的水位资料；可能影响边坡水文地质条件的工业和市政管线、江河等水源因素，以及相关水库水位调度方案资料。

⑧对边坡工程产生影响的汇水面积、排水坡度，长度和植被等情况。

⑨边坡周围山洪、冲沟和河流冲淤等情况。

（3）勘察工作量的布置

分阶段进行勘察的边坡，宜在收集已有地质资料的基础上先进行工程地质测绘和调查。

对于岩质边坡，工程地质测绘是勘察工作的首要内容。测绘工作应着重查明边坡的形态、坡角、结构面产状和性质等。查明天然边坡的形态和坡角，对于确定边坡类型和稳定坡率是十分重要的。因为软弱结构面一般是控制岩质边坡稳定的主要因素，故应着重查明软弱结构面的产状和性质；测绘范围不能仅限于边坡地段，应适当扩大到可能对边坡稳定有影响及受边坡影响的所有地段。

边坡工程勘探应采用钻探（直孔、斜孔）、坑（井）探、槽探和物探等方法。对于复杂、重要的边坡可以辅以洞探。位于岩溶发育的边坡除采用上述方法外，尚应采用物探。

边坡（含基坑边坡）勘察的重点之一是查明岩土体的性状。对岩质边坡而言，勘察的重点是查明边坡岩体中结构面的发育性状。采用常规钻探难以达到预期效果，需采用多种手段，辅用一定数量的探洞、探井、探槽和斜孔，特别是斜孔、井槽、探槽对于查明陡倾结构是非常有效的。

边坡工程勘探范围应包括坡面区域和坡面外围一定的区域。对无外倾结构面控制的岩质边坡的勘探范围：到坡顶的水平距离一般不应小于边坡高度。对外倾结构面控制的岩质边坡的勘探范围应根据组成边坡的岩土性质及可能破坏模式确定：对可能按土体内部圆弧形破坏的土质边坡不应小于 1.5 倍坡高；对可能沿岩土界面滑动的土质边坡，后部应大于可能的后缘边界，前缘应大于可能的剪出口位置。勘察范围尚应包括可能对建（构）筑物有潜在安全影响的区域。

由于边坡的破坏主要是重力作用下的一种地质现象，其破坏方式主要是沿垂直于边坡方向的滑移失稳，故勘探线应以垂直边坡走向或平行主滑方向布置为主，在拟设置支挡结构的位置应布置平行或垂直的勘探线。成图比例尺应大于或等于 1∶500，剖面的纵横比例应相同。

勘探点分为一般性勘探点和控制性勘探点。控制性勘探点宜占勘探点总数的 1/5~1/3，地质环境条件简单、大型的边坡工程取 1/5，地质环境条件复杂、小型的边坡工程取 1/3，并应满足统计分析的要求。

对每一单独边坡段勘探线不宜少于 2 条，每条勘探线不应少于 2 个勘探孔。当遇有软弱夹层或不利结构面时，应适当加密。

勘察孔进入稳定层的深度的确定，主要依据查明支护结构持力层性状，并避免在坡脚（或沟心）出现判层错误（将巨块石误判为基岩）等。勘探孔深度应穿过潜在滑动面并深入稳定层 2~5 m，控制性勘探孔取大值，一般性勘探孔取小值。支挡位置的控制性勘探孔深度应根据可能选择的支护结构形式确定：对于重力式挡墙、扶壁式挡墙和锚杆可进入持力层不小于 2.0m；对于悬臂桩进入嵌固段的深度土质时不宜小于悬臂长度的 1.0 倍，岩质时不小于 0.7 倍。

对主要岩土层和软弱层应采取试样进行室内物理力学性能试验，其试验项目应包括物性强度及变形指标，试样的含水状态应包括天然状态和饱和状态。用于稳定性计算时土的抗剪强度指标宜采用直接剪切试验获取，用于确定地基承载力时土的峰值抗剪强度指标宜采用三轴试验获取。主要岩土层采集试样数量：土层不少于 6 组，对于现场大剪试验，每组不应少于 3 个试件，岩样抗压强度不应少于 9 个试件；岩石抗剪强度不少于 3 组。需要时应采集岩样进行变形指标试验，有条件时应进行结构面的抗剪强度试验。

建筑边坡工程勘察应提供水文地质参数。对于土质边坡及较破碎、破碎和极破碎的岩质边坡在不影响边坡安全条件下，通过抽水、压水或渗水试验确定水文地质参数。

对于地质条件复杂的边坡工程，初步勘察时宜选择部分钻孔埋设地下水和变形监测设备进行监测。

除各类监测孔外，边坡工程勘察工作的探井、探坑和探槽等在野外工作完成后应及时封填密实。

（4）边坡力学参数取值

正确确定岩土和结构面的强度指标，是边坡稳定分析和边坡设计成败的关键。岩体结构面的抗剪强度指标宜根据现场原位试验确定。试验应符合现行国家标准《工程岩体试验方法标准》（GB/T50266-2013）的规定。对有特殊要求的岩质边坡宜做岩体流变试验，但当前并非所有工程均能做到。由于岩体（特别是结构面）的现场剪切试验费用较高、试验时间较长、试验比较困难等原因，在勘察时难以普遍采用。而且，试验点的抗剪强度与整个结构面的抗剪强度可能存在较大的偏差，这种"以点代面"可能与实际不符。此外结构面的抗剪强度还将受施工期和运行期各种因素的影响。

岩土强度室内试验的应力条件应尽量与自然条件下岩土体的受力条件一致，三轴剪切试验的最高围压和直剪试验的最大法向压力的选择，应与试样在坡体中的实际受力情况相近。对控制边坡稳定的软弱结构面，宜进行原位剪切试验，室内试验成果的可靠性较差，对软土可采用十字板剪切试验。对大型边坡，必要时可进行岩体应力测试，波速测试、动力测试、孔隙水压力测试和模型试验。

实测抗剪强度指标是重要的，但更要强调结合当地经验，并宜根据现场坡角采用反分析验证。岩石（体）作为一种材料，具有在静载作用下随时间推移而出现强度降低的"蠕变效应"或称"流变效应"。岩石（体）流变试验在我国（特别是建筑边坡）进行得不是很多。根据研究资料表明，长期强度一般为平均标准强度的 80%左右。对于一些有特殊要求的岩质边坡（如永久性边坡），从安全、经济的角度出发，进行"岩体流变"试验考虑强度可能随时间降低的效应是必要的。岩石抗剪强度指标标准值是对测试值进行误差修正后得到反映岩石特点的值。由于岩体中或多或少都有结构面存在，其强度要低于岩块的强度。

（5）气象、水文和水文地质条件

大量的建筑边坡失稳事故的发生，无不说明了雨季、暴雨、地表径流及地下水对建筑边坡稳定性的重大影响，所以建筑边坡的工程勘察应满足各类建筑边坡的支护设计与施工的要求，并开展进一步专门必要的分析评价工作，因此提供完整的气象、水文及水文地质条件资料，并分析其对建筑边坡稳定性的作用与影响是非常重要的。

建筑边坡工程的气象资料收集、水文调查和水文地质勘查应满足下列要求：

①收集相关气象资料、最大降雨强度和十年一遇最大降水量，研究降水对边坡稳定性的影响。

②收集历史最高水位资料，调查可能影响边坡水文地质条件的工业和市政管线，江河等水源因素，以及相关水库水位调度方案资料。

③查明对边坡工程产生重大影响的汇水面积、排水坡度、长度和植被等情况。

④查明地下水类型和主要含水层分布情况。

⑤查明岩体和软弱结构面中地下水情况。

⑥调查边坡周围山洪、冲沟和河流冲淤等情况。

⑦论证孔隙水压力变化规律和对边坡应力状态的影响。

⑧必要的水文地质参数是边坡稳定性评价、预测及排水系统设计所必需的，因此建筑边坡勘察应提供必需的水文地质参数，在不影响边坡安全的前提条件下，可进行现场抽水试验、渗水试验或压水试验等获取水文地质参数。

⑨建筑边坡勘察除应进行地下水力学作用和地下水物理、化学作用（指地下水对边坡岩土体或可能的支护结构产生的侵蚀、矿物成分改变等物理、化学影响及影响程度）的评价以外，还宜考虑雨季和暴雨的影响。对一级边坡或建筑边坡治理条件许可时，可开展降雨渗入对建筑边坡稳定性影响研究工作。

（6）危岩崩塌勘察

在丘陵、山区选择场址和考虑建筑总平面布置时，首先必须判定山体的稳定性，查明是否存在产生危岩崩塌的条件。实践证明，这些问题如不在选择场址或可行性研究中及时发现和解决，会给经济建设造成巨大损失。因此，危岩崩塌勘察应在拟建建（构）筑物的可行性研究或初步勘察阶段进行。工作中除应查明危岩分布及产生崩塌的条件、危岩规模、类型、范围、稳定性，预测其发展趋势以及危岩崩塌危害的范围等，对崩塌区作为建筑场地的适宜性作出判断外，尚应根据危岩崩塌产生的机制有针对性地提出防治建议。

危岩崩塌勘察区的主要工作手段是工程地质测绘。危岩崩塌区工程地质测绘的比例尺宜选用1：200~1：500，对危岩体和危岩崩塌方向主剖面的比例尺宜选用1：200。

危岩崩塌区勘察应满足下列要求：

①收集当地崩塌史（崩塌类型、规模、范围、方向和危害程度等）、气象、水文、工程地质勘查（含地震）、防治危岩崩塌的经验等资料。

②查明崩塌区的地形地貌。

③查明危岩崩塌区的地质环境条件，重点查明危岩崩塌区的岩体结构类型、结构面形状、组合关系、闭合程度、力学属性、贯通情况和岩性特征、风化程度以及下覆洞室等。

④查明地下水活动状况。

⑤分析危岩变形迹象和崩塌原因。

工作中应着重分析、研究形成崩塌的基本条件，判断产生崩塌的可能性及其类型、规模、范围。预测发展趋势，对可能发生崩塌的时间、规模方向、途径、危害范围做出预测，为防治工程提供准确的工程勘察资料（含必要的设计参数）并提出防治方案。

不同破坏形式的危岩其支护方式是不同的，因而勘察中应按单个危岩形态特征确定危岩的破坏形式、进行定性或定量的稳定性评价，提供有关图件（平面图，剖面图或实体投影图）标明危岩分布、大小和数量，提出支护建议。

危岩稳定性判定时应对张裂缝进行监测。对破坏后果严重的大型危岩，应结合监测结果对可能发生崩塌的时间、规模、方向、途径和危害范围做出预测。

3.边坡的稳定性评价要求

（1）评价要求和内容

下列建筑边坡应进行稳定性评价：

①选作建筑场地的自然斜坡。

②由于开挖或填筑形成并需要进行稳定性验算的边坡。

③施工期间出现新的不利因素的边坡。

施工期间出现新的不利因素的边坡，指在建筑和边坡加固措施尚未完成的施工阶段可能出现显著变形、破坏及其他显著影响边坡稳定性因素的边坡。对于这些边坡，应对施工期出现新的不利因素作用下的边坡稳定性做出评价。

④使用条件发生变化的边坡。

边坡稳定性评价应在充分查明工程地质条件的基础上，根据边坡岩土类型和结构，确定边坡破坏模式，综合采用工程地质类比法和刚体极限平衡计算法进行边坡稳定性评价。边坡稳定性评价应包括下列内容：

①边坡稳定性状态的定性判断。

②边坡稳定性计算。

③边坡稳定性综合评价。

④边坡稳定性发展趋势分析。

（2）稳定性分析与评价方法

在边坡稳定性评价中，应遵循以定性分析为基础，以定量计算为重要辅助手段，进行综合评价的原则。

边坡稳定性评价应在充分查明工程地质、水文地质条件的基础上，根据边坡岩土工程条件，对边坡的可能破坏方式及相应破坏方向、破坏范围、影响范围等作出判断。判断边坡的可能破坏方式时应同时考虑到受岩土体强度控制的破坏和受结构面控制的破坏。

在确定边坡破坏模式的基础上，综合采用工程地质类比法和刚体极限平衡计算法等定性分析和定量分析相结合的方法进行。应以边坡地质结构变形破坏模式、变形破坏与稳定性状态的地质判断为基础，对边坡的可能破坏形式和边坡稳定性状态做出定性判断，确定边坡破坏的边界范围、边坡破坏的地质模型（破坏模式），对边坡破坏趋势作出判断和估计。根据边坡地质结构和破坏类型选取恰当的方法进行定量计算分析，并综合考虑定性判断和定量分析结果做出边坡稳定性评价。

根据已经出现的变形破坏迹象对边坡稳定性状态做出定性判断时，应重视坡体后缘可能出现的微小张裂现象，并结合坡体可能的破坏模式对其成因作细致分析。若坡体侧边出现斜列裂缝或在坡体中下部出现剪出或隆起变形时，可做出不稳定的判断。

不同的边坡有不同的破坏模式，如果破坏模式选错，具体计算失去基础，必然得不到正确结果。破坏模式有平面滑动、圆弧滑动、锲形体滑落、倾倒、剥落等，平面滑动又有沿固定平面滑动和沿（45°+$\phi/2$）倾角滑动等。有的学者将边坡分为若干类型，按类型确定破坏模式，并列入地方标准，这是可取的。但我国地质条件十分复杂，各地差别很大，目前尚难归纳出全国统一的边坡分类和破坏模式，有待继续积累数据和资料。

鉴于影响边坡稳定的不确定因素很多，边坡的稳定性评价可采用多种方法进行综合评价。常用的有工程地质类比法、图解分析法、极限平衡法和有限单元法等。各区段条件不一致时，应分区段分析。

工程地质类比方法主要依据工程经验和工程地质学分析方法，按照坡体介质、结构及其他条件的类比，进行边坡破坏类型及稳定性状态的定性判断。工程地质类比法具有经验性和地区性的特点，应用时必须全面分析已有边坡与新研究边坡的工程地质条件的相似性和差异性，同时还应考虑工程的规模、类型及其对边坡的特殊要求，可用于地质条件简单的中、小型边坡。

图解分析法需在大量的节理裂隙调查统计的基础上进行。将结构面调查统计结果绘成等密度图，得出结构面的优势方位。在赤平极射投影图上，根据优势方位结构面的产状和坡面投影关系分析边坡的稳定性。

①当结构面或结构面交线的倾向与坡面倾向相反时，边坡为稳定结构。

②当结构面或结构面交线的倾向与坡面倾向一致，但倾角大于坡角时，边坡为基本稳定结构。

③当结构面或结构面交线的倾向与坡面倾向之间夹角大于 45°，且倾角小于坡角时，边坡为不稳定结构。

求潜在不稳定体的形状和规模需采用实体比例投影，对图解法所得出的潜在不稳定边坡应计算验证。

边坡抗滑移稳定性计算可采用刚体极限平衡法；对结构复杂的岩质边坡，可结合采用极射赤平投影法和实体比例投影法；当边坡破坏机制复杂时，可采用数值极限分析法。采用刚体极限平衡法计算边坡抗滑稳定性时，可根据滑面形态按照国家规范（建筑边坡工程技术规范）（GB 50330–2013）附录 A 选择具体计算方法。

对边坡规模较小、结构面组合关系较复杂的块体滑动破坏，采用极射赤平投影法及实体比例投影法较为方便。

对于破坏机制复杂的边坡，难以采用传统的方法计算，目前国外和国内水利水电部门已广泛采用数值极限分析法进行计算。数值极限分析法与传统极限分析法求解原理相同，只是求解方法不同，两种方法得到的结果是一致的。对复杂边坡，传统极限分析法无法求解，需要做许多人为假设，影响计算精度，而数值极限分析法适用性广，不另作假设就可直接求得。

对于均质土体边坡，一般宜采用圆弧滑动面条分法进行边坡稳定性计算。岩质边坡在发育 3 组以上结构面，且不存在优势外倾结构面组的条件下，可以认为岩体为各向同性介质，在斜坡规模相对较大时，其破坏通常按近似圆弧滑面发生，宜采用圆弧滑动面条分法计算。

对于圆弧形滑动面，现行的《建筑边坡工程技术规范》（GB50330–2013）建议采用毕肖普法进行计算。通过多种方法的比较，证明该方法有很高的准确性，已得到国内外的公认。以往经常采用的瑞典法，虽然求解简单，但计算误差较大，过于安全而造成浪费。

通过边坡地质结构分析，存在平面滑动可能性的边坡，可采用平面滑动稳定性计算方法计算。对建筑边坡来说，坡体后缘存在竖向贯通裂缝的情况较少，是否考虑裂隙水压力视具体情况确定。

对于规模较大、地质结构复杂或者可能沿基岩与覆盖层界面滑动的情形，宜采用折线滑动面计算方法进行边坡稳定性计算。

对于折线形滑动面,现行的《建筑边坡工程技术规范》(GB50330-2013)建议采用传递系数隐式解法。传递系数法有隐式解和显式解两种形式。显式解的出现是由于当时计算机不普及,对传递系数做了一个简化的假设,将传递系数中的安全系数值假设为1,从而使计算简化,但增加了计算误差。同时对安全系数做了新的定义,在这一定义中当荷载增大时只考虑下滑力的增大,不考虑抗滑力的提高,这也不符合力学规律。因而隐式解优于显式解,当前计算机已经很普及,应当回归到原理的传递系数法。

无论隐式解还是显式解,传递系数法都存在一个缺陷,即对折线形滑面有严格的要求,如果两滑面间的夹角(即转折点处的两倾角的差值)过大,就可出现不可忽视的误差。因而当转折点处的两倾角的差值超过10°时,需要对滑面进行处理,以消除尖角效应。一般可采用对突变的倾角作圆弧连接,然后在弧上插点,来减少倾角的变化值,使其小于10°。处理后,误差可以达到工程要求。

对于折线形滑动面,国际上通常采用摩根斯坦-普赖斯法进行计算。摩根斯坦-普赖斯法是一种严格的条分法,计算精度很高,也是国外和国内水利水电部门等推荐采用的方法。在实际工程中,可以采用国际上通用的摩根斯坦-普赖斯法进行计算。边坡稳定性计算时,对基本烈度为7度及7度以上地区的永久性边坡应进行地震工况下边坡稳定性校核。

当边坡可能存在多个滑动面时,对各个可能的滑动面均应进行稳定性计算。

(3)稳定性评价标准

边坡稳定性状态分为稳定、基本稳定、欠稳定和不稳定四种状态。

由于建筑边坡规模较小,一般工况中采用的边坡稳定安全系数又较高,所以不再考虑土体的雨季饱和工况。对于受雨水或地下水影响较大的边坡工程,可结合当地做法按饱和工况计算,即按饱和重度与饱和状态时的抗剪强度参数。

边坡稳定安全系数是按通常情况确定的,特殊情况如坡顶存在安全等级为一级的建(构)筑物,存在油库等破坏后有严重后果的建筑边坡下边坡稳定安全系数可适当提高。

对地质环境条件复杂的工程安全等级为一级的边坡在勘察过程中应进行监测。监测内容根据具体情况可包括边坡变形(包括坡面位移和深部水平位移)、地下水动态和易风化岩体的风化速度等,目的在于为边坡设计提供参数。检验措施(如支挡、疏干等)的效果和进行边坡稳定的预报。

众所周知,水对边坡工程的危害是很大的,因而掌握地下水随季节的变化规律和最高水位等有关水文地质资料对边坡治理是很有必要的。对位于水体附近或地下水发育等地段的边坡工程宜进行长期观测,至少应观测一个水文年。

建筑边坡工程勘察中,除应进行地下水力学作用和对边坡岩土体或可能的支挡结构由于地下水产生侵蚀、矿物成分改变等物理、化学作用的评价，还应论证孔隙水压力变化规律和对边坡应力状态的影响，并应考虑雨季和暴雨过程的影响。

第十节　基坑工程地质勘探

进入 21 世纪以来，城市高层建筑在我国如雨后春笋般大量出现。这些高层建筑一般都有 1~3 层地下室，其相应的基坑工程开挖深度通常为 6~15 m，需要进行深基坑施工。而且一些大城市的地铁工程也相继开始建设施工，随之带来大量的地下基坑工程。由于高层和其他地下工程的基坑施工经常遇到各种不同的技术问题，包括极其复杂的工程地质和水文地质条件，致使许多基坑工程成为当地建筑工程中投资大、难度高、风险也大的技术工程，从而引起有关主管部门和工程界的广泛重视。

基坑工程设计包括勘察、支护结构设计、降水设计（地下水位控制）、土方开挖方案设计、监测和环境保护方案设计等内容。基坑工程设计的特殊性与施工密不可分，其施工的每一阶段外荷载、结构体系等都在变化。施工工艺和施工顺序的变化、支护形成时间的长短、支撑拆除的顺序和方式、基坑尺寸的大小及气温的变化，都影响最后的计算结果。因此，详细了解各个施工工况，对正确进行基坑设计十分重要。

1.基坑工程的工程地质问题

基坑工程主要的工程地质问题有边坡稳定性、降水引起的周边建筑物的沉降问题等。

（1）边坡稳定性。受基坑周边环境条件影响，在当前建设用地资源紧缺的情况下基坑边坡一般坡度较大，在自然情况下边坡不能保证安全稳定，对基坑工程施工及基础工程和人员安全造成严重威胁，如果土质条件差、基坑周边超载值较大时，边坡破坏的可能性更大。因此，基坑工程一般都需要进行基坑支护。基坑支护应保证基坑周边建（构）筑物、地下管线、道路的安全和正常使用及主体结构的施工空间。

（2）降水引起的周边建筑物的沉降问题。当地下水位位于基底以上时，基础施工会受到地下水的影响，需对地下水进行控制。地下水控制应根据工程地质条件和水文地质条件、

基坑周边环境要求及支护结构形式选用截水、降水、集水明排或其他组合。

采用降水方法进行地下水位控制，根据有效应力原理，若土体中的孔隙水压力减小，有效应力将增加，导致地基沉降。如果地基沉降超过周边建筑物的沉降允许值，周边建筑物可能会发生破坏。因此，在进行基坑降水时，应考虑对基坑周边建筑所产生的影响。如果影响较大，可考虑采用截水等措施控制地下水位。

2.基坑工程勘察基本要求

（1）主要工作内容

基坑工程勘察主要是为深基坑支护结构设计和基坑安全稳定开挖施工提供地质依据。因此，需进行基坑设计的工程，应与地基勘察同步进行基坑工程勘察。但基坑支护设计和施工对岩土工程勘察的要求有别于主体建筑的要求，勘察的重点部位是基坑外对支护结构和周边环境有影响的范围，而主体建筑的勘察孔通常只需布置在基坑范围以内。

初步勘察阶段应根据岩土工程条件，收集工程地质和水文地质资料，并进行工程地质调查，必要时可进行少量的补充勘察和室内试验，初步查明场地环境情况和工程地质条件，预测基坑工程中可能产生的主要岩土工程问题；详细勘察阶段应针对基坑工程设计的要求进行勘察，在详细查明场地工程地质条件基础上，判断基坑的整体稳定性，预测可能的破坏模式，为基坑工程的设计、施工提供基础资料，对基坑工程等级、支护方案提出建议；在施工阶段，必要时尚应进行补充勘察。勘察的具体内容包括：

①查明与基坑开挖有关的场地条件、土质条件和工程条件。

②查明邻近建筑物和地下设施的现状、结构特点以及对开挖变形的承受能力。

③提出处理方式、计算参数和支护结构选型的建议。

④提出地下水控制方法、计算参数和施工控制的建议。

⑤提出施工方法和施工中可能遇到问题的防治措施的建议。

⑥提出施工阶段的环境保护和监测工作的建议。

（2）勘探的范围、勘探点的深度和间距的要求

勘探范围应根据基坑开挖深度及场地的岩土工程条件确定，基坑外宜布置勘探点。

①勘探的范围和间距的要求

勘察的平面范围宜超出开挖边界外开挖深度的2~3倍。在深厚软土区，勘察深度和范围尚应适当扩大。考虑到在平面扩大勘察范围可能会遇到困难（超越地界、周边环境条件制约等），因此在开挖边界外，勘察手段以调查研究、收集已有资料为主，由于稳定性分析的需要，或布置锚杆的需要，必须有实测地质剖面，故应适量布置勘探点。勘探点的范围不宜小于开挖边界外基坑开挖深度的1倍。当需要采用锚杆时，基坑外勘察点的范围不宜小于基坑深度的2倍，主要是满足整体稳定性计算所需范围，当周边有建筑物时，也可从旧建筑物的勘察资料上查取。

勘探点应沿基坑周边布置，其间距应视地层条件而定，宜取 15~25m；当场地存在软弱土层、暗沟或岩溶等复杂地质条件时，应加密勘探点并查明分布和工程特性。

②勘探点深度的要求

由于支护结构主要承受水平力，因此，勘探点的深度以满足支护结构设计要求深度为

宜，对于软土地区，支护结构一般需穿过软土层进入相对硬层。勘探孔的深度不宜小于基坑深度的 2 倍，一般宜为开挖深度的 2~3 倍。在此深度内遇到坚硬黏性土、碎石土和岩层，可根据岩土类别和支护设计要求减少深度。基坑面以下存在软弱土层或承压含水层时，勘探孔深度应穿过软弱土层或承压含水层。为降水或截水设计需要，控制性勘探孔应穿透主要含水层进入隔水层一定深度；在基坑深度内，遇微风化基岩时，一般性勘探孔应钻入微风化岩层 1~3m，控制性勘探孔应超过基坑深度 1~3m；控制性勘探点宜为勘探点总数的 1/3，且每一基坑侧边不宜少于 2 个控制性勘探点。

基坑勘察深度范围为基坑深度的 2 倍，大致相当于在一般土质条件下悬臂桩墙的嵌入深度。在土质特别软弱时可能需要更大的深度。但由于一般地基勘察的深度比这更大，所以对结合建筑物勘探所进行的基坑勘探，勘探深度满足要求一般不会有问题。

（3）岩土工程测试参数要求

在受基坑开挖影响和可能设置支护结构的范围内，应查明岩土分布，分层提供支护设计所需的岩土参数，具体包括：

①岩土不扰动试样的采取和原位测试的数量，应保证每一主要岩土层有代表性的数据分别不少于 6 组（个），室内试验的主要项目是含水量、重度、抗剪强度和渗透系数；土的常规物理试验指标中含水量 w 及土体重度 γ 是分析计算所需的主要参数。

②土的抗剪强度指标：抗剪强度是支护设计最重要的参数，但不同的试验方法（有效应力法或总应力法、直剪或三轴，UU 或 CU）可能得出不同的结果。勘察时应按照设计所依据的规范、标准的要求进行试验，分层提供设计所需的抗剪强度指标，土的抗剪强度试验方法应与基坑工程设计要求一致，符合设计采用的标准，并应在勘察报告中说明。

③室内或原位试验测试土的渗透系数，渗透系数 k 是降水设计的基本指标。

④特殊条件下应根据实际情况选择其他适宜的试验方法测试设计所需参数。

对一般黏性土宜进行静力触探和标准贯入试验；对砂土和碎石土宜进行标准贯入试验和圆锥动力触探试验；对软土宜进行十字板剪切试验；当设计需要时可进行基床系数试验或旁压试验、扁铲侧胀试验。

（4）水文地质条件勘察的要求

深基坑工程的水文地质勘查工作不同于供水水文地质勘查工作，其目的应包括两个方面：一是满足降水设计（包括降水井的布置和井管设计）需要，二是满足对环境影响评估的需要。前者按通常供水水文地质勘查工作的方法即可满足要求，后者因涉及问题很多，要求更高。降水对环境影响评估需要对基坑外围的渗流进行分析，研究流场优化的各种措施，考虑降水延续时间长短的影响。因此，要求勘察对整个地层的水文地质特征作更详细地了解。

当场地水文地质条件复杂，在基坑开挖过程中需要对地下水进行控制（降水或隔渗）且已有资料不能满足要求时，应进行专门的水文地质勘查。应达到以下要求：

①查明开挖范围及邻近场地地下水含水层和隔水层的层位、埋深，厚度和分布情况，判断地下水类型、补给和排泄条件；有承压水时应分层量测其水头高度。

当含水层为卵石层或含卵石颗粒的砂层时，应详细描述卵石的颗粒组成、粒径大小和黏性土含量；这是因为卵石粒径的大小，对设计施工时选择截水方案和选用机具设备有密切的关系，例如，当卵石粒径大、含量多，采用深层搅拌桩形成帷幕截水会有很大困难，甚至不可能。

②当基坑需要降水时，宜采用抽水试验测定场地各含水层的渗透系数和渗透影响半径；勘察报告中应提出各含水层的渗透系数。

当附近有地表水体时，宜在其间布设一定数量的勘探孔或观测孔：当场地水文地质资料缺乏或在岩溶发育地区。必要时宜进行单孔或群孔分层抽水试验，测渗透系数、影响半径，单井涌水量等水文地质参数。

③分析施工过程中水位变化对支护结构和基坑周边环境的影响，提出应采取的措施。

④当基坑开挖可能产生流沙、流土、管涌等渗透性破坏时，应有针对性地进行勘察分析评价其产生的可能性及对工程的影响。当基坑开挖过程中有渗流时，地下水的渗流作用宜通过渗流计算确定。

（5）基坑周边环境勘察要求

周边环境是基坑工程勘察、设计、施工中必须首先考虑的问题，环境保护是深基坑工程的重要任务之一，在建筑物密集、交通流量大的城区尤其突出，在进行这些工作时应有"先人后己"的概念。由于对周边建（构）筑物和地下管线情况缺乏准确了解或忽视，就盲目开挖造成损失的事例很多，有的后果十分严重。所以以基坑工程勘察应进行环境状况调查，设计、施工才能有针对性地采取有效保护措施。基坑周边环境勘察有别于一般的岩土勘察、调查对象是基坑支护施工或基坑开挖可能引起基坑之外产生破坏或失去平衡的物体，是支护结构设计的重要依据之一。周边环境的复杂程度是决定基坑工程安全等级、支护结构方案选型等最重要的因素之一，勘察最后的结论和建议亦必须充分考虑对周边环境影响。

勘察时，委托方应提供周边环境的资料，当不能取得时，勘察人员应通过委托方主动向有关单位收集有关资料，必要时，业主应专项委托勘察单位采用开挖、物探、专用仪器等进行探测。对地面建筑物可通过观察访问和查阅档案资料进行了解，查明邻近建筑物和地下设施的现状、结构特点以及对开挖变形的承受能力。在城市地下管网密集分布区，可通过地面标志、档案资料进行了解。有的城市建立有地理信息系统，能提供更详细的资料，了解管线的类别、平面位置、埋深和规模。如确实收集不到资料，必要时应采用开挖、物探、专用仪器或其他有效方法进行地下管线探测。

基坑周边环境勘察应包括以下具体内容：

①影响范围内既有建筑物的结构类型、层数、位置、基础形式和尺寸。埋深、基础荷载大小及上部结构现状、使用年限、用途。

②基坑周边的各种既有地下管线（包括上下水、电缆、煤气、污水、雨水、热力等）、地下构筑物的类型、位置、尺寸、埋深等；对既有供水、污水/雨水等地下输水管线，尚应包括其使用状况和渗漏状况。

③道路的类型、位置、宽度、道路行驶情况、最大车辆荷载等。

④基坑开挖与支护结构使用期内施工材料、施工设备等临时荷载的要求。

⑤雨期时的场地周围地表水汇流和排泄条件。

（6）特殊性岩土的勘察要求

在特殊性岩土分布区进行基坑工程勘察时，可根据相关规范的规定进行勘察，对软土的蠕变和长期强度、软岩和极软岩的失水崩解、膨胀土的膨胀性和裂隙性以及非饱和土增湿软化等对基坑的影响进行分析评价。

3.基坑岩土工程评价要求

基坑工程勘察，应根据开挖深度、岩土和地下水条件以及环境要求，对基坑边坡的处理方式提出建议。

基坑工程勘察应针对深基坑支护设计的工作内容进行分析。作为岩土工程勘察，应在岩土工程评价方面有一定的深度。只有通过比较全面地分析评价，提供有关计算参数，才能使支护方案选择的建议更为确切，更有依据。深基坑支护设计的具体工作内容包括：

（1）边坡的局部稳定性、整体稳定性和坑底抗隆起稳定性。

（2）坑底和侧壁的渗透稳定性。

（3）挡土结构和边坡可能发生的变形。

（4）降水效果和降水对环境的影响。

（5）开挖和降水对邻近建筑物和地下设施的影响。

地下水的妥当处理是支护结构设计成功的基本条件，也是侧向荷载计算的重要指标，是基坑支护结构能否按设计完成预定功能的重要因素之一，因此，应认真查明地下水的性质，并对地下水可能影响周边环境提出相应的治理措施，供设计人员参考。在基坑及地下结构施工过程中应采取有效的地下水控制方法。当场地内有地下水时，应根据场地及周边区域的工程地质条件、水文地质条件、周边环境情况和支护结构与基础形式等因素，确定地下水控制方法。当场地周围有地表水汇流、排泄或地下水管渗漏时，应对基坑采取保护措施。

降水消耗水资源。我国是水资源贫乏的国家，应尽量避免降水，保护水资源。降水对环境会有或大或小的影响，对环境影响的评价目前还没有成熟的得到公认的方法。一些规范、规程、规定上所列的方法是根据水头下降在土层中引起的有效应力增量和各土层的压缩模量分层计算地面沉降，这种粗略方法计算结果并不可靠。根据武汉地区的经验，降水引起的地面沉降与水位降幅、土层剖面特征、降水延续时间等多种因素有关；而建筑物受损害的程度不仅与动水位坡降有关，而且还与土层水平方向压缩性的变化和建筑物的结构特点有关。地面沉降最大区域和受损害建筑物不一定都在基坑近旁，可能在远离基坑外的某处。因此评价降水对环境的影响主要依靠调查了解地区经验，有条件时宜进行考虑时间因素的非稳定流渗流场分析和压缩层的固结时间过程分析。

第七章　石油地质勘探

第一节　钻井与完井

在最早期的石油勘探过程中，人们是从地表的石油渗溢处采集到石油的。Herodotus 在其公元前 450 年左右的作品中描述了出现在突尼斯 Carthage 和希腊 Zachynthus 岛的石油渗溢。他描述了在现代伊朗 Ardericca 附近人们从井中开采石油的细节，显然这些井并不会很深，因为液体是用酒囊收集到的，酒囊位于一根长杆的一端，长杆则悬挂在一个支点上。从井中同时产出石油、盐和沥青。在中国、缅甸和罗马尼亚，人们曾经挖掘矿井来采集浅层石油，通过梯子或吊车进入矿井，并通过管子将空气泵入矿井内，用桶将井中的石油渗溢提升到地表。这种技术对矿工的健康及长期的退休生活具有伤害性。在世界许多地区，人们通过挖掘水平坑道进入储层，石油因此能够被成功开采出来。石油滴到矿坑的墙壁和地板上，从而流出到入口处。在 Wyoming 州 Tisdale 油田北部曾经应用过这种技术（Dobson 和 Seelye，1981）。然而，一般情况下，油气是通过钻井被定位和开采出来的。在石油勘探出现之前，顿钻技术在许多地区都已经被成功应用于取水和采盐。西方世界用于采油的第一口井位于 Pennsylvania 州的 Oil Creek，是由 ColonelDrake 在 1859 年实施的（Owen，1975）。先前，在 Appalachians 地区和其他地区的水井中，石油只被看作是一种杂质。Drake 的钻井技术是从中国工匠处学来的，这些人来到美国是修建铁路的。在公元前 1 世纪中国就已经应用顿钻技术了，钻头吊在高达 60 m 的竹塔上。然而，这种钻井技术是用于开采井盐的，而不是石油（Messadie，1995）。下面简单介绍两种钻井方法，顿钻与旋转钻井。

一、顿钻

顿钻似乎是在世界多个地区自发地产生的。19 世纪早期，中国人用藤条来悬挂重达 1800 kg 的钻头，这可以钻 700 m 深的竖井，井径是 10~15 cm，钻进率是 60~70 cm/d。人们用竹子或中空的柏树树干来套井（Imbert，1828；Coldre，1891）。这些井用于采集淡水和盐水，从中可以获取盐。在现代顿钻技术中，一块重的金属钻头，会被固定在缆绳端头，反复在井底重重砸下，钻头一般是凿子形状的。连续冲击会逐渐将井底的岩石凿开。有时钻头会被提到地面，并将抽泥筒固定在缆绳的端头。抽泥筒是一个钢瓶，在底部有一个单向的翻板。将抽泥筒丢落到井底的过程中，岩屑会由翻门进入抽泥筒中。在抽泥筒被提升到下一次使用的高度时，岩屑就会留在筒中。岩屑从井底被清除后，就可以拉出抽泥筒并将其清空，进而将钻头固定回缆绳端头并重新开始钻井。随着井深的增大，井壁坍塌的趋势也会增大。在井中加钢套管进行套井可以防止坍塌。

在石油勘探初期，顿钻钻具的冲击能量是由一人或多人拉绳索来提供的，后来加入了弹性杆的辅助。近代，动力则由蒸汽机和内燃机提供。

机械式顿钻方法在 19 世纪晚期仍在发展，当时主要是用于挖掘水井，这些井中偶尔也会有除了水之外的石油等杂质，这是钻井者并不喜欢的。19 世纪中期，石油的商业利用被发现之后，顿钻成了挖掘油井的主要方法，并一直延续了大约 80 年。

顿钻有几处大的机械性限制。第一，钻取深度非常有限。井孔越深，钻具就越重。因此会达到某个时刻，井口的缆绳不足以支撑钻头和井下缆绳的总重量。尽管顿钻可以钻取 3 000 m 深度，但是平均能力大约仅为 1 000 m。这对大多数水井来说是能够满足要求的，但是对石油勘探日益增长的深度要求来说，这太浅了。顿钻方法的另外一个局限性就在于它只能应用于裸井。缆绳需要上下自由运动，因此井中不能充满液体。虽然用抽泥筒可以清除渗入到井中的水，但是这会带来一个后果，当钻头冲开高压地层时，石油或天然气就会冲上地面而形成井喷。因为存在钻取深度和安全的局限性，顿钻在石油勘探中的价值是有限的。

二、旋转钻井

由于具有更安全和更大钻深的特点，在对深度有更高要求的石油工业界，旋转钻井技术大规模取代了顿钻技术。在旋转钻井技术中，钻头是旋转的，钻头位于钻柱的底端，钻柱是一根中空的钢管。钻头有多种类型，但最常用的是由三个可旋转的嵌齿圆锥体构成的。钻头在井底旋转时，嵌齿挖凿或铲削岩石，同时，通过钻柱将钻井液或水泵下，由钻头中的喷嘴喷出，再经由钻柱和井壁之间的空隙循环回地面。钻井液循环有多种功能：清理钻头处的岩屑，清理井壁脱落物，冷却钻头，最重要的是能够保证井的安全。钻井液的静水压力可以阻止地层液体进入井中，在钻透高孔隙压力地层时，钻井液的重力可以防止井喷。将井口用一系列的阀门（即防喷器）来封堵也可以防止井喷。

钻头钻进的过程中，在地面上会将新的钻杆拧到钻柱上，钻杆的最后一节则被拧到一个方形的钢构件上，即方钻杆，方钻杆被垂直悬挂在方钻杆补心上，即钻台中央的一个方孔上。

因此，井架动力带动钻台给下面的钻柱施加一个旋转的动力，旋转动力带动钻头旋转。随着钻进的加深，方钻杆随着钻台下降，之后就需要增加另外一根钻杆了。钻头的寿命依赖于钻头类型和岩石的硬度，钻头用坏之后，会将钻杆从井中提出并堆放到井架上，当钻头被带到地面后，就可以更换并安装新的钻头了。

钻取一定深度后，需要对井加装钢套管，并向套管和井壁之间注入水泥。重新开始钻井后，就需要使用更小尺寸的钻头了。钻头和套管的直径有国际标准。根据井的最终深度，有可能使用多个直径尺寸的钻头及对应的套管。油井的平均深度是 1~3 km，但是也可以钻取深达 11.5 km 的油井。

当钻遇储层时，普通钻头可能会被替换为取心钻管。取心钻管是一种中空的钢管，在底端一般嵌有金刚石材质的牙齿，当其旋转着向下移动时，就会切取出块圆柱形的岩石。当取心钻管向上提升时，向上指向的钢弹簧就将岩心保持在钻管内。取心过程比正常钻井慢，因而更昂贵。在石油勘探中只是偶尔应用取心过程，以收集大的完整的岩石样品，进而提取地质信息和工程信息。

地质学家也会不同程度地融入钻井过程中。对常规油田开发井来说，其深度和储层特征都是已知的，地质学家也许不需要出现在井场，但是他们会从办公室监控钻井进展。然而，对一个滨海野猫井（初探井）来说，现场则需要五位或更多的地质学家。拥有这口井的石油公司可能需要船上有一名他们自己的井场地质学家。他的职责包括通知钻工及操作总部关于地层、流体和预期地层压力的信息；选取套井点和取心点；决定何时进行缆线测井；监管测井及解释最终结果；最重要的是识别并评估井中的油气显示。其他的地质学家是钻井液录井师，他们成对地工作，实行 12 h 轮班制。钻井液录井公司与石油公司签订合同，在钻井过程中对井进行连续而复杂的评估工作。评估是在一个钻井液录井单元内进行的，即一个隔间或拖车车厢里面装备有电脑和电子监测设备。钻井液录井师会记录下钻井的变化，包括钻进率、钻井液温度、孔隙压力和页岩密度。气相色谱会监测钻井液中存在的天然气。他们收集特定深度区间内的岩屑样品，用紫外线和其他方法测试是否存在石油。

三、各种类型的钻井装置

陆上和海上都可以应用旋转钻井的井架。陆上适用于预制好的钻井设备，可以通过滑行或车辆来进行运输；轻型的设备则可以用直升机运输。钻完一口井后，可以拆除井架并将其移动到下一个地点，不管这口井是产油还是不含油气（术语上称干井或空井）。因此，现代油田并不是以井架林立为标志的，并不像老照片和老电影里显示的那样。

在海上钻井时，井架的固定方法有多种。对无风浪的内陆水域来说，可以将其装配在一个平底驳船上。这种技术在 Mississipi 河口三角洲已经使用了 60 多年。深度达到 100 m 的水域可以使用自升式钻机，自升式钻机的井架被固定在一艘有腿的平底驳船上，可以上升和下降。移除钻机时，支腿升起（即将驳船降下），驳船浮起。有些驳船可以自行推进，但是大部分需要拖船牵引。到达新地点后，支腿降下，驳船升起，这样就可以避开大部分的波浪。

潜水式钻机是一种装配在中空的沉箱上的平台，沉箱中可以充入海水。平台支架可以沉入海底，使得海面和平台的下部存在一个足够的空间。像自升式钻机一样，潜水式钻机只能用于浅水区。深水区则需要使用钻井船或半潜式钻机。在钻井船上，井架被固定在船中央，船通过锚固定，或通过一个特殊设计的推进系统来自动保持船的位置，这样就不会受风、浪和水流的影响。半潜式钻机是漂浮的平台，拥有三条以上的可充水式沉箱支腿。

随着对支腿中进行合理充水以及锚的固定，虽然半潜式钻机是漂浮的，但它却是稳定的，钻台处在海面以上大约 30m 的位置。有些半潜式钻机是自推进的，但是大多数还要由拖船牵引来更换作业地点。在北极圈浅水环境下，那里有大量的浮冰，钻井船、自升式钻机、半潜式钻机都不适用。在很浅的水域，可以用砾石和冰块来修建人工岛。也有单脚架钻机，就像它们的名字一样，靠单个支腿来进行平衡，积冰可以在支腿的周围移动，受到的阻碍最小。

四、垂向井、定向井和水平井

历史上，美国大多数的石油和天然气井都是垂向井。从 2004 年开始出现了一个急剧的变化，即出现了大量的水平井。2014 年美国钻井类型的分配如下：垂向井 20%，水平井 67%，定向井 12%。

相对于垂向井，定向井和水平井具有多种优势：1.对城市或湖泊下的目标区域来说，地面操作是不可行的；2.从钻台辐射式钻井可以控制一个较大的面积（从一个钻台可以钻取多个井，从而减少地面痕迹）；3.增加井眼与产层的接触面积；4.在含裂缝储层中，可以与更多的裂缝接触，从而提高生产率；5.释放地层压力或封堵"失控井"。

五、水平钻井与多级水力压裂增产

对多数致密储层（例如页岩气、致密气、致密油和煤层气）来说，为了采油，需要进行水力压裂增产措施。压裂增产过程包括向地层注入高压水、化学剂和支撑剂（砂或陶瓷），在周围岩石制造裂缝，使得石油或天然气可以从裂缝流向生产井。其中使用的化学剂一般包括胶凝剂、交联剂、减阻剂、阻腐剂、阻垢剂、杀菌剂，甚至包括柴油。支撑剂可以使裂缝保持张开的状态。水力压裂增产措施在 20 世纪 40 年代已经出现了，但是从 2003 年开始才得到大规模应用，当时的能源公司开始在页岩层中钻取水平井并用多级压裂方法来完井。致密储层中使用水力压裂来增强井的效果、减小钻井数量并采集难以开采的资源。

六、各种类型的采油装置

如前所述，钻完一口井后，井架会被移到下一个地点。从井中采集石油和天然气的方法有很多种。我们在第六章中会概述各种各样的储层采驱机理。实际开采中会使用一两种方法，这要根据石油到达地面的过程中是否需要使用泵来决定。

多数情况下，储层压力足以将石油或天然气驱使到地面，如果这样的话，一般套管会一直下到产油层之下，并且正对着产油层进行炸药射孔。钢制采油管从井口被一直悬挂到产油层，套管与采油管之间的环面用封隔器进行密封。许多井的生产率需要被激发，或者在生产开始就进行，或者在工作一段时间之后再进行。典型的激发技术包括地层压裂，一般用高压泵将金属或塑料碎片压入地层裂缝中将裂缝楔挤开。在油井开采后期，人们会注入盐酸或其他酸来扩大裂缝，进而提高渗透率和生产率。这些技术主要应用于碳酸盐岩储层，但也可以应用于其他岩性的储层。井口安装有一系列的阀门，被称为采油树，出油管连接储油罐，在那里石油和天然气在大气压下被分离开。

如果储层压力过低，石油不能流到地面，就需要使用泵吸设备：或者在井口使用抽油机，或者安装井下泵。井口抽油机的柴油机或电机带动的横梁马达上下驱使一个连接着的吸油杆，吸油杆与井底的活塞相连。另外，也可以在井底安装电动离心泵，这种装置比抽油机效率高，对生态环境的危害小，但是因为很难接触到它，所以其维护成本高，可靠性低。

陆上开发井的几何排布有多种方式，井间距是由储层渗透率和每口井预期的排驱半径来决定的。然而，海上不适用这套程序。如今使用的海上采油设备有很多种，包括浮标、船、漂浮的采油平台以及固定的采油平台。曾经在 450m 的水域中使用过固定采油平台；在更深的水域中需要使用漂浮的采油平台。墨西哥湾海域是美国主要的油气产区。在水深超过 1 500 m 的地方已经有了 65 处发现，最大深度曾经为 3040m。著名的主要油气田包括 Mensa、Eugene 岛 330、Atlantis 和 Tiber，Tiber 油田由 BP 经营，位于 Keathley Canyon Block。据报道，这个油田的地质储量有 6×10^9 bbl，估计的最终可采量有 $6 \times 10^8 \sim 9X \times 10^8$ bbl 石油。这个油田内最深的井是 10 685 m，位于 1260m 深的水下。

海上石油开采中需要有钻分支井的技术，即从一个平台辐射出多口井。过去将井眼偏离竖直方向的办法是在井下放置一个钢制楔块或"造斜器"。如今有马达钻头和精确的导航系统，可以按需要让井沿任意方向前进。尽管这项技术主要发展于从一个海上平台钻多口支井的情况，如今在陆上已经使用水平井了。水平井可以穿过单个河道储层砂岩，或穿过可作为天然疏导层的断层系统。Texas 州的 Austin 石灰岩储层中就曾经大规模地使用过水平井，那里的石油来自断层有关的裂缝系统，岩层具有孔隙度但是渗透性却很差（Koen，1996）。位于 Sakhalin 岛的 Sakhalin-1 项目已经完成了延伸长度达 12.3 km 的井。Sakhalin 岛有三个海上油田：Chayvo、Odoptu 和 Arkutun-Dagi.2012 年，在钻取测量深度为 12 376 m 之后，Exxon Neftegas Ltd 完成了 Z-44 Chayvo 延伸井。延伸钻井技术使得岸基钻井技术得以到达离岸石油储层。

第二节　储层评价

井可以提供大量的地质信息和工程信息，尤其是当拥有相当长度的岩心时。取心操作非常昂贵，一般都用普通旋转钻头钻井。可以通过缆线测井来得到进一步的信息。一般在钻进一段地层后，在套井之前会进行地球物理测井，在一口井中会进行多个测井项目。然而，如今已可以在钻井过程中进行地球物理测井。MWD（随钻测井）是储层评估的一项重要进展，它可以提供岩石类型、烃饱和度和高压危险层等早期预警。

测量地层地球物理性质的设备会被放置在一个圆筒状探测器内，通过多芯电缆下放到井内。到达井底后，探测器开启记录回路，在探测器被提升到地面的过程中测量地层的各种性质。测量结果通过电缆被传送到地面的测井单元内，记录到胶片或磁带中。陆上操作中，记录仪是放置在卡车箱内的。

探测器可以记录岩层的多种参数，例如地层电阻率、声速、密度和放射性。记录数据被用于解释地层的岩性和孔隙度以及孔隙流体的类型（石油、天然气或水）和含量。

储层评价是一个大而复杂的问题，许多石油公司都雇佣全职的测井分析师。接下来的内容只是对此做一个引介，描述各种类型的测井方法及分析原理。石油地质学家在职业生涯的早期通常会参加测井分析的课程，这些课程提供了最新而详细的测井方法、分析方法以及软件编程。

一、电测井

1.自然电位测井、自身电位测井或 SP 测井

自然电位测井或称自身电位测井，是目前仍在使用的最古老的地球物理测井方法，1927 年首次应用。自然电位记录到的电位势是井下探测器中的一个电极和地面固定电极之间的位势差。它仅能应用在充满导电钻井液的裸眼井中（即未进行套井）。假设地层渗透率不为零，SP 响应主要来自钻井液和储层水之间的盐度差异。

SP 电荷是离子（主要是 Na^+ 和 Cl^-）从浓度高的溶液向浓度低的溶液中流动造成的。这种流动一般是从地层盐水向浓度更低些的钻井液中流动的。这种自然发生的电位势（测量单位为 mV）本质上是与地层的渗透率有关的。任意规定一个页岩基准线，测井中偏离基准线就意味着可渗，这指示出了含孔隙的砂岩或碳酸盐岩。大多数情况下，这种偏离被称为标准或负 SP 偏离，即偏向基线的左边。偏向基线的右边则被称为反转或正 SP，发生在储层盐水比钻井液滤出液浓度低的情况下。无 SP 偏离发生在均匀不可渗地层或钻井液

和储层水盐度相近的情况下。大多数情况下，有了标准 SP 曲线，就可以区分出交互存在的不可渗泥页岩和可渗砂岩或碳酸盐岩。

2.电阻率测井

在井中测量地层电阻率的三种技术方法分别是标准测井、横向测井和感应测井。在标准测井或传统测井中，电位势及电流是介于探测器中的电极和地面电极之间的。在从井底向地面提升的过程中，探测器中有一对电极来测量地层电阻率的变化。供电电极和记录电极之间的距离是可以变化的。常用的三种间距是 16 in（标准短）、64 in（标准长）和 8ft8in（横向长）。在一个 SP 测井中可以同时进行三种间距的测量。

尽管标准电阻率测井现在已经被更精巧的测井方法大规模地替代了，在老的测井资料中仍能遇到标准电阻率测井。对电阻率较低的盐水钻井液来说，目前主要应用横向测井或称防护测井。在这些系统中，单个电极所产生的聚焦电流水平进入地层。水平方向的传导是由处在发生电极上下两侧的两个防护电极来确保的。有了上下两个电极产生的电流的平衡作用，中间的发生电极就可以产生一片水平的电流进入地层。在探测器上移过程中，中央电极和防护电极的位势都可以被测量出来。与传统电阻率测井一样，横向测井也有多种类型，用来测量与井不同距离处的电阻率，这是通过改变聚焦电极的几何排布来实现的。

淡水钻井液或油基钻井液的电阻率高，需要使用第三种类型的设备，即感应测井设备，探测器的两端安装有发射线圈和接收线圈，用于发射高频交流电流。电流会造成一个磁场，磁场反过来又产生电流进入地层。这个电流随地层的电阻率波动，由接收线圈来记录。

地层电阻率的变化范围很大。固体岩石的电阻率极高，岩石孔隙中若含有淡水、石油或天然气，其电阻率也非常高。相反，泥页岩和含盐水地层的电阻率很低。同时进行 SP 测井和电阻率测井就可以定性解释岩性及孔隙流体的性质。钻井液的一个功能就是阻止地层所含的流体进入井眼。在这些地层区间，井壁会被滤饼覆盖住，钻井液滤出液就会渗入地层中，原始孔隙流体就会被替换掉，不管原来是封存水、石油还是天然气。因而一个环形侵入区或冲刷区就会分布在井眼周围，其电阻率（记为 R_{xo}）与原始地层电阻率（记为 R_t）也许会完全不同。二者之间是过渡带。如前文所述，使用各种类型的电阻率测井并不只是为了适应不同类型的钻井液，也是为了分别测量原始地层区的电阻率（R_{xo}）和冲刷区的电阻率（R_t）。后者一般被称为微电阻率测井，有不同的类型和不同的商业名称。

二、放射性测井

1.伽马射线测井（及测径器）

一般有三种测量放射性的测井类型：伽马射线测井、中子测井和密度测井。伽马射线测井也称伽马测井，是探测器在井中被提升的过程中，使用闪烁计数器来测量地层的天然放射性的测井方法。岩石中主要的放射性元素是钾，常见于伊利黏土中，也少量存在于长石、云母和海绿石中。钻（在碎屑钻石中）、独居石及各种磷酸矿石也具有放射性。有机物质一般会含有铀和钍，因此油源岩、油页岩、腐泥岩和海藻炭都具有放射性。与此相反，腐殖炭却不具有放射性。伽马测井因而有助于岩性的识别。一般按 API（美国石油协会）单位测量放射性，绘图的刻度尺为 0~100 或 0~120 API。

按照传统习惯，自然伽马数列会出现在测井曲线的左边，它与 SP 测井曲线类似并常常与之同时出现。伽马测井与 SP 测井的用途大致类似，都具有一个页岩基准线。向左偏离并不意味着渗透率的增加，而是一个从页岩向干净岩性的转变，即变为砂岩和碳酸盐岩。马测井会受到井眼直径的影响，因此一般与井径测井同时进行，测径器是一个能够记录井眼直径的设备。井径测井记录下了井眼局部因冲刷或崩落而变大的情况，因而与预期的伽马测井响应和其他测井响应存在偏差。井眼也会因为搭桥现象而变得比钻头尺寸小，井壁坍塌可以形成搭桥，井眼失效初期也会造成搭桥，可渗地层处井眼中滤饼的堆积也会造成搭桥。尽管伽马测井受到井径的影响，它仍然具有一个重要的优势，即能够用于已完成套井作业的井中。伽马测井有助于识别岩性、计算储层的泥质含量和进行井间对比。

2.自然伽马射线光谱测定法

标准伽马射线测井的局限性在于，它不能够区分产生伽马响应的放射性矿物质的类型。缺乏区分性会导致一个严重的问题，尤其是当测井被用于测量储层黏土含量的时候，黏土可能是高岭土（不含钾，没有放射性），或者是其他的放射性矿物质，如云母、海绿石、钻石、独居石或者是被有机物吸附的铀。

通过分析检测到的伽马射线的能量波谱，改进的伽马射线光谱技术可以用来测量三种常见的放射性衰变系，其本源元素是钍、铀和钾（Hassan 等，1976）。这一信息可用于对矿物质进行仔细识别，尤其是能够用于研究黏土类型。

3.中子测井

中子测井是用一个镭铍或其他放射源设备释放出的中子来轰炸地层。中子轰击会使岩石释放出伽马射线，这与其氢含量是成比例的。然后用探测器来记录伽马射线。氢存在于所有储层流体中（石油、天然气和水），但是矿物中不含氢，因此中子测井的响应本质上与孔隙度有关。然而，井径、岩性与烃都会影响中子测井的结果。可以用同时进行的井径测井来自动纠正井径变化的影响。中子测井的早期记录单位为 API。由于中子测井结果对干净储层非常精确，现在的中子测井会直接记录为石灰岩或砂岩孔隙度单位（分别为 LPUs 和 SPUs）。与其他孔隙度测井一样，测井曲线会被放置在深度标尺的右边，孔隙度向左为增大。因为页岩一般会含有一些束缚水，在含杂质的储层中得到的中子测井结果总是会给出一个虚高的孔隙度。石油和水的含氢量大致相等，但是比天然气低。因此中子测井在天然气储层中也会给出一个过低的孔隙度。我们在下面的章节中将会看到，这种现象反而可以成为一种优势。在套井作业过的井中也可以进行中子测井，因为中子轰炸可以穿透钢铁。

4.密度测井

第三种类型的放射性测井工具是用于测量地层密度的，它发出伽马射线并记录地层返回的伽马射线，为此这种设备常被称作伽马方法。探测器中有自动校准井径和泥饼厚度的装置。校正过的伽马放射结果与地层中原子的电子密度有关，反过来，与地层的体积密度直接相关。

5.岩性密度测井

对密度测井技术的改进包括增加一个新的参数：光电剖面，一般记为 P_e，它对孔隙度的依赖程度比地层密度要低，在分析重矿物质的影响上尤其有效。P_e 以 barns per electron 为单位记录地层吸收低能伽马射线的量值。测井中得到的值是矿物质的函数，也是地层元素总原子数的函数。常见储层矿物的 P_e 参考值为：石英 1.81 b/electron、白云石 3.14 b/electron、方解石 5.08 b/electron。煤的典型值小于 1，一般的页岩约为 3 b/electron（根据高能伽马射线测井记录可以与白云石进行区分）。一般测井中，P 的值是 0~10 b/electron。P_e 曲线的分辨率（大约 0.5 ft）比中子/密度曲线（大约 2 ft）高。因此，在薄交互层中，这种曲线有助于识别岩性。

三、声呐或声波测井

确定岩石孔隙度的第三种方法是用声呐或声波测井方法来测量地层的声速。在这种技术中，声波通过地层的时间被记录下来，探测器一端发出咔嗒声，由另一端的一个或多个接收器来接收。声波在地层中的传播速度一般比在钻井液中要快。

声波测井仅能用于裸眼井中。需要仔细调整接收器线路的灵敏度，这样才能避免促发寄生噪声，从而拾取到信号声波的初至。如果灵敏度不够或者返回的信号很弱，就会出现一个快速摇摆的测井曲线，称为周期跳起。这是由于触发了声波脉冲的尾部，导致错误地记录了更长的传播时间。周期跳起出现在欠压实地层中（尤其是含天然气的地层）、含裂纹地层以及井眼局部扩大区，那里的尺寸比正常井眼大，信号脉冲在进入地层之前要横穿更多的钻井液。计算机控制的测井设备大大减少了均衡触发灵敏度的问题，以前则需要测井工程师对此保持连续监控。

在这几种孔隙度测井方法中，声波技术是最不精确的，因为它受岩性的影响最大。相反，从这个意义上讲，它被广泛应用于岩性识别以及井间对比。声波测井对地球物理学家来说是至关重要的，因为它可以确定地层的速度，因而可以将地震反射时间与井眼周围岩石的实际速度通过时间-深度转换联系起来。为此，在声波测井中，也可以通过积分方法用毫秒记录传播长度内的总时间，记录结果为一系列沿测井长度的报时信号。可以在地层边界处计算出这些固定区间的累积报时信号，地层速度就可以由时间和深度计算出来了。

四、联合孔隙度测井

三种孔隙度测井都会受到除了孔隙度以外的地层特征的影响，主要为岩性、黏土含量和天然气。当联合使用而不是单个使用的时候，这些测井方法就能给出更精确的孔隙度值以及其他有用的信息。前面提到过，在天然气层中中子测井会给出一个过低的孔隙度值，密度测井则会给出一个过高的孔隙度值。我们反而可以利用这些孔隙度差异，将它们并轨而加以校准。

五、核磁共振测井

人们了解核磁共振（Nuclear Magnetic Resonance，NMR）的原理已经有 30 多年了，在医学上已经被用于产生人体内部的图像。NMR 测井的应用始于 20 世纪 50 年代（Brown 和 Gam-mon，1960）。然而，直到最近，电子学和磁体设计方面的进步才使 NMR 测井得以有效利用。核磁共振测井可以非常有效地测量孔隙度和渗透率，它可以区分可流动水和束缚水。校准后可用于识别天然气储层，传统测井曲线可能无法识别这部分储层（Coope，1994）。如果想深入了解 NMR 测井技术，有必要在核物理方面取得一个博士学位。对没有这种学历的地质学家来说，下面根据 Camden（1994）的内容做一个基本介绍。

岩石中的氢主要存在于流体中，即水、石油和天然气，这些都是占据孔隙的物质。氢核是以任意方向排列的磁体。当氢核暴露在磁场中时，记作 B_0 磁场，它们就会沿磁场线重新排列，其旋转速度与磁场强度成正比，被称为 Larmor 频率。磁场的走向记为 Z 轴，与其垂直的平面记为 X–Y。氢核适应磁场所用的时间被称为极化时间（T_1）。磁场去除后，氢核回归到它们的无序状态，这种时间被称为弛豫时间（T_2）。核磁共振的测量是将氢原子暴露在第二个磁场脉冲（B_1）中，这将会使先前的磁化从垂直的 Z 轴旋转回水平的 X–Y 平面。从 B_1 磁场吸收到的能量与氢核的密度成正比，换句话说，与岩石的孔隙度成正比。当关掉 B_1 磁场后，质子就会回到它们的任意走向状态。因此这种方法可以被用来测量孔隙度。但是 T_1 和 T_2 的比值与孔隙的大小成正比，长的极化时间和弛豫时间意味着小孔隙，小孔隙束缚水的能力更强，短的极化时间和弛豫时间意味着大孔隙，大孔隙会喷射液体。因此，这种方法可以被用来测量岩石的渗透率。

NMR 信号偶尔会忽略束缚水而测量到有效孔隙度，即总体积束缚指标（BVI）和流动液体指数（FFI）。在弛豫时间曲线上选择合适的门槛值就可以区分出这两个重要指标。核磁共振测井可以有不同的穿透深度，这与电阻率测井类似。也可以改变 B_0 和 B_1 脉冲的频率。选择合适的侵入深度和脉冲频率后，就有可能区分出液体中的氢和气体中的氢。因此就有可能将束缚水地层和含天然气地层区分开。

六、介电测井

在更精确测量孔隙度和水饱和度的要求下，人们发展出了一种能够测量地层介电常数变化的方法（Wharton 等，1980）。介电常数控制着介质中电磁波的传播，水的介电常数远比其他液体和岩石高，淡水约为 50，盐水约为 80，石油的介电常数约为 2.2，大气和天然气约为 1.0，沉积岩的数值在 4~10 之间。因此，可以利用水的介电常数较高这一特点，与其他测井方法联合测量孔隙度。

有几种测量介电常数的可行方法，其中包括电磁传播方法（EPT）、介电常数测井方法（DCL）和深度传播方法（DPT）。其他孔隙度测井方法和介电常数测井方法得到的总孔隙度的差异意味着储层的烃饱和度。介电测井尤其适用于低 R_w 的情况，在 R_w 垂向快速变化时也非常有用。与其他方法一样，介电测井也存在问题。介电测井会响应水的存在，无论是原生水、钻井液滤出液还是矿物颗粒束缚的水。如果测量的地层离井眼近，记录读数就会很高，因为钻井液滤出液会侵入到可渗透含烃层中。与电阻率测井一样，要克服这个问题，就要同时使用浅透和深透介电测井方法。

七、随钻测量或随钻测井

以上介绍的测井是在裸眼井中或已经完成了套井作业的井中进行的，在钻井工序结束之后进行。然而，20 世纪 80 年代以来，可以在钻杆内放置测量设备，在实际钻井过程中进行测井。要克服的主要问题就是地面与紧挨钻头的探测器之间的远程通信问题。曾经尝试过多种通信技术，包括电磁信号、声波信号、钻井液脉冲和有线遥测，仅最后两种方法被证明是有效的。钻井过程中进行测井也被称为随钻测量（MWD）或随钻测井（LWD）。

早期仅能进行简单的随钻电阻率测井和伽马测井（Fontenot，1986），其实用性非常有限，仅能应用于井关联。如今，可以同时进行密度测井和中子测井，以及一系列的电阻率测井（Bonner，1992，1996）。横向测井和感应测井也被用来应付不同的地层和应对钻井液对测井敏感性的影响。MWD/LWD 比以前更加有用了。之前提到过，海上石油勘探催生了对长距离定向井的需求，所以知道地下钻头的位置是至关重要的，不仅如此，也需要及时掌握岩石类型、烃显示和超压指示的实时信息。

八、倾斜计测井和井眼成像

倾斜计是测量井眼周围地层倾斜方向的设备，它实际上是一个多分支微电阻率测井仪器。3~4 个弹簧荷载支臂能够记录下各自的微电阻率曲线，同时，在探测器内，有一个罗盘能够记录下探测器在提升过程中的方位。计算机会校正曲线中的偏差或突跳，并计算地层的倾斜度及对可靠度进行评估。可以使用很多不同的电脑程序，有些程序在大的地层内做倾角平均，有些应用统计技术忽略掉细微的地层特征而仅显示大的地层趋势，这两种方法都可以用来确定构造倾角。有些程序可以计算出几厘米厚地层的倾角，可以用这种程序（在去除构造倾角后）去发现小尺度沉积层的倾角，例如交互层。

人们也发展出了声波井眼成像工具，不过这些方法一般不如基于电阻率的方法有效。

在硬地层中可以得到最好的结果，如基岩、石英岩和碳酸盐岩，因为那里的岩石与裂隙或孔洞之间的声速差较大。

九、岩石物理分析中测井的应用

新的技术和工具正不断地涌现，但是其基本原理是不变的。过去，R_w、S_w 和 ϕ 等参数都是通过计算器和服务公司的手册来进行计算的。现在，人们更喜欢的是计算机处理的解释，这可以连续读取岩性、孔隙度和各种流体含量的数据。尽管计算机显示很有说服力，尤其是它们具有鲜明的色彩，但是不要忘了俗语的警示，即"垃圾进、垃圾出（输入错误、结果错误）"。不能够检查原始数据的质量，或者注意不到异常矿物质或畸变矿物质的存在，将会导致整个测井的失败。例如，如果在测井中砂岩里大量的云母片被误读为"黏土"，就会导致错误的孔隙度数据。因为少量的异常矿物质就会大大改变测井的读数，作为应对，现在已经发展出了地球化学测井程序，其中包括用非常复杂的算法来识别和测量这些矿物质的垂向变化。一旦情况明确，就可以计算必要的储层参数，如孔隙度和烃饱和度（Wendtland 和 Bhuyan，1990；Harvey 和 Lovell，1992）。这些测井新技术与传统测井技术一起，也可以被用来识别和了解储层内的成岩现象。因此可以认为储层评估目前正进入第三阶段（Selley，1992）。第一阶段是使用测井进行岩石物理分析，第二阶段是进行相分析，第三阶段就是对储层成岩过程进行描述。

十、测井在地质相分析中的应用

之前的几节回顾了各种地球物理测井方法及其在岩性、孔原度和烃饱和度方面的应用。测井信息也可以被用在其他方面。当井中地层信息已知时，无论是岩性地层信息还是生物地层信息（需要引入古生物地层），都可以与邻近井进行地层学关联了。测井也可以用于确定一个储层的地质相与沉积环境，从这些研究结果可以预测储层的大小与几何形态。碳酸盐岩地质相及其沉积环境主要是从岩相学得来的。地球物理测井给出了碳酸盐岩地层中孔隙度的分布情况，但是由于孔隙度通常是次生的，测井响应与原始地质相之间几乎没有任何关联。然而，在砂岩层中，孔原度却是初生的。研究现代沉积环境就会知道，砂岩沉积的颗粒大小在垂向上具有典型的分布特征。例如，河道砂岩向上一般是变细的，从基底的砾岩向上变化到砂岩再到粉砂岩和黏土。相反地，在进积三角洲和障壁岛沉积中，颗粒向上是变粗的。颗粒尺寸剖面在相分析中是很有用的。在砂岩页岩交互层中，SP 和伽马测井可以给出颗粒尺寸剖面。如之前所讨论的那样，SP曲线中的局部偏离是由渗透率控制的，向左的最大偏离表示渗透率最大的地层。然而，渗透率是随颗粒增大而增加的。因此，除了胶结度极高的砂岩页岩交互层之外，SP测井一般都能够被认为是颗粒尺寸测井。

伽马测井的使用途径与此类似，因为砂岩中黏土的含量（对应于放射性）会随着颗粒的减小而增大。也有与这种一般结论不一致的情况，原因是地层内含有黏土碎屑团和异常放射性矿物质，如海绿石、云母和钻石（Rider，1990）。伽马测井和SP测井一般会显示出三种基本的图案：

1.从清晰的基底向上出现逐渐变细的砂岩（钟形）。

2.向上出现逐渐变粗的砂岩，达到一个清晰的顶层（漏斗形）。

3.干净均一的砂岩，上下界都分明（车厢形或方块形）。

在局部考察测井曲线的时候，这三种图案会表现为从平滑到锯齿形的变化。

没有一种图案是与特定沉积环境相对应的，但是将测井剖面与井内样品成分进行联合分析的时候，就有可能对沉积环境进行解释。需要考察的岩屑组分有海绿石、贝壳碎片、碳质碎屑和云母。海绿石是在浅海环境中由早期的岩化作用形成的，一旦形成，在海域就会保持稳定，但是也会被带到海滩上或是向盆地中心移动而到达深海扇区域。在露头处，海绿石易被氧化，所以经历过再加工的二次循环海绿石实际上是不存在的。因而砂岩中海绿石颗粒的存在代表着海相环境，尽管它的缺失并不代表什么。

贝壳类无脊椎动物生活在淡水和海水环境中，但是含贝壳砂岩倾向于指示海相环境，而不是非海相。如果能够识别出特定海洋生物化石的碎片，就能明显提高评估的有效性。碳质碎屑包括煤、植物碎片和干酪根，这些物质可以是陆源的，也可以是海相的，但都是有机质的。保存通常意味着快速的沉积，经历了最少的再加工和氧化。同样地，云母的存在也意味着海相和陆相的快速沉积。

在井样品中一般都能记录到这四种要素。外加对测井图案的研究，它们的存在（而不是缺失）也许有助于识别砂岩沉积环境，进而预测储层的几何尺寸和走向。这种技术是由Selley（1976）首次提出并加以改进的（Selley，1996）。理想情况下，地质相分析应该是基于对岩心的沉积学研究和岩相学研究，但是这种方法也可以被扩展到岩心没有覆盖的井区间的解释中，或者是没有得到岩心的区域。

如果通过测井能够得到颗粒尺寸剖面，通过井眼成像工具能够得到沉积构造的虚拟图像，那么相分析就变得更加容易了。利用沉积构造的走向，尤其是交互层，就可以预测古水流方向，因而就会知道储层单元的走向。然而，当地震技术能够更有效地对储层形状成像的时候，利用这种测井技术进行的相分析就变得没有必要了。

第三节 井中地球物理和四维地震

一、垂直地震剖面（VSP）

我们之前介绍过，由声波测井可以得到井中岩层边界的信息，可以用来校准地震反射轴。这是垂直地震剖面技术（俗称 VSP）的初级演化形式。

半个世纪以来，标准的 VSP 操作方法是将检波器放置在井中至关重要的深度处，并记录地面震源激发出的声波到达该深度的时间。这些速度检验比声波测井更可靠。在 VSP 中，井下检波器的间距更小，采集到的数据信息比井眼周围模拟得到的地震剖面更丰富（Fitch，1987）。

这种技术最简单的形式是零偏移距 VSP，地表唯一的震源是紧挨着井眼的。然而，这种技术后来被一系列的革新形式取代了（Christie 等，1975），包括偏置 VSP，即震源会偏离井眼一定距离。理论上，它的最大覆盖范围是偏移距的一半。后来又出现了走列 VSP，可以有一系列的震源，震源可以排列成一条线，并偏离井眼一段距离，或者呈辐射状排列开来。因此可以给出井眼附近地层的三维图像，并可以与传统的二维和三维地震调查进行对比。另外，走列 VSP 不仅可以给出井眼周围的地质图像，而且可以给出井中的地质图像。走列 VSP 可以给出各种地质中断体的图像，如断层、盐丘和礁体的边缘。在倾斜井上方进行走列 VSP 调查的情况被称为上行走 VSP。人们也发展出了走列 VSP 的特定变型，用于对盐丘成像、测量横波以及监听钻井噪音。

传统 VSP 调查是在钻井后进行的。然而，现在也可以在钻井中进行，由于 VSP 调查记录的是井下和井周围的数据，因此可以连续校准钻头之下地层的深度（Borland 等,1996）。可以用传统的震源进行数据采集，也可以利用钻头所产生的噪音进行数据采集，这种技术被称为 RVSP（反向 VSP）。钻头产生一个连续的信号，因而造价比传统 VSP 低。这种技术具有重要意义，不仅可以预测石油储层的深度，而且可以预测有潜在威胁的超压地层的深度。因此，术语缩写 LWD（随钻测井）被合并为 SWD（随钻地震）。

二、四维地震

在油田生产区，目前可以加入第四维，即时间。做法是按一定的时间间隔进行多次三维地震调查和 VSP 调查。在油田的生产期内，如果可以对油水界面进行成像，那么就可以记录下不同时间段内流体运动的影像（Archer 等，1993）。这对储层工程师来说是至关重要的，因为他们不仅可以据此监测储层内流体的移动，而且可以监测提高采收率时注入的流体的运动。

第四节　遥感

电磁波谱包括可见光，但是覆盖了从宇宙射线到无线电波的波长范围。可以在各种高度下进行遥感测量，从树梢高度到外太空的卫星高度都可以，因此遥测的两个关键参数是高度和电磁波的波长。这些技术有许多共同点。能量源是至关重要的，可以是感应的（如雷达中用到的微波辐射），也可以是自然能量源（如太阳辐射）。太阳的电磁波受到了大气层的滤波作用，部分被地表吸收，部分被地表反射回去。反射波受到了地表特征的改变。有些类型的波受地表、植被、地质等热特征的影响而发生变化。可以用影像或数字的形式记录这些波的变化，接着就可以对图像进行主观分析了，或者是使用更精巧的计算机进行处理，然后解释结果。

一、图像遥感

在石油勘探中应用的最古老的遥感技术之一就是传统的航空照相技术。19 世纪后期，从热气球上拍摄到了首张航空照片。20 世纪初期，是由飞机来拍摄图片的，主要用于绘制地图的单张快照。在第二次世界大战期间，用于军事目的的航空照相技术得到快速发展。当时确立了一项基本的技术，即飞机必须沿着设定的轨迹精确地飞行，用特殊设计的照相机以一定的时间间隔连续地拍摄一系列照片。照片之间的距离足够小，两幅照片间有50%~60%的重合（沿线端叠、邻线侧叠）。

这些照片有两种用途。一种是将它们拼贴起来，仔细去除重叠的部分。对拼贴结果再次照相以便后续使用。航空图像拼贴是地形学和地质调查学的基础。然而，在最终成图前，需要对拼贴图进行修正。需要根据地面测量的两个点的实际距离来校准拼贴图的实际比例尺。拼贴图各处的比例尺也许是不同的，这是因为飞行高度可能是变化的，而且地表海拔也会变化。地表海拔一般参考海平面。需要确定拼贴图上的实际方位角和地点。地面地点的天文定位可以完成这一工作，可以清楚地在图片上对其进行识别。

航空照相中广泛应用的第二种技术是利用邻近照片的重叠部分。可以并排查看两个重叠图，这样会有立体感。因此可以在三维下观察地形地貌。在早期的航空照相中，人们利用简单的双筒立体镜来观察图片，今天则可以使用更为精巧的观测器。目前也可以实际测量与基准面相对应的地面海拔的高度，因此在基础图上可以数字化各点的位置和高度，也可以从图片中直接绘制等高线图，这样就可以制作具有极高精确度的地形图和地质图了。

因为地形图与地质密切相关，航空照相术也可以用于地质成图。其中需要刻画各种岩系的边界，但是，更为重要的是，从航空照片中可以得到地层的实际方位和走向，因而可以绘制区域构造图。与地面观测相比，纹理特征在航空照片下更为清晰。对于在地面上看不到的大的构造轮廓，可以用航空照片从几百千米外的天空中进行追踪。在另外一个极端比例尺下，可以从航空照片中检测断裂系统，对排列方向和频率进行数字化分析。

以上内容对从几千米外的飞机上拍摄的照片进行了解释。卫星图像开辟了一个新的领域。由于高度非常高，立体绘图是不可能的。另一方面，从卫星图像中可以识别出大的构造轮廓，在地面或者低空航空器上是难以被觉察出的。同样地，由于覆盖面积广，单张照片可能就覆盖了整个沉积盆地的面积，包括同轴向心倾斜的地层。

二、雷达

另外一种遥感技术是雷达（radar，RAdio Detection And Ranging，无线电侦察与搜索的首字母缩写）。航空照相术记录太阳的反射光，雷达的能量源则是位于发出微波辐射的飞机或卫星上；返回的辐射记录格式和显示格式与航空照片类似。

与光学照片相比，雷达有多处优势。第一个优势是微波可以穿透云层和烟雾，白天和晚上都可以使用。因此执行雷达调查的限制条件比照相调查要少。第二个优势是雷达可以连续记录数据，而不是一系列独立的照片，因此不存在重叠和匹配的问题。雷达图像的空间分辨率主要与天线的尺寸有关。天线越大，在波长一定的情况下分辨率就越高。因为在飞机上很难安装一个可以旋转的天线，天线通常被安装在底部并指向一侧。因此多数雷达系统是侧视航空雷达，被称为 SLAR（或者简称 SLR）。

不仅可以从飞机上记录雷达图像，也可以从卫星上进行记录（Radarsat，雷达卫星）。最近发展出来的合成孔径雷达图像就是卫星绘图用于石油勘探调查的例子（Tack，1996）。

三、多谱扫描

传统航空照相是测量反射光的，也可以用热传感器来测量地表的热辐射。多谱扫描扩展了这一概念，可以同时测量几个不同波段的能量。与通过光学镜头在胶片上记录光信号不同，记录到的数据是电子格式的。这种记录方式具有极大的优势，它不需要将照片传到地面进行信息处理。可以通过飞机（但是大多数是在卫星上进行的）进行多谱扫描，主要是 Landsat 和 Seasat 系统。数据由无线电波传回到地面的接收器后，就可以对信息进行可视化，进行虚拟色彩图像显示，这里显示的不是光学变化，而是选定需要记录和分析的波段。光学照片显示的波长范围是 0.3~0.9pμm，多谱扫描可以将此扩展到 14μm。

由于记录到的信息不是光学信息，而是电子格式的，计算机可以用各种方式来处理数据。在数据解释前需要进行三个主要的处理步骤：第一步，图像必须尽可能地还原成初始状态，修正图像缺陷与模糊处，精确定位图像相对于地表的位置，将邻近图像拼贴成大图。第二步是图像增强，各种类型地表的边界会更加清晰，使用的技术包括反差扩展、密度分割以及对不同的波段使用不同的色彩；第三步是提取信息，用虚拟色彩显示在纸质形式上。

多谱扫描比传统照片显示的数据更丰富。由于可以记录大范围的波段，数据处理方式也更加多样，这种信息揭开了解释多样性的大门。因此有可能利用遥感从太空中对石油渗溢进行识别。

遥感是石油勘探中非常宝贵的技术。遥感技术可以间接用于地形成图；更直接地，航空照相可以广泛用于地质成图，尤其是沙漠区域，那里的植被稀少。在解释中需要留意卫星多谱遥感的使用。Halbouty（1980）曾经提出，Landsat 图像没能够识别出世界上 15 个特大型油气田。虽然如此，如果处理合适的话，可以识别出地表处的石油渗溢。与所有其他勘探技术一样，多谱遥感技术在独自使用时会被滥用和曲解。在与重力勘探和磁法勘探等其他技术联合使用的时候，它可以刻画出需要进一步留意的地表异常。

第八章　海洋勘探

第一节　海洋导航定位技术

一、导航定位技术

1.海洋导航定位概述

在海洋地质调查中，导航定位是一项不可或缺的基础性工作，无论进行何种测量工作，都必须固定在某一种坐标框架下。随着陆上定位与导航技术的飞速发展，海洋定位与导航技术也相应得到了长足的发展，精度越来越高，应用越来越广。由于海洋环境的特殊性，其定位和导航与陆上相比，具有动态性、不可重复性等特点，使得定位精度比陆上低、系统也较陆上复杂。根据定位和导航条件的不同，可分为水上和水下两种方式。对于船载的测深成像系统，为了将最终信息转换到地理坐标系中，必须获得测深成像瞬间的测船姿态和位置；对于在水下作为载体的拖鱼，同样也需采用高精度定位以获得海底三维信息。能否接收空中电磁波信号（如 GPS 信号）是这两种方式的根本区别。目前，在海上进行导航定位时，全球导航卫星系统（GNSS）是水上定位的主要技术手段，而声学定位系统则是水下定位的主要技术手段。下面从这两方面详细论述海洋定位和导航的特点、技术及发展概况。

2.水上定位技术发展概况

水上定位与导航技术是指在海面上进行的定位和导航。按照技术手段的不同大致可分为天文定位、光学定位、推算导航、陆基无线电定位及卫星定位等。天文定位是一套独立的定位系统，它借助天文观测，确定海上船只的航向以及经纬度，从而实现导航和定位。这种方法主要局限于观测条件，阴天或是云层覆盖较为严重时，该方法无法实施。同时，因观测手段的局限性，该技术手段无法实现连续实时定位，因此，目前在海上作业中基本被淘汰。光学定位只能应用于沿岸和港口测量，一般使用光学经纬仪进行前方交会，或者采用六分仪在船上进行后方交会测量。六分仪受环境及人为读数误差的影响，观测精度较低，目前已很少应用。随着电子经纬仪和高精度红外激光测距仪的发展，全站仪按方位一距离极坐标法可为近岸动态目标实现快速跟踪定位。推算导航是指根据船舶的航向和航程来计算一定时间内的船舶位置的方法，进行推算导航必须辅以航向及航速测量设备，最具代表性的为多普勒计程仪（DVL）及惯性导航系统（INS）。但是该方法随着推算时间延长而产生的定位误差会持续积累，因此长时间应用，必须辅以精度较高的外部定位设备予以修正。

目前，实现真正意义上的实时导航还要依赖于无线电定位，无线电导航与上述几种定位导航方法相比有以下几个优点：受外界条件（气象、海况和时间）的影响较小；可在近、中、远距离甚至是全球进行导航工作，且精度高、速度快；可靠性高且经济效益好；可采用数字技术及计算机进行自动导航；可实现导航、通信及识别等多功能的一体化。无线电定位可分为陆基无线电定位及空基无线电定位（卫星定位）。陆基无线电定位即传统意义上的无线电定位，可通过在岸上控制点处安置无线电收发机（岸台），在载体上设置无线电收发、测距、显控单元，测量无线电波在船台和岸台间的传播时间及相位差，利用电磁波的传播速度，求得船台至岸台的距离或船台至两岸台的距离差，进而计算船位。无线电定位多采用圆—圆定位或双曲线定位方式。按照作用距离划分，陆基无线电定位可分为：远程定位系统，作用距离大于 1 000 km，一般为低频系统，精度较低，如罗兰 C；中程定位系统，作用距离为 300~1 000 km，一般为中频系统，如 Argo 定位系统；近程定位系统，其作用距离小于 300 km，一般为微波系统或超高频系统，精度较高，如三应答器等。这些定位系统因定位精度较低以及空基无线电定位系统的出现已经逐渐被淘汰，我国目前也基本关闭了沿海陆基无线电定位系统台链。

空基无线电定位即卫星定位，为目前海上定位的主要技术手段，如美国全球定位系统（GPS）、俄罗斯格洛纳斯定位系统（GLONASS）、我国"北斗二号"定位系统（BDS）以及欧洲伽利略系统（GALILEO）。目前，应用最广泛的是美国 GPS 系统，它具有全天候、全球覆盖、连续实时、高精度定位等特点。全球定位系统主要由 3 个主要部分组成，分别是空间部分、地面控制部分和用户设备部分。

2.水下定位技术发展概况

深海为水深超过 1 000 m 的海域，约占海洋面积的 92.4%和地球面积的 65.4%，扩大人类生存空间和储备人类生存资源的重要途径之一就是向深海扩展。在开展深海探测之前需要获得深水条件下高分排率海底地形地貌、地层剖面、海水温度、海水盐度、海水声速等信息资料。近 30 年来，随着人类探索、开发和利用深海资源，深海探测技术也取得了长足的进步。水下运动载体或设备平台（如深海拖曳系统、AUV、ROV 等）是开展深海海洋科学研究、勘探开发或军事活动的重要工具。其中，深海拖曳系统主要搭载声学和光学仪器设备，主要被用作在近海底探测深海地形地貌以及地层特征。对深海拖曳系统所采集的声学、光学图像资料进行精细处理时需要掌握拖体的确切位置和姿态，这些信息都要由水下定位系统予以提供。

水下定位方法包括以下几种：地形/地貌匹配导航、重力匹配导航、地磁匹配导航、惯性导航以及水下声学导航。其中，前4种方法统称为海洋地球物理导航。海洋地球物理导航是利用海洋磁场、重力场、海洋深度或海底地形的时空分布特征，制作地球物理导航信标，实现对水下载体精确定位的自主导航技术。目前大量的相关研究工作已经开展。由电子扫描声呐获取的连续帧图像已被广泛用作海底三维环境重建，地形匹配跟踪技术则正是利用瞬时水深与预知的海底三维模型进行配准从而实现对运动载体的定位，此技术已被用作 AUV 定位和导航；地磁匹配导航则是利用载体航行过程中实测的地磁特征信息序列制作实时图，然后确定实时图与地磁基准图数据的最佳匹配点进而对载体进行导航，此技术也在 AUV、ROV 等水下载体定位和导航技术中得到了应用；此外，惯性导航系统（INS，简称惯导）由于导航定位误差会随时间明显累积，故在应用中往往不单独使用，而是借助外部辅助手段实时修正累计误差，例如借助重力场数据来改善惯导系统的累积误差。综上所述，海洋地球物理导航方法往往适用于诸如 AUV 等自带动力的水下潜器导航，对于不能提供自主动力支持的拖曳海洋地质调查技术系统并不适用。

声波在海水中能传播几百千米而没有明显的吸收损失，故采用声学原理的定位系统成为目前对水下拖曳体定位和导航的主流技术手段。较之海洋地球物理导航技术，声学导航技术要成熟得多，目前已经有大量的成型产品被广泛使用。国外对声学定位系统的研究已有 30 多年的历史，最早的有挪威的 Kongsberg Simrad 公司，该公司已经有一系列成型的产品投入使用。Simrad 公司于 1997 年推出了世界领先水平的高精度长程超短基线定位系统 HiPAP350，其作用距离可达 3000 m，距离测量精度优于 20 cm；该公司随后又推出了 HiPAP500，其作用水深达 4000 m，测距精度优于 20 cm；目前这两款仪器已经分别升级为 HiPAP352 和 HiPAP501。我国"海洋六号"调查船搭载的是该公司生产的 HiPAP100 定位系统，目前该产品已经升级为 HiPAP101，其工作水深可达 10 000m，测距精度优于 50 cm。另外，法国 Posidonia6000 长程超短基线定位系统也比较具有代表性，其工作水深为 6 000 m，最大作用距离可达 8 000m，在 6 000 m 水深 30° 开角范围内，其测距精度可达 0.5%；这套系统也已成功地搭载在我国"大洋一号"调查船上并在多次大洋科考任务中起到了重要作用。此外，英国 Sonardyne 公司、澳大利亚 Nautronix 公司以及美国 ORE 公司也有相关声学定位系统产品。国内也有相关单位在声学定位系统研制方面做了大量工作，中国科学院声学研究所、厦门大学、6971 厂、国家海洋局海洋技术中心、中国船舶重工集团公司第 702 研究所、东南大学、哈尔滨工程大学等单位在声学定位技术领域都进行过广泛研究。哈尔滨工程大学研制了"深水重潜装潜水员超短基线定位系统""'探索者'号水下机器人超短基线定位系统""H/JM–01 型灭雷具配套水声跟踪定位装置""长程超短基线定位系统"等。由于海洋环境的复杂性和随机性，导致单一的定位技术不能满足深海拖曳系统对定位和导航的精度要求。因此，组合式声学导航系统应运而生，它们将单一定位与导航系统的优点组合在一起，提高了系统定位导航精度、拓展了声学定位系统应用范围"。目前应用的主要是 3 种声学定位系统的不同组合，例如 L/USBL，L/SBL，S/USBL，L/SBL/USBL 等。例如 L/USBL 系统，这种组合式的定位系统将长基线定位系统和超短基线定位系统的优势有机地结合到一起，既保证了系统的定位精度独立于工作水深，又兼有超短基线定位系统操作简便的特点，组合系统能够实现载体连续的、高精度的导航定位，且作业范围进步加大。Simrad 公司的 HPR418 系统和 Nautronix 公司的 RS916 系统属于这类系统，在海底设置 3~4 个声标的情况下，其高频系统定位精度小于 1 m，低频系统定位精度为 2~5 m。

除去上述 3 种声学定位系统的不同组合之外，融合导航技术也是现在研究的热点，主要有声学定位系统与 GPS（全球定位系统）、MRU（姿态传感器）、DVL（声学多普勒计程仪）、INS（惯性导航系统）以及 COMPASS（罗经）等的融合导航系统。

GPS 与声学定位系统的融合多为与 USBL 系统的组合，GPS 系统用以提供母船精确的位置，MRU 用以测定母船姿态，USBL 则用以测定拖体与母船间多条基线的距离，通过后方交会的方式得到拖体相对母船的精确位置，通过坐标转换即可获得拖体的绝对地理位置。两者之间的组合还有另外一种形式，即水下 GPS 系统（Under Water GPS）。水下 CPS 系统包括 GPS 智能浮标、控制站及水下应答器，浮标上部搭载差分 GPS、下部挂接水听器，通过水面天线与控制系统连接，应答器置于水下拖体上，此系统工作原理类似于 GPS 系统定位原理，即将智能浮标等效为 GPS 卫星，利用差分 GPS 精确测定浮标的位置，从而得到水下目标的精确位置。

INS 可以提供载体高精度姿态数据，但若单独使用会出现误差累积的现象，即系统漂移。DVL 可提供载体运动的速度，COMPASS 可提供准确的方位信息，两者可用来控制 INS 的系统漂移，从而提高系统的定位精度。INS 和 DVL 可提高定位的相对精度。将这两套系统分别与声学定位系统有机融合，即可将各自优点有效地发挥，进而大大提高定位精度。目前，法国 Ixsea 公司的产品 GAPS 已经成功地将 INS 与声学定位单元结合在一起，该产品在实际作业中免去了复杂的校准工作，从而提高了作业效率。

二、海面卫星导航定位

（一）GNSS 系统简介

全球导航卫星系统（GNSS）又称天基 PNT（Postion，Navigation、Timing，定位、导航、授时）系统，是指利用在太空中的导航卫星对地面、海洋和空间用户进行导航定位的一种空间导航定位技术。从 20 世纪 70 年代开始，美国和苏联就开始研究和建设全球导航卫星系统，目前已经建成的有美国的 GPS 系统和俄罗斯的 GLONASS 系统，正在建设的有欧洲的 GALILEO 全球卫星导航系统，以及中国的"北斗二号"（BDS）卫星导航系统。预计到 2020 年前后，世界将建成包含上述 4 种卫星定位系统的全球导航卫星系统。除了上述 4 个全球定位系统及其增强系统（美国的 WAAS、欧洲的 EGNOS 和俄罗斯的 SDCM）外，还包括法国、德国、日本和印度等国已建或在建的区域系统和增强系统，即法国的 DORIS、德国的 PRARE、日本的准天顶卫星系统 QZSS 和多功能卫星增强系统 MSAS、印度的无线电导航卫星系统 IRNSS 和静地增强导航系统 GAGAN，以及尼日利亚运用通信卫星搭载实现的 NicomSat-1 星基增强。未来几年内 GNSS 系统将进入一个全新阶段，用户将面临四大系统（GPS/GLONASS/GALLEO/BDS）上百颗导航卫星并存的局面。GNSS 由全球设施、区域设施、用户部分以及外部设施等部分构成。

1.全球设施

GNSS 是一个全球性的位置和时间测定系统，其中全球设施部分是 GNSS 的核心基础组件，它是全球卫星导航定位系统（例如，当前运行的 GPS 和 GLONASS）提供自主导航定位服务所必要的组成部分，由空间段、空间信号和相关地面控制部分构成。

（1）空间段

空间段是由系列在轨运行卫星（来自一个或多个卫星导航定位系统）构成，提供系统自主导航定位服务所必需的无线电导航定位信号。其中，在轨工作卫星称为 GNSS 导航卫星，它是空间部分的核心部件，卫星内的原子钟（采用铷钟、铯钟甚至氢钟）为系统提供高精度的时间基准和高稳定度的信号频率基准。

由于高轨卫星对地球重力异常的反应灵敏度较低，作为高空观测目标的 GNSS 导航定位卫星一般采用高轨卫星，通过测定用户接收机与卫星之间的距离或者距离差以完成导航定位任务。GNSS 导航定位卫星的主要功能包括：

①接收并储存地面监控站发送的导航信息，接收并执行监控站的控制指令；

②通过微处理机对部分必要数据进行处理；

③通过星载的原子钟为系统提供精确的时间标准和频率基准；

④通过推进器调整卫星在轨姿态；

⑤产生并发送卫星导航定位信号；

⑥发送非导航定位服务信号（如 GALLEO 卫星将提供搜寻营救服务信号）。

未来 GNSS 可用的全球卫星导航定位系统将可能超过 4 个,由于 GALILEO 系统设计定位于民用服务，因此，随着 GPS 和 GLONASS 现代化进程的深入以及 GALILEO 为代表的新的全球卫星导航定位系统的出现，GNSS 将在 21 世纪得到进一步的完善和发展。

（2）空间信号段

GNSS 全球设施的空间信号是指在轨 GNSS 导航定位卫星发射的无线电信号。国际电信联盟规定：GNSS 空间信号段应在无线电导航卫星服务波段的范围之内。GLONASS 系统、GPS 系统以及 GALILEO 系统的空间信号频率配置于 2000 年进行了公布。GNSS 卫星发送的导航定位信号一般包括载波、测距码和数据码 3 类信号。以 GPS 信号为例，截至 Block IR 卫星，GPS 卫星广播 L1 和 L2 两种频率的信号，其中 L1 信号载波频率为 1.575 42 CHz，并调制了 P/Y 码、C/A 码和数据码，1L2 信号载波频率为 1.227 60 CHz，测距码仅调制了 P/Y 码，其中 P/Y 码为军用码，C/A 码为民用码。类似于 GPS 信号，GALILEO 信号由载波、测距码和数据码构成，并且在 GALLEO 信号中可使用更多类型的测距码和数据码。GALILEO 卫星星座提供的空间信号包括 10 种民用导航信号和一种搜寻营救信号，其中，SAR 信号将占用为紧急服务保留的 L 波段。

（3）地面部分

全球设施的地面部分一般由一系列全球分布的地面站组成，这些地面站可分为卫星监测站、主控站和信息注入站。地面部分的主要功能是卫星控制和任务控制。卫星控制是指使用遥测通控链路上传监控对卫星星座进行管理，任务控制是指全面对轨道确定和时钟同步等导航任务进行控制和管理，也包括对完备性信息（如在报警时限内报警）的确定和发布过程进行控制。

2.区域设施

GNSS 区域设施包括 GNSS 所有的区域性设施组件，这些区域性设施是面向对系统功能或性能有特殊要求的服务，并且可以组合当地地面定位和通信系统，以满足更广泛用户群体的需求。

GPS 和 GLONASS 卫星导航系统都由军方控制，此外它的可用性、连续性和完备性均存在安全隐患。正因为如此，一些国家和地区建立了 GPS/GLONASS 外部增强系统，这些系统已具备了 GNSS 系统的雏形。目前，CPS/GLONASS 外部增强系统包括欧洲的 EGNOS、美国的 WAAS，都属于 GNSS 区域设施性质的组件。

（1）用户部分

GNSS 用户部分由一系列的用户接收机终端构成，接收机是任何用户终端的基础部件，用于接收 GNSS 卫星发射的无线电信号，获取必要的导航定位信息和观测信息，并经数据处理软件处理以完成各种导航、定位以及授时服务。一般情况下，用户可以根据不同的应用需求，对接收机性能进行定制。比如 GPS 用户设备，主要由 GPS 接收机硬件、微处理机及其终端设备组成。GPS 接收机硬件，一般包括主机、天线和电源，而微处理机主要用于运行 GPS 软件以完成各种数据处理工作，GPS 软件分为机带软件和专业 GPS 数据处理软件。

（2）外部设施

外部设施是指 GNSS 所采用的系列区域性或地方性基础设施。目前，GNSS 外部设施主要指协助 GNSS 完成各种公益或增值服务的外部设施，其中用于辅助确定系统完备性信息的外部设施，将在 GNSS 全球完备性信息监测方面发挥重要作用。

以 GALILEO 卫星导航定位系统为例，国际合作是确保 GALILEO 系统效益最大化的重要因素，许多第三方国家正积极参与 GALILEO 项目，以获得 GALILEO 系统的优先使用权。欧洲以外国家或地区可选择在其地域内建立辅助设施以确定 GALILEO 全球完备性信息，这些区域/地区性地面设施将被 GALILEO 系统所采纳，这将极大地丰富 GALILEO 系统的外部设施，改善系统的整体性能和提升系统的服务质量。

与 GALLEO 系统外部设施相关的另一项服务是 GALILEO 搜寻营救（SAR）服务，其中全球卫星搜救系统（COSPAS-SARSAT）扮演了这项服务的外部设施角色。

（二）GNSS 的发展现状

目前正在发展的 GNSS 包括美国的 GPS、欧盟的 GALILEO、俄罗斯的 GLONASS 和中国的"北斗二号"，下面分别对它们予以简要介绍。

1.美国的 GPS

20 世纪 90 年代美国国防部就认识到对现有 GPS 系统进行改造的必要性。1999 年，在美国副总统的文告中公开了"GPS 系统"的构想。GPS 现代化将在军用和民用两方面改善GPS 核心服务，即既要更好地满足军事需要，也要继续扩展民用市场和应用需求。GPS 系统现代化核心部分主要包括：提高系统可靠性并强化抗干扰能力，提高卫星集成度，增加两个新的民用通道，增强无线电信号强度，改进导航电文，改善导航和定位精度。GPS 现代化的具体内容经过论证，主要包含以下 3 个阶段：

（1）提高 GPS 军用信号的抗干扰能力，其中包括增强 GPS 军用无线信号的强度，以用于防止 GPS 系统受敌方和破坏分子干扰。

（2）设计新型 GPS 卫星（GPS IF 卫星），使用新的 GPS 信号结构，增加新频道，将民用信号和军用信号分离，以阻止敌方利用 GPS 卫星信号。在 F 型卫星中增加两个新的民用频道，即在 12 载波上增加 C/A 码（L2C），另外增加新的 15 民用频道和提前结束 SA 政策，以用于改善 CPS 导航定位精度。

（3）发射新的 GPS BLOCK Ⅰ 型卫星，GPS Ⅱ 卫星是美国 GPS 现代化计划中的最后一个型号，代表 GPS 现代化计划的最高水平。在 BLOCKIF 卫星的基础上，GPS Ⅲ 增大了抗干扰功率，提高了安全性，导航、定位与授时服务的精度，可控的完好性，并在 LI 频段提供第 4 个导航信号，即 LIC。

2.欧盟的 GALILEO

伽利略（GAILILEO）卫星导航系统是指欧盟于 2002 年起开始筹建的一种民用卫星导航系统。GAILILEO 系统充分吸取已有卫星导航系统优势，并采用一系列新工艺和新技术，以克服当前 CPS 卫星系统和 GLONASS 卫星系统存在的诸多不足之处，进而改善系统服务保障能力和系统完备性监测能力，同时提高系统的组合服务能力。该系统的卫星星座共有 30 颗 GALILEO 卫星（27 颗工作卫星，3 颗在轨备用卫星）。其卫星轨道高度为 23 616 km，轨道倾角为 56°，均匀分布在 3 个卫星轨道面上。

GALILEO 系统服务包括公共服务、生命安全服务、商业服务、政府服务和搜寻营救服务共 5 类服务，其设计导航精度优于 GPS。GALLEO 系统将在推动卫星导航定位产业的发展中起到关键的作用，因为它是面向服务需求而设计的，并能够在全球范围内提供更优质、更全面、更可靠的服务。

3.俄罗斯的 GLONASS

俄罗斯为了提高 GLONASS 系统的市场竞争力、影响力和改变当前工作卫星数目不足的现状，通过提升系统的服务质量和改善系统的总体性能来实施 GLONASS 系统的现代化。具体措施为：继续发射新型卫星，同时，为扩展 GLONASS 系统的民用服务领域，拟增设第二个民用导航定位信号于 GLONASS MII 卫星上。

对 GLONASS 系统性能进行改善以实现其现代化，具体工作主要体现在 4 个方面，分别为：

（1）增设民用卫星导航定位信号，研制新型 GLONASS M 卫星；

（2）继续发射 GLONASS M 卫星并改善系统总体性能；

（3）补充并完善 GLONASS 星座构型，延长卫星设计寿命，并提升民用服务质量：

（4）增强系统的整体性能，于 2020 年实现与 GPS 系统抗衡。

4.中国"北斗"卫星导航计划

中国"北斗"卫星导航系统（BeiDou Navigation Satellite System，BDS）是中国自行研制的全球卫星导航系统，是继美国全球定位系统（GPS）、俄罗斯格洛纳斯卫星导航系统（GLONASS）之后第 3 个成熟的卫星导航系统。"北斗"卫星导航系统（BDS）和美国 GPS、俄罗斯 GLONASS、欧盟 GAILILEO，是联合国卫星导航委员会已认定的供应商。

"北斗"卫星导航系统由空间段、地面段和用户段 3 部分组成，可在全球范围内全天候、全天时为各类用户提供高精度、高可靠定位、导航、授时服务，并具短报文通信能力，已经初步具备区域导航、定位和授时能力，定位精度 10m，测速精度 0.2 m/s，授时精度 10 ns。

2012 年 12 月 27 日，"北斗"系统空间信号接口控制文件正式版 1.0 正式公布，"北斗"

导航业务正式对亚太地区提供无源定位、导航、授时服务。

2013 年 12 月 27 日,"北斗"卫星导航系统正式提供区城服务一周年新闻发布会在国务院新闻办公室新闻发布厅召开,正式发布了《北斗系统公开服务性能规范(1.0 版)》和《北斗系统空间信号接口控制文件(2.0 版)》两个系统文件。

2014 年 11 月 23 日,国际海事组织海上安全委员会审议通过了对"北斗"卫星导航系统认可的航行安全通函,这标志着"北斗"卫星导航系统正式成为全球无线电导航系统的组成部分,取得面向海事应用的国际合法地位。预计到 2020 年,我国将建成由 5 颗地球静止轨道和30颗地球非静止轨道卫星组网而成的全球卫星导航系统,将为全球提供服务。

(三)GNSS 定位基本原理

各 GNSS 定位系统在工作原理上基本相通,只是略有不同,鉴于全球定位系统原理及应用的专著和教材较多,因此本书将以 GPS 定位系统为例,简要介绍其工作原理,重点介绍海上导航定位常用的几种工作模式及应用。

1.GPS 定位基本原理

CPS 接收机可接收到可用于授时的准确至纳秒级的时间信息;用于预报未来几个月内卫星所处概略位置的预报星历;用于计算定位时所需卫星坐标的广播星历,精度为几米至几十米(各个卫星不同,随时变化)以及 GPS 系统信息,如卫星状况等。

GPS 接收机对码的量测就可得到卫星到接收机的距离,由于含有接收机卫星钟的误差及大气传播误差,故称为伪距。对 CA 码测得的伪距称为"CA 码伪距",精度为 10~20 m,对 P 码测得的伪距称为"P 码伪距",精度约为 2 m。GPS 接收机对收到的卫星信号,进行解码或采用其他技术,将调制在载波上的信息去掉后,就可以恢复载波。严格而言,载波相位应被称为载波拍频相位,它是收到的受多普勒频移影响的卫星信号载波相位与接收机本机振荡产生信号相位之差。一般在接收机钟确定的历元时刻量测,保持对卫星信号的跟踪,就可记录下相位的变化值,但开始观测时的接收机和卫星振荡器的相位初值是不知道的,起始历元的相位整数也是不知道的,即整周模糊度,只能在数据处理中作为参数解算。相位观测值的精度高至毫米,但前提是解出整周模糊度,因此只有在相对定位并有一段连续观测值时才能使用相位观测值,而要达到优于米级的定位精度也只能采用相位观测值。按定位方式,GPS 定位分为单点定位和相对定位(差分定位)。

在 GPS 观测量中包含了卫星和接收机的钟差、大气传播延迟、多路径效应等误差,在定位计算时还要受到卫星广播星历误差的影响,在进行相对定位时大部分公共误差被抵消或削弱,因此定位精度将大大提高,双频接收机可以根据两个频率的观测量抵消大气中电离层误差的主要部分,在精度要求高,接收机间距离较远时(大气有明显差别),应选用双频接收机。在定位观测时,若接收机相对于地球表面运动,则称为动态定位,如用于车船等概略导航定位的精度为 30~100 m 的伪距单点定位，或用于城市车辆导航定位的米级精度的伪距差分定位，或用于测量放样等的厘米级的相位美分定位（RTK），实时差分定位需要数据链将两个或多个站的观测数据实时传输到一起计算。在定位观测时，若接收机相对于地球表面静止，则称为静态定位，在进行控制网观测时，一般均采用这种方式由几台接收机同时观测，它能最大限度地发挥 GPS 的定位精度，专用于这种目的的接收机被称为大地型接收机，是接收机中性能最好的一类。

2.GPS 接收机分类

GPS 卫星是以广播方式发送定位信息，GPS 接收机是一种被动式无线电定位设备。在全球任何地方只要能接收到 4 颗以上 GPS 卫星信号就可以实现三维定位、测速、测时，所以 GPS 得到了广泛应用。根据使用目的的不同，世界上已有近百种不同类型的 CPS 接收机。这些产品可以按不同用途、不同原理和功能进行分类。

（1）导航型接收机

此类接收机主要用于运动载体的导航，它可以实时给出载体的位置和速度，一般采用伪距单点定位。采用 C/A 码伪距定位的接收机，称为"C/A 码接收机"；采用 P 码伪距定位的接收机，称为"P 码接收机"（它是属于一般导航禁用的军用接收机）。导航型接收机定位精度低，但这类接收机价格低廉，故使用广泛。

根据不同应用领域又可分为：

①手持型——用于个人导航使用；

②车载型——用于车辆导航定位；

③航海型——用于船舶导航定位；

④航空型——用于飞机导航定位，由于飞机运行速度快，要求接收机能适应高速运行，一般要求加速度达到 5~7 g；

⑤星载型——用于卫星定轨，由于卫星运行速度更快、飞行高度高，其速度可达 7 km/s，所以对接收机的动态性要求也更高。

（2）测地型接收机

测地型接收机主要用于精密大地测量、工程测量、地壳形变测量等领域。这类仪器主要采用载波相位观测值进行相对定位，定位精度高，一般相对精度可达+（5 mm+10^{-6}D）。这类仪器构造复杂，价格较贵。

测地型接收机又分为单频机和双频机，单频机只接收 L 载波相位。由于单频不能消除电离层影响，所以只适用于 15 km 以内的短基线。双频机接收 L_1、L_2 载波相位，可以消除电离层影响，可适用于长基线。若计算中采用精密星历，在 1 000 km 距离内相对定位精度可达到 2×10^{-8} m。

（3）授时型接收机

这种接收机主要利用 GPS 卫星提供的高精度时间标准进行授时，常用于天文台授时、电力系统、无线电通信系统中的时间同步等。

（4）姿态测量型接收机

这种接收机可提供载体的航偏角、俯仰角和滚动角。主要用于船舶、飞机及卫星的姿态测量。

3.GPS 单点定位

GPS 单点定位也叫绝对定位，是根据卫星星历及一台 GPS 接收机的观测值来独立确定该接收机在地球坐标系中的绝对坐标的方法。它所确定的是接收机天线在 WGS-84 世界大地坐标系统中的绝对位置，所以单点定位的结果也属于该坐标系统。GPS 单点定位的实质，即空间距离后方交会。对此，在一个测站上观测 3 颗卫星获取 3 个独立的距离观测量就够了。但是由于 GPS 采用了单程测距原理，此时卫星钟与用户接收机钟不能保持同步，所以实际的观测距离均含有卫星钟和接收机钟不同步的误差影响，习惯上称之为伪距。其中卫星钟差可以用卫星电文中提供的钟差参数加以修正，而接收机的钟差只能作为一个未知参数，与测站的坐标在数据的处理中一并求解。因此，在一个测站上为了求解出 4 个未知参数（3 个点位坐标分量和 1 个钟差系数），至少需要 4 个同步伪距观测值。也就是说，至少必须同时观测 4 颗卫星。由于其定位结果受卫星星历误差、卫星钟误差（指卫星钟差改正后的残余误差）以及卫星信号传播过程中各种大气延迟误差的影响较为显著，故定位精度一般较差。近年来也出现了以精密星历和精密卫星钟差、高精度的载波相位观测技术以及较严密的数学模型为特征的精密单点定位技术（PPP），但目前该项服务年费较为昂贵，用户在使用时的成本较高。

4.GPS 相对定位

由于在 GPS 绝对定位（单点定位）中，定位精度受到卫星轨道误差、钟差以及信号传播误差等因素的影响，虽然其中一些系统性误差可以通过模型加以削弱，但改正后的残差仍是不可忽略的。

GPS 相对定位又称为差分定位，是目前 GPS 测量中定位精度最高的定位方法，被广泛应用于海洋测量中，是采用两台以上的接收机（含两台）同步观测相同的 GPS 卫星，以确定接收机天线间的相互位置关系的一种方法。其最基本的情况是用两台接收机分别安置在基线的两端，同步观测相同的 GPS 卫星，确定基线端点在世界大地坐标系统中的相对位置或坐标差（基线向量），在一个端点坐标已知的情况下，用基线向量推求另一待定点的坐标。相对定位可以推广到多台接收机安置在若干条基线的端点，通过同步观测 GPS 卫星确定多条基线向量。

相对定位技术又可分为动态相对定位及静态相对定位。静态相对定位多被用在大地测量、精密工程测量以及其他地学科研中，而导航应用中多为动态相对定位模式。其中最为常见的即为 RTK（Real Time Kinematie）模式，它是一种利用 GPS 载波相位观测值进行实时动态相对定位的技术，主要包括基准站、流动站以及数据通信电台链路。GPS–RTK 实时动态载波相位差分测量技术是种可实时获取厘米级定位结果 GPS 动态测量技术。RTK 系统由 GPS 卫星星座、基准站、流动站、基准站电台以及控制手簿等组成。系统工作时，基准站需架设在开阔的区域，以防卫星信号的遮挡。基准站接收机和流动站接收机同时观测相同卫星进行载波相位测量，同时基准站电台通过数据通信链实时地将载波相位观测值、坐标改正信息、卫星跟踪状态及接收机工作状态信息等以无线电的形式播发出去，流动站接收机完成初始化工作后，在接收到 GPS 信号进行载波相位观测的同时，还通过数据链接收来自基准站载波相位差分及其他信息，实时解算 WGS-84 坐标系坐标。但该作业模式受制于电台通信链路有效作用距离的限制，仅适合应用于近岸导航工作。

（四）差分 GPS 定位

差分 GPS（Differential GPS–DGPS，DCPS）是首先利用已知精确三维坐标的差分 CPS 基准台，求得距离修正量或位置修正量，再将这个修正量实时或事后发送给用户（GPS 导航仪），对用户的测量数据进行修正，以提高 GPS 定位精度。对于导航用户或其他一些需要立即获取定位结果的用户需要采取实时差分模式，此时在系统和用户之间必须建立起实时数据通信链。根据系统组成的基准站个数，差分 GPS 可分为单基站差分 GPS(SRDGPS)、具有多基站的局域差分 GPS（LADCPS）和广域差分 GPS（WADGPS）、星站差分 GPS。

单基站差分 GPS 工作原理与 RTK 作业模式类似，基准站上需要配置能同时跟踪视场中所有 GPS 卫星的接收机，以保证播发的距离改正数能够满足用户的需求，基准站大多采用单频接收机。另外，为多种用户服务的公用差分 GPS 系统所播发的差分改正信号内容、结构和格式应具有公用性，最好采用 RTCM-SC-104 格式。单基站差分 GPS 技术上已经非常成熟，特别适用于小范围内的差分定位作业，当用户距离基准站较近时（小于 20 km），这种方法的定位精度可以达到亚米级，但是当距离增加至 200 km 时，定位精度将下降为 5 m 左右（2σ）。

局域差分 GPS 系统是在局部区域中应用差分 GPS 技术，先在该区域中布设一个差分 GPS 网，该网由若干个差分 GPS 基准站组成，还包括一个或者数个监控站。位于该局域 GPS 网中的用户根据多个基准站所提供的改正消息，经平差后求得自己的改正数。该技术原理是根据主控站和用户站在一定距离内对 GPS 卫星同步同轨观测值之间存在的相关性，使用户站利用主控站提供的 GPS 定位误差的综合改正信息，来提高定位精度。由于具有多个基准站而且顾及了位置对差分改正数的影响，所以整个系统的可靠性和用户的精度都有较大的提高。一般而言，当个别基准站出现故障时，整个系统仍能维持运行。用户通过对来自不同的基准站的改正信息进行相互比较，通常可以识别并剔除个别站的错误信息。该系统的作用距离可增加至 600 km，定位精度（2σ）可提高到 3~5 m。我国沿海 DGPS 服务系统（RBN–DGPS）就属于单基站局域差分 GPS 系统。

当差分 GPS 需要覆盖很大的区域时（如覆盖我国大陆和临近海域时），采用前面两种方法就会碰到许多困难，首先就是需要建立大量的基准站。例如，当用户至基准站最大距离规定为 200 km 时，覆盖我国大陆及临海的差分 GPS 系统中就需要建立约 500 个基准站。其次，由于地理条件和自然条件的限制，在很多地区无法建立永久性的基准站和信号发射站，从而会产生大片的信号空白区。广域差分 GPS（WADGPS）就是在这种情况下发展起来的。

WADGPS 系统一般由一个主控站，若干个 GPS 卫星跟踪站，一个差分信号播发站，若干个监控站，相应的数据通信网络和若干个用户站组成。按通行的 WADGPS 对通信的技术要求是：跟踪站需不间断（至少 3 8 间隔）地实时地向主控站传输 GPS 卫星的跟踪数据。主控站要通过差分信号播发站对在 1000km 范围内的用户不间断地发播差分改正值，其更新率大体是：星历 3 min，星钟 6s，电离层 1 h。这种传输首先必须是高速率的，否则差分改正的讯龄和时间差会变大进而降低导航和定位精度；同时必须是低误码率，否则不能保证用户定位的完备性。总之，WADGPS 系统对数据通信的要求是：1.传输数据量大；2.实时传输；3.高速率；4.传输距离长；5.覆盖面广。因此，如何实现这一数据通信网络是建立 WADGPS 系统的技术关键。

广域差分增强系统（Stllite–Based Augmentation System，SBAS，星基增强系统）应运而生。通过地球静止轨道（GEO）卫星搭载卫星导航增强信号转发器，可以向用户播发星历误差、卫星钟差、电离层延迟等多种修正信息，实现对于原有卫星导航系统定位精度的改进。目前已经建成的广域差分增强系统大致有美国的 WAAS（Wide Area Augmentation System）、俄罗斯的 SDCM（System for Differential Corrections and Monitoring）、欧洲的 ECNOS（European Geostationary Navigation Overlay Service）、日本的 MSAS（Multi functional Satellite Augmentation System）以及印度的 GAGAN（GPS Aided Geo Augmented Navigation）等，我国也在计划建立自己的星基增强系统。上述 SBAS 最优定位精度均可达到 2~3 m。目前，在 SBAS 信号覆盖区域，只要用户接收机具备 SBAS 信号接收功能，均可免费使用。

总体来说，上述各差分 GPS 定位系统定位精度仅能满足对定位精度要求不高的导航用户使用，若想得到更高精度的定位结果，则需要用到星站差分 GPS 系统。目前，此类服务均有偿使用，且费用较为昂贵。星站差分系统由 5 部分组成，分别为：1.参考站；2.数据处理中心；3.注入站；4.地球同步卫星（INMARSAT）；5.用户站。全球参考站网络是由双频 GPS 接收机组成的，每时每刻都在接收来自 GPS 卫星的信号，参考站获得的数据被送到数据处理中心，经过处理以后生成差分改正数据，差分改正数据通过数据通信链路传送到卫星注入站并上传至 INMARSAT 同步卫星，向全球发布。用户站的 GPS 接收机实际上同时有两个接收部分，一个是 GPS 接收机，一个是 L 波段的通信接收器，GPS 接收机跟踪所有可见的卫星然后获得 GPS 卫星的测量值，同时 L 波段的接收器通过 L 波段的卫星接收改正数据。当这些改正数据被应用在 GPS 测量中时，一个实时的高精度的点位就确定了。目前主要有三大系统：StarFire 系统、Omini-STAR 系统和 Veripos 系统。

1.StarFire 系统

StarFire 系统是美国 NAVCOM 公司建立的一个全球双频 GPS 差分定位系统，其信号覆盖范围为南北纬 76°之间，是目前世界上第一个可以提供分米级实时精度的星基增强差分系统，它提供两种服务：WCT、RTG。StarFire 采用 4 颗高频通信卫星进行通信，在我国国内没有基准站。WCT 定位精度为 35 cm，RTG 定位精度为 10 cm。

2.OminiSTAR 系统

OminiSTAR 系统是由 Fugro 公司开发和运营的一套可以覆盖全球的高精度 GPS 增强系统。OminiSTAR 在我国国内有一个基准站。OminiSTAR 提供 3 种 GPS 差分等级的服务：VBS、XP 和 HP。

OminiSTAR VBS 是一个亚米级的服务。一个典型的 24 h 的 VBS 采样显示的 2σ（95%）置信度下的水平位置偏差小于 1 m，而 3σ（99%）的位置偏差接近于 1 m。OminiSTAR XP 服务提供短期几英寸和长期重复性优于 15 cm（95%CEP）的精度。在世界范围内可用，特别适合农业自动化操纵系统。精度稍低于 OminiSTAR HP，但与广域差分系统（如 WAAS）相比，精度稍高。

OminiSTAR HP 服务在 2or（95%）的置信度下的水平位置偏差小于 10 cm，30（99%）的水平位置偏差小于 15 cm。在农业机械引导和许多的测量任务方面有其独特的应用。采用实时操作，不需要当地基准站或遥感链路。在利用向前发展的精密定位方面，OminiSTAR HP 确实比较超前。

用户在购买具有 OminiSTAR 功能的 GPS 接收机后，可向 OmimiSTAR 的服务商交纳服务费用，申请开通服务。目前在中国地区，可支持 VBS 和 XP 两种服务，暂不支持 HP 服务。

3.Veripos 系统

Veripos 系统是由 Subea7 公司开发提供的高精度卫星定位系统。Veripos 提供以下几种服务：Veripos Standard、Veripos Standard+、Veripos HF、Veripos Standard GLONASS、Veripos Ultra。其中 Veripos Ultra 可以提供定位精度达 10 cm（2DRMS）服务，满足了高精度定位

的需求。Veripos 采用 7 颗海事卫星进行信号广播，4 颗高频、3 颗低频。其中 3 颗低频海事卫星，为用户提供另一个高精度的数据备份。另外，Veripos 在上海、深圳、塘沽等地建有基准站。

（五）海上导航定位技术应用

Hypack Max 软件是美国 Coastal 海洋图像公司（Coastal Oceanographic）的产品。该软件除了具备强大的测量成图系统功能外，还可与各种导航系统、测深仪（单波束、多波束）、波浪补偿器、绘图仪、打印机、潮位遥报仪、罗盘、耙臂等多种测量、疏浚施工设备相连接，分别组成自动化数字测绘系统和疏浚工况实时监测系统，是目前世界上测量行业应用最为广泛的一种应用软件。Hypack 软件从大地测量转换、测量设计、数据采集、数据后期处理直到最终测量成图都实现了快速可靠。Hypack Max 水文综合测量软件包含有功能强大的各种工具能够使用户快速设计并且显示测量信息，能够提供用户完成测量工作所有测量设备的系统集成，支持的测量设备的种类多达几百种，其图形化编辑功能让用户快速地完成单波束和多波束测量数据的编辑和处理工作。它能够将当前用户的测量结果按照当前水利行业的国标打印输出，能够创建三维的立体水下模型，同时提供三维动态浏览功能；在用户获得当前的测量数据后可以快速地提供任意断面的土方量信息和当前的水下地形。

HiMAX 海洋测量软件，是我国中海达测量公司自主研发的海洋测量导航定位软件，主要用于水上测量，可接入 GPS、单双频测深仪、辅助设备（如姿态仪、电罗经、涌浪仪等）进行测量工作。软件的功能主要包括：项目管理、坐标转换、参数设置、仪器设备连接、船形设计、计划线设计、CAD 底图导入、海图导入、海洋测量、水深取样、数据改正、潮位改正、成果预览与导出、串口调试、坐标转换参数计算、坐标转换、软件注册、软件升级等。

三、水下声学定位

（一）水下声学定位基本原理

由于电磁波在空气中传播衰减比较小，传统的陆地上距离、方位的测量都是依靠电磁波。电磁波在水下衰减迅速，仅穿透数十米水深就损失了所有能量，故传统的陆上测量在水下无能为力。而声波在水中有较强的穿透力，水下测量可以采用声学系统，自 20 世纪 70 年代声学技术开始应用于水下测量。

声波是发声体的振动状态在介质中传播的一种物理现象。水是声波传播的良好介质，它能有效地传播振动的信息；在海水中利用超频声波，可以达到探测远距离目标的目的。一般，振动频率在 16–20 000 Hz 之间的声波称为音频声波，频率高于 20 000 Hx 的声波称为超声波，低于 16 Hz 的声波称为次声波。声波在真空中不能传播，必须借助介质本身的弹性和惯性，振动状态才可以得到传播。声波在海洋中具有很强的传播能力，但海洋环境的不均匀性和多变性，也强烈地影响着海洋声波的传播。声在海洋中最重要的声学参数就是声波传播速度。一般在海洋中，平均声速近似等于 1 500 m/s，但海水中的温度、盐度、密度、压力都影响声波在其中传播的速度，一般采用经验公式来对其进行描述。由于声波在海水中传播能力很强，即使在最清澈的水里，也只能够穿透 100 m 水层的厚度，因此目前采用声波的传播来完成水下测深、目标定位以及其他水下工程等测量。

对于水下目标位置的确定而言，目前较为常用的声学定位系统主要是超短基线定位系统（USBL），短基线定位系统（SBL）和长基线定位系统（LBL）以及各系统的组合导航定位系统。在这里不再展开描述，以 USBL 为例，阐述其定位原理如下。

一套完整的超短基线定位系统除去声学单元外还需要诸多外部辅助设备，系统一般由母船上的主控系统、船底定位声元基阵（换能器）、水下定位信标（应答器）以及外部设备（GPS、COMPASS、MRU 以及声速剖面仪等）等构成。船底定位声元基阵一般由两对相互正交的水听器和一个发射换能器组成，基阵孔径为几厘米至几十厘米之间。通过测量应答器与换能器各声元之间的距离，同时记录声脉冲到达应答器的相位差，采用交会方式即可得到应答器在船体坐标系下的坐标位置。母船的地理位置由 CPS 予以确定，通过建立船体坐标系与 wGs-84 坐标系间的坐标转换关系即可获得应答器的绝对地理位置。

根据船载部分与水下应答器之间的交联方式，系统有声学应答方式、电信号触发方式和同步钟 3 种方式。

（二）水下声学定位系统

1.水下声学定位系统分类

声学导航系统都有多个基元（接收器或应答器）组成，基元间的连线称为基线。根据基线的长度可以分为长基线定位系统（Long Baseline，简称 LBL）、短基线定位系统（Short Baseline，简称 SBL）和超短基线定位系统（Super/Ultra Short Baseline，简称 SSBL/USBL）3 种类型。

声学定位系统的作用距离和精度与工作频率有关，一般情况下频率越高精度越高，但作用距离却随之变短。

2.超短基线声学定位系统（USBL）

超短基线声学定位系统是根据换能器之间的距离定义的，其换能器之间的距离只有几厘米。将水听器接收阵的多个单位，按等边三角形（或直角）布阵，设计在一个部件中，把三角形所在的平面当作计算基准坐标系的平面，与设置的声标（声学应答器）一起用于测量水下目标。超短基线定位系统是根据测量到目标点的距离和方位，得到水下目标相对于测量船的位置，然后结合测量船上的 GPS 设备接受的定位信息和电罗经的航向数据，通过软件实时计算出水下目标的大地坐标。

该系统由声学测量系统、数据采集设备和数据处理设备 3 个部分组成。声学测量设备有安装在拖体的声学应答器和安装在船体的换能器阵及声学信号处理设备组成，通过设定时间间隔，进行连续测量目标的相对方位和距离，完成数据采集。数据处理设备实时完成数据采集和数据的定位计算。声学设备的换能器发射声波信号至应答器，应答器接收到换能器发射的信号后，反射有不同于讯问信号的响应信号，测量声波在水中往返传播的时间，计算出换能器到应答器的距离同时测量目标到声基线阵各个换能器的相位差，从而得到目标点的位置坐标。

3.短基线声学定位系统（SBL）

短基线声学定位系统由 4 个以上的换能器组成以便产生多余观测值，换能器组成的阵形为三角形或四边形，各换能器之间的距离一般超过 10 m；声基阵中的换能器之间的位置关系是已知的，应答器被安置在目标点的位置。声基阵之间构成声基阵坐标与测量船参考坐标的关系可以通过常规的测量方法得到。其中一般船参考坐标系原点选择在换能器对称中心，船只横向左舷方向为 x 轴，船艏方向为 y 轴，船只铅锤向下为 z 轴。船参考坐标系是一种三坐标轴与船固定并随船只运动而运动的坐标系，声基阵坐标的指向是固定的，不随船的运动而运动。

短基线声学定位系统是通过一个"应答器"发射信号，所有换能器接收，根据声波信号在水中的传播时间和声波信号在水中传播的速度，计算出所有换能器到水下目标点的多个斜距值，计算处理得到测量目标与测量船的相对坐标。然后系统根据测量船参考坐标系和由换能器阵组成的坐标系之间的固定关系，及姿态传感器所获得的测量船的姿态数据，解算出目标点在声基阵坐标系下的坐标，再结合 GPS，电罗经等外围设备提供测量船的位置及测量船艏向，计算得到目标点的大地坐标。

4.长基线声学定位系统（LBL）

长基线定位系统能在宽广的区域提供高精度的位置信息，需要在海底安装至少 3 个应答器或信号标，按照一定的几何图形组成海底定位的基线阵，利用声波传播测距，采用空间交会原理进行定位。应答器之间的距离就是基线的长度，该距离在上百米到几千米之间，相对于超短基线定位系统、短基线定位系统而言，该定位系统为长基线定位系统。

长基线定位系统应用：长基线定位技术是当前高精度定位的唯一可靠的技术手段，是为深海，浅海海洋工程施工、模块安装、管线铺设和对接、高精度拖体定位跟踪、ROV 定位导航、DP 船声学定位参照、AUV 定位跟踪、遥控等提供厘米级定位的技术方案。广泛地应用于海洋石油和天然气工业、军事领域等。通常为数百米至数千米。还具有备数量更多的通道，对于大型的复杂的油田开发项目，能够满足多船、多 ROV 同时同地施工，而不会相互干扰，同时也是唯一能够提供 USBL 兼容和高速数据遥测的声学技术。

总之，超短基线声学定位系统操作简便容易，具有较高的测距精度；但系统安装后的校准需要非常准确，而这往往是很难达到的，测量目标的绝对位置精度依赖于外围设备的精度，且测量精度随水深的增加而降低。短基线声学定位系统操作容易，安装简单，不需要组建水下基线阵，测距精度较高；但深水测量要达到高的精度基线长度一般需要大于40m，系统安装时换能器需要在船中严格校准，绝对定位需要外围设备，在 3 500 m 水深下定位精度优于 2.5 m。

5.组合定位系统

（1）声学定位系统联合

声学定位系统之间的联合主要包括长基线和超短基线定位结合、长基线与短基线结合以及短基线与超短基线结合等。工作方式主要是距离—距离式或距离角度式。如 L/USBL 组合定位既保证了定位精度独立于工作水深又兼有超短基线定位系统操作简便的特点，组合系统能够实现载体连续的、高精度的导航定位。工作水深可以达到 6 000 m，作用范围超过 4500 m，再结合其他外国传感器，系统定位精度可以达到作用距离的 0.26%/11。

（2）声学定位系统与其他传感器的结合

GPS 与声学定位系统结合，更多的是 GPS 与超短基线定位系统的结合。载体水面上安装 GPS 定位设备，以方便确定载体在 WGS-84 下的坐标。由于电磁波在水下衰减很快，无法进行水下目标的定位，因此借助声学定位系统，将 GPS 定位拖延到水下目标位置的确定。在此过程中还要借助其他的传感器，如姿态仪等仪器。超短基线定位系统与水下拖体（ROV 或 AUV）、声呐相机结合，探测水下目标物地理坐标。该定位过程分为两个部分，首先探测船上安装的超短基线定位系统，ROV 上装有应答器，并且结合姿态补偿仪器，计算出 ROV 的地理坐标；其次以 ROV 为参考原点，根据需要在其上搭载传感器，如声呐相机，探测目标，经过图像的预处理、特征提取目标识别后，可求出 ROV 相对于目标的距离，然后根据其他的传感器对系统误差进行校正，便可得到目标的地理坐标。

（三）水下声学定位系统应用

超短基线（USBL）系统主要用于水下目标跟踪定位，可以为海底地震电缆、海洋深拖系统、ROV 系统、海底摄像、电视抓斗、海底取样、表层拖曳体等水下目标提供高精度的水下定位。GAPS（Global Acoustic Position System，全球声学定位系统）是种中心频率在 26 kHz 左右，使用多频键控技术的超短基线水下定位系统，它的作用距离能达到 4 000 m，可以定位 200° 以内的任何目标。它是一套无须标定的便携式、即插即用超短基线全球声学定位惯性导航系统，它给水下声学定位系统带来一场革命，因为它将高精度光纤陀螺惯性导航技术与水下声学定位完美结合在一起，并融入了 GPS 测量技术，减少了工作前的校正测试工作。该系统可以同时追踪多个水下目标，这使得多用的 GAPS 能最大限度地满足海面和水下定位及导航的要求。

第二节　海洋侧扫声呐调查技术

一、发展概况

（一）侧扫声呐技术起源及现状

侧扫声呐技术起源于 20 世纪 50 年代末，到 70 年代得到了较快的发展，现已成为广泛应用的海底成像技术之一。自 20 世纪 60 年代英国海洋研究所推出第一个实用型侧扫声呐系统以来，各种类型的侧扫声呐系统纷纷问世。我国从 20 世纪 70 年代开始组织研制侧扫声呐设备，经历了单侧悬挂式、双侧单频拖曳式、双侧双频拖曳式等发展过程。1996 年由中国科学院声学研究所研制并定型生产的 CS-1 型侧扫声呐系统，其主要性能指标已达到了世界先进水平。

侧扫声成像技术是一种重要的声成像技术。声呐线阵向左右两侧发射扇形波束，水平波束角比较窄，一般 19~20，垂直波束角比较宽，一般为 40~60°。海底反向散射信号依时间的先后被声呐阵接收。有目标时信号较强，目标后面声波难以到达，产生阴影区。声呐阵随水下载体不断前进，在前进过程中声呐不断发射，不断接收，记录逐行排列，构成声图，这就是目前在海底探测中广泛使用的侧扫声呐的声成像，称为二维声成像。二维声成像不能给出海底的高度，只能由目标阴影长度等参数估计目标的高度，精度不高；它的横向分辨率取决于声呐阵的水平角宽，分排率随距离的增加而线性增大。这是二维侧扫声呐技术两个主要的缺点号。

在一般的工作中，我们常用的是多量程的 50~500 kHz 的中频侧扫声呐系统，它可以提供所需要的数据，且操作简单，费用低廉。较低的频率例如 25、27 或 50 kHz 能在水中传播得很远，覆盖较大的区域，能提供 5 km 甚至更大的扫宽，但是由于其波长较长，因此只能得到较低分辨率的图像。常用于寻找大的目标或者覆盖大的区域。而 300~500kHz 的高频声呐能够分辨小尺度的物体，但这种高精度的系统只能覆盖几百米宽的范围，所以一般用在测量小区域里的微小目标上，例如测量水雷，或者是遭到严重损坏的目标如古老的沉船残骸等。通常为了平衡最佳的量程和分辨率，90~125 kHz 的中频侧扫声呐在大多数的成像应用中使用最为普遍，在海洋地质工作中常用于对海底微地貌的调查。

（二）近年来侧扫声呐技术的进展

近几十年数字计算机水平大幅提高，水下成像系统的技术水平得到了飞速的发展。如今我们经常使用的是此便携式的高精度系统，在获取图像时可以有一到两个，甚至多个频率供我们选择。新型的声呐系统采用相控阵、相干和 ehip 等技术，也就是在一些特殊用途时非常有效地频声呐。

同时，具有三维声成像功能的多波束测深声呐（如 Multi beam Sonar System）和测深侧扫声呐被逐步发展和应用，它能够弥补二维侧扫声呐的一些技术缺陷。前者采用等深线成像，适于安装在船上做大面积测量；后者采用反向散射声成像，适宜搭载于各类水下载体上，包括拖体、水下机器人（AUV）、遇控潜水器（ROV）和载入潜水器（HUV），进行精细测量。

海底的三维声成像是在水下载体每侧布设两个以上的平行线阵，估计平行线阵间的相位差以获得海底的高度。测深侧扫声呐技术经历了 3 个发展阶段，第一阶段的技术为声干涉技术，它的分辨率低；第二阶段的技术为差动相位技术，它的分辨率高，但只能同时测量一个目标，因此不能测量复杂的海底，不能在出现多余信号的情况下工作；第三阶段的技术即为高分辨率三维声成像技术，应用子空间拟合法，它的分辨率高，能同时测量多个目标，可以在复杂的海底和多余信号严重的情况下工作，并能同时获得信号的幅度和相位。

侧扫声呐技术进一步发展的方向有两个，一个是发展测深侧扫声呐技术，它可以在获得海底形态的同时获得海底的深度；另一个是发展合成孔径声呐技术，它的横向分辨率理论上等于声呐阵物理长度的一半，不随距离的增加而增大。合成孔径声呐是一种新型高分辨率水下成像声呐。其原理是利用小孔径基阵的移动来获得移动方向（方位方向）上大的合成孔径，从而得到方位方向的高分辨率。获得这种高分辨率的代价是复杂的成像算法和对声呐基阵平台运动的严格要求。目前国际上只有少数国家和地区研制出了合成孔径声呐原型机并进行了海上试验。我国于 1997 年 7 月正式将合成孔径声呐列入了国家"863"计划项目。合成孔径声呐可以用于水下军事目标的探测和识别，在国民经济方面，可以用于海底测量、水下考古和搜寻水下失落物体等，尤其可以进行高分辨率海底测绘，对数字地球研究具有重要意义，标志着我国在合成孔径声呐研究方面进入了与国际同步发展的水平。

侧扫声呐今后的发展方向，一方面是利用现代电子技术和计算机技术使它更加自动化，提高分辨率和减少各种误差；另一方面是用现代信号处理、模式识别和目标特性等理论，加强对记录图像的分析研究。所以随着水声理论、信号处理技术的不断发展，侧扫声呐技术将会更多更好地应用于海洋区域地质调查和海洋资源的开发中。

（三）侧扫声呐应用领域

侧扫声呐技术能直观地提供海底形态的声成像，在海底测绘、海底地质勘测、淘底工程施工、海底障碍物和沉积物的探测以及海底矿产勘测等方面得到广泛应用。侧扫声呐还可用于探查海底的沉船、水雷、导弹和潜艇活动等，具有非常重要的军事意义。

1.目标定位

侧扫声呐在大面积的海底测绘中具有非常高的效率，基于这一点，侧扫声呐被广泛应用于水体中特殊目标的寻找。当船只失事或飞机坠海沉没，通过侧扫声呐搜索能准确地探测出沉没的位置。此外，还能指出飞机的状况以及环境对它们的影响和海流情况。

侧扫声呐在确定一些历史上的沉船残骸和考古学家们感兴趣的文化遗迹方面也非常有用，通常情况下，这些目标只有非常小的声学轮廓，这就需要使用高频的侧扫声呐系统来探测。

在军事上，侧扫声呐是种理想的用于通航条件及水雷搜寻等方面的工具，被各国海军广泛地应用于海港防卫等方面。水雷是海上船只航行重要的安全隐患，确定其水中的位置就成了最关键的问题。当水道被布上水雷时，如果水雷不能被确定和清除，船运业务可能被迫考虑终止。当前侧扫声呐技术可以检测和标定水中的水雷，精度非常高，全球范围内的实践已经证明侧扫声呐是扫雷最主要工具之一。

2.海底地貌特征调查

海底的物质结构非常复杂，某些海底被连绵数里的平坦软泥覆盖，时而又有陡峭的岩石突出。在大部分海区，则为像沙漠一样的沙子组成，间或有黏土、砾石和鹅卵石，侧扫声呐在绘制这些海底地貌图方面是一种非常理想的工具。在标准的拖曳状态下，侧扫声呐能够记录平缓的倾斜、非常小的凹陷和麻坑以及由于海底沉积物质的改变导致的海底结构的变化。

3.海洋工程应用

（1）海底管线及电缆

在 20 世纪 70 年代和 80 年代早期，随着越来越多的远海石油平台投入使用，海底输油管线的铺设变得很常见，因此海底环境状况也变成人们关注的重点。在某些水下环境中，例如墨西哥湾，有些地方海底非常稳定，比其他地方更适合海底设施的放置。通过斜距校正的侧扫声呐图像可以对石油平台和生产设施的放置设计提供非常大的帮助。

在某些水下区域，例如河口区，沉积堆积有时会发生崩塌，任何海底设施（如石油装置）放置在这些不稳定的沉积层上都是很危险的。使用侧扫声呐可以帮助我们来测定海底区域的稳定性。通过侧扫声呐系统数据所绘制的图谱，可为海底管道铺设技术提供帮助。20世纪30年代和40年代，海底管道被频繁地铺设在墨西哥湾里，铺设时很少顾及海底的障碍物和突出物，运用侧扫声呐对海底管道进行检测发现有些管道互相交叉。由于没有早期管道的铺设资料，后期管道就直接铺在原管道的上方。而远在欧洲的北海油田，其管道铺设得较晚，此时水下高分辨率海底绘图系统和水下机器人技术得到了发展，在穿越以前铺设的管道时利用支撑桥来完成；同样，支撑桥也为需要穿越大型沟坎的地方提供了帮助，预防管道由于"无支撑"导致的管道折断现象的发生。

侧扫声呐在调查管道位置图和确定在什么地方需要放置支撑桥等方面提供非常有效的数据支持。

扫宽较大的侧扫声呐系统也被广泛使用在海底电缆的铺设方面，它可以像在浅海中一样，对海底电缆的铺设路径进行探查，使铺设路径尽量避开海山和其他障碍，缩短路径以节约成本。

（2）疏浚

疏浚是侧扫声呐广泛使用的另一个工程领域。它可以显示水下的沉积特征或出露的岩石，为了行船便利，通常要在清扫海底路径时进行爆破和疏浚，侧扫声呐图像在确定何处需要疏浚、指示海底需要清除的物质特征等方面具有相当的权威性。准确的水深测量是极其重要的，在提供疏浚前所需要的完整的海底图像时，侧扫声呐得到了更多的使用。

疏浚工作完成后，可以用侧扫声呐进行全覆盖的测量和检查，以便对工区范围内的海底状况进行完整展示。

4.渔业

为了增加捕获量和测定鱼群密度，侧扫声呐技术在渔业生产中得到广泛应用。虽然单个鱼的身体同周边水体在密度上只有微小的差异，但是现在的侧扫声呐技术已能够测出较小的鱼（小于25 cm），水中的鱼会在声呐图谱的海底投射出阴影，此类信息可被用来计算鱼距海底的高度。

侧扫声呐还可以对人工礁进行监测。人工礁会随着时间的推移效力缓慢降低和扩散，水深小于15.24m的礁石受到风暴潮或巨流的影响发生瓦解，礁石的瓦解过程可以在进行鱼群密度的监测时利用侧扫声呐同时进行监测。

利用高精度的侧扫声呐系统同样可以监测和确定生存有甲壳类水生物海底的范围和条件。测量时，通过改变对比度，有经验的声呐操作员就可以确定存在甲壳类生物的海底。另外，声呐能帮助生物学家和捕鱼者知道海底是否被捕捞过。

二、系统的组成和基础设计

（一）侧扫声呐系统的基本组成

侧扫声呐又称"旁侧声呐扫描"或"海底地貌仪"，是主动声呐的一种，海洋探测的重要工具之一。侧扫声呐是一种能为我们提供海（湖）底大面积和大尺寸声学图像的设备，大多数侧扫声呐系统被设计成便携式，可在任何尺寸的船只上方便地投入使用。在水下搜索和测量时，其系统主要由控制单元、拖鱼、拖缆3部分组成，并与其他外部设备如GPS、绞车等配合使用。在工作中，侧扫声呐通过电缆为水下拖鱼供电，控制单元通过软件将命令（如量程功能等）传送至拖鱼换能器上，这时声脉冲产生并通过水体传送出去，这个时间周期非常短（仅为几微秒至1秒左右），随后来自海底的回波被拖鱼换能器接收到、按照时变增益（Time varied gain）曲线放大、再通过电缆发回到记录软件中，软件再进一步处理这些信号，将其数字化，按照一定的格式记录数据文件，同时在热敏纸上同步打印。

1.控制单元（包括采集和显示）

控制单元由侧扫声呐主机和控制软件组成，具有数据接收、采集、处理、显示、存储、图像处理等功能。主机通过拖缆与拖鱼接驳，通过对软件的控制进行声呐的发射和接收，完成声图的采集并通过显示窗口显示出来，通常声呐图像是有两个通道组成，这两个声呐通道靠在一起，是记录数据的中心，相当于拖鱼的轨迹。显示在左侧和右侧的声呐数据，分别对应于拖鱼的左舷和右舷换能器。主机同时配备多个接口，可以将导航等信息接入系统，主要是为侧扫声呐数据提供定位数据。为补偿海底反向散射回波随时间（或距离）增大而引起的声波衰减，使得采集的声图远近均匀，可以通过软件进行增益控制。对由于传播时间（或距离）的不同引起的回波强弱不同进行增益补偿，压低强信号，增强弱信号，压缩回波信号的动态范围。

2.拖缆

拖缆有两个作用，第一是对拖鱼进行拖曳操作，保证拖鱼在拖曳状态下的安全；第二是给拖鱼供电及数据通信。常见的拖缆类型有两种，即轻型电缆（凯夫拉电缆）和钢丝铠装电缆。

凯夫拉电缆具有柔性好、重量轻、强度高、收缩率低、耐磨耗以及耐腐蚀等优点，但是其机械性能较差，适合于沿岸浅海海区，通常其长度从几十米到100多米，重量较轻，便于甲板操作，可由一人搬动。

钢丝铠装电缆的特点是机械强度较大，防腐蚀能力较强，同时，电缆加上铠装层可以增强抗拉强度、抗压强度保护电缆的使用寿命。其缺点是重量大，弯曲半径也大，不适于人工收放，但由于其机械性能好，在拖鱼使用绞车收放时采用铠装电缆。铠装电缆适用于较深的海区。大部分侧扫声呐铠装电缆是"力矩平衡"的双层铠装，铠装层可以水密，也可以不水密，取决于铠装的材料。

3.拖鱼

侧扫声呐的拖鱼是一个流线型稳定拖曳体，是侧扫声呐重要的组成部分之一，内部安装有换能器和信号处理电路。拖鱼由拖鱼前部和拖鱼后部组成，其中前部由鱼头、换能器舱和拖曳钩等部分组成；拖鱼后部由电子舱、鱼尾、尾翼等部分组成。

相同的左、右舷换能器被分别置于拖鱼的两侧，电子压力舱部分包括两块印刷线路板，每一块上均有换能器的驱动和放大电路。换能器是侧扫声呐系统的核心部件，其主要元件是压电陶瓷板，它们在电场的影响下扩张或收缩。为构建一个波形合适的换能器阵，许多特殊形状的陶瓷片或"晶体"根据其电气性能被紧密地排列在一起附着在一个反射底板上，然后装入一个与声阻抗相互匹配的混合物中。基阵辐射面采用聚氨脂硫化橡胶等材料密封，既能保持换能器基阵良好的水密性，又能保证良好的透声性。换能器基阵可用来发射声呐脉冲，也可用来接收反射的回声信号。通过触发声呐的电子部分，电场就通过薄薄的银片加在声呐每一边上，电压加在片上后，其尺寸迅速变化，就是这种尺寸的变化提供了与水接触的换能器表面上的压力波，这样就出现了向外的声脉冲。若干周期后，陶瓷阵会进入"休眠"状态，来自海底的反射信号成了低振幅压力波，它们依次作用在陶瓷阵上，使晶体的形状引起一些轻微的改变。这种形状的改变转换成了电信号，可以通过拖缆直接传回。

换能器阵上极小的尺寸变化都会显著地影响拖鱼声呐发射的波束形状，侧扫声呐在水平方向上波束角非常小，这就使得声呐发向海底的声波像一片环绕着它的薄薄的刀片。水平方向上波束角极小，但垂直方向上波束角却非常宽，这样能够使声波垂直地发向整个水体，较宽的垂直波束角可以记录来自水面、水底以及水体之间的任何回波信号。

同一个换能器在发射声脉冲后即开始收听回声，发射脉冲也可看成一个信号，事实上它是非常强的，在每个通道的显示开始部分形成非常黑的标志。

换能器接收的第一个回声信号可能是来自水面或是来自声呐拖鱼下方的海底面反射信号，这取决于声呐拖鱼在水柱中的位置。接着底部的回声信号将到达，然后相对于声呐更远距离上的海底回声信号将依次到达声呐。

拖鱼尾翼用来稳定拖鱼姿态，当它被渔网或障碍物挂住时可脱离鱼体，收回鱼体后可重新安装尾翼。拖曳钩是用于连接拖缆和鱼体的机械连接和电连接。根据不同的航速和拖缆长度，把拖鱼放置在最佳工作深度，拖曳式的换能器阵通常被放置于靠近海底处。

（二）侧扫声呐的基础设计

侧扫声呐从原理和设备上看并不十分复杂，但要得到清晰的高质量海底地貌图必须考虑一些重要的控制参数，主要包括声源级、频率、脉冲宽度、分辨率、波束宽度、拖鱼速度、波束形状及指向性、近场与远场等。这些参数的选择对侧扫声呐基础设计非常重要，并最终决定侧扫声呐设备整体性能和技术指标。

1.声源级

换能器受到电脉冲激发后在其表面上的振动所产生的交变的压力，即发射和接收的信号功率定义为声源级，一般用分贝（dB）表示，它提供了一个测量声能水平的对数尺度，表示相对于单位距离参考压力所产生的平面波的声音强度。大多数设计良好的侧扫声呐系统都有足够的输出水平，其声能水平非常宽。对侧扫声呐而言，一般参考压力选 $1\mu Pa$，距离选为 1 m。按这一标准定义，大多数声呐的声源级峰值为 228 dB。

2.频率

选择声呐系统频率时，最主要的作用是距离与分辨率之间的关系，频率越高，脉冲宽度和波束越窄，分辨率就越高，然而作用距离越小。低频系统的覆盖范围较大，但以降低分辨率为代价。高频声波的能量在海水中衰减得非常快，而低频声波则衰减较慢。50 Hz 的声脉冲在大洋中能传播数千千米之远，而我们常用的侧扫声呐的 100 kHz 脉冲只能传播 1~2 km，500 kHz 的脉冲传播距离则更近，只能传播 200~300 m。

3.脉冲宽度

脉冲宽度的大小将会影响到声呐的横向（距离）分辨率。典型的商用声呐的脉冲宽度为 0.1 ms（100 kHz 系统）。脉冲在水中具有一定的物理尺寸，它取决于声速的大小，当声呐脉冲后沿离开换能器表面时，其前沿已传输了一定的距离，该距离等于声速和脉冲宽度的乘积，因而水中传播的脉冲是一个具有一定厚度的波前。

4.分辨率

侧扫声呐分辨率可分为纵向（航向）分辨率和横向（距离）分辨率。纵向分辨率是指侧扫声呐能够分辨出的与测线平行的方向上的两个物体的最小间隔，这个最小间隔等于波束角宽度（随着离拖鱼距离的增加面加宽）。而横向分辨率是指与测线垂直方向上能分辨出的两个物体的最小间隔。

纵向分辨率取决于声呐的水平波束宽度。水平波束角越窄，则照射到海底的"脚印"越小。对于一个 1° 波束宽度的侧扫声呐，在最远 300 m 的距离上，脚印的宽度为 300 m $\times 1\times \pi/180\approx 5$ m。这意味着该侧扫声呐航向上的分辨力，在远距离上不可能高于 5m。因此波束越窄沿航迹方向的分辨率越高。纵向分辨率同时也取决于拖曳速度和脉冲间隔，但波束角是起决定性作用的因素。

当波束扩散到较远地方，波束角会变宽，海底上的两个不同的物体就被同一个声呐波束成像，这样在声图上看起来就像是一个目标了；若将这两个目标移到距离拖鱼较近的地方，测量时就能将其作为两个目标分辨出来。

横向分辨率的大小主要取决于脉冲宽度，还与入射角有关。相同的脉冲宽度下，离声呐越远，入射角越小，相邻目标的反射信号到达声呐拖鱼的时间差越大，横向分辨率越高。

一般来说，脉冲宽度越小横向分辨率越高，脉冲宽度越大横向分辨率越低。对于两个相互靠近的目标，采用较小脉冲宽度的脉冲将先穿透一个目标，而后越过它，再穿透另一个靠近它的目标，此时横向分辨率小于两个目标之间的距离。而采用较大脉冲宽度的脉冲则同时包含了这两个靠近的目标，两个目标回波在时间轴上首尾相连，在声图记录上就会显示为一个目标，无法分开，此时横向分辨率大于两个目标之间的距离。由于脉冲长度在水中能转换为相应的距离，操作者就可以从能否分辨来确定是否为两个目标。

拖鱼换能器到海底的距离不同使其在海底覆盖的脚印不同，侧扫声呐的横向分辨能力也不同。在较近的地方，尤其是在拖鱼下方，波束弧产生的脚印比在较远的地方大得多，横向分辨率较低；距离拖鱼越远，波束产生的弧就越大，而脚印则越小，横向分辨率越高。

5.波束宽度

在典型声呐系统中，水平波束角大约为1°，而垂直波束角为40°。水平波束宽度决定声呐能够获得的纵向分辨率。选用较窄的波束宽度不仅是为了获得清晰海底图像，而且有助于抑制外部环境的噪声。侧扫声呐换能器由陶瓷元件的线形阵列构成，线列阵的波束宽度为 50.6 λ /L，式中 λ 为声脉冲的波长（ λ =频率/声速），L 为线列阵长度。在波束轴线上声压得到增强，而在其两侧趋势是互相抵消。

6.拖鱼速度

拖鱼在航速为零、静止不动的情况下，每行显示的是同一海底区域的数据，图像的每行是完全相关的，此时，根本不能形成图像。当航速较低时，因波束在远距离上跨度较大，各行的数据也不是完全独立的，会有一些交叠（交叠的程度取决于最大距离量程和航速），在数据处理和显示时必须考虑这种重叠数据的相关性。当航速较高时，会发生海区漏测，即显示的各行数据不能充分反映海底的连续性。假定目标沿航行方向的长度为 L，要求对此目标测量的点数为 K，点间隔为 L/K。若拖鱼在信号往返期间以速度行进的距离为 $\triangle L$，则要求这个距离应小于两点的间隔，即

$$\triangle L = v \bullet \frac{2R}{c} \le \frac{L}{K}$$

式中：R 为量程。由此得到拖鱼允许的最大速度为

$$v \le \frac{c}{2R} \bullet \frac{L}{K}$$

由此可见，目标尺寸一定时，最大载体速度与量程成反比，即量程越大，允许的航速越低。

7.波束形状及指向性

波束中心线上信号很尖锐，而旁瓣信号很弱。换能器既从其前表面发射声波，也从其背面发射。尽管设计人员力图消除背面发射，但总或多或少地存在着。根据可逆发射原理，换能器的发射和接收响应是一样的。海洋中的噪声来自各个方向，对这些噪声的响应都可通过波束方向性进行控制，从而将大部分噪声抑制掉，进而改善声呐的性能。

声呐波束角的形状可通过复杂的换能器结构来实现，声呐也可被设计成发射不同的波束类型和形状，换能器可发射全向的和有指向性的波束，它们也可发射脉动的和连续的信号，功率水平也可以控制。

8.近场与远场

波束特性可以分成：近场和远场两个区域（图8-1）。线阵列的近场和远场的转折点距离约为 L/A，式中 λ 为波长，L 为阵列长度。在实际应用中，我们可以认为近场最小波束宽度等于线列阵的宽度，且波束角的扩展始于远场区转折点处。

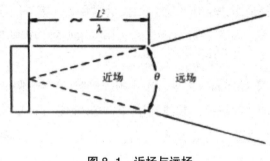

图8-1　近场与远场

三、调查的技术与方法

（一）侧扫声呐调查的技术设计

侧扫声呐调查主要参照的国标规范有：

《海洋调查规范第8部分：海洋地质地球物理调查》（GB/T 12763.8-2007）；

《海洋调查规范第10部分：海底地形地貌调查》（GB/T 12763.10-2007）。

在开展相关的技术工作中应遵循以下几个方面：

1.开展技术设计前，应对调查海区的相关资料进行搜集，主要包括最新测量的侧扫声呐数据和最新出版的海底地形图、海图，底质类型资料，助航标志及航行障碍物的情况以及其他与测量有关的资料。对收集资料的可靠性及准确度情况进行全面分析，确定可以采用的资料。

2.根据任务书和技术要求以及搜集的调查海区资料编写技术设计书，通过专家和主管部门审批后进行海上作业。

3.测量过程中，应使用 DGPS 进行船只导航定位，所采用的 DGPS 定位仪的数据更新率应不低于 1Hz，准确度应优于 10m，拖体位置准确度应优于拖缆长度的 10%，DCPS 基准台的平面位置准确度应符合国家 GPSE 级网的要求。

4.根据调查任务的要求确定测量比例尺。

5.测线布设分为普扫和精扫。普扫测线布设时的原则就是保证足够的重叠带宽度，一般侧扫比例都是 1∶10 000，与水深测量同步，这种比例下一般的测线布设方法是平行于水流方向，100m 间隔布线，量程采用 100m，这样达到 100%重叠，如发现可疑图像时需要布设精扫测线，精扫测线的布设应覆盖可疑图线区域，并垂直于普扫测线成"井"字形布设。

6.在全覆盖测量时，相邻测区，不同时期、不同类型仪器、不同作业单位之间的测区结合部应布设重叠。检查区，重叠检查区宽度应不小于 500m。如遇海底障碍物，应及时采取小量程进行加密扫测，加密的程度以能反映其性质和范围为原则。

7.侧扫声呐系统选择应考虑工作水深、扫描量程和更新率等因素。近海、浅海测量应选用浅水型侧扫声呐系统，深海、远海测量则选用深水型侧扫声呐系统。

8.班报记录要求：

（1）海岸带调查区每隔 15 min 记录一次班报，陆架调查区每隔 30 min 记录一次班报，深海调查区每隔 1h 记录一次班报；测线开始与结束必须记录时间和测线号；

（2）遇到仪器发生故障、船只干扰、缆长变化等特殊情况必须及时采取措施，并记录班报；

（3）值班人员必须对记录质量进行自检，现场记录字迹清楚，不得涂改，各栏内容必须按要求填写；

（4）班组长要对班报记录进行不定期抽查，技术负责人要对每个作业周期的班报记录进行全面检查。

（二）侧扫声呐测量方法

根据声学换能器安装位置的不同，侧扫声呐采集可以分为船载式和拖曳式两类。船载式是指声学换能器安装在船体的两侧，该类侧扫声呐工作频率一般较低（10 kHz 以下），扫幅较宽。拖曳式是指声学换能器安装在拖体内的侧扫声呐系统，采用船尾拖曳或舷侧拖曳的方式进行采集，是目前最为常见的侧扫声呐测量方法。船载式和舷侧拖曳适合在浅水中作业，拖体的安全性高，缺点是受噪声干扰大；船尾拖曳适合在较深水区作业，受噪声干扰小，缺点是拖体在拖曳过程中容易被水中障碍物缠绕等影响，安全性较差。根据测量时拖体距海底的高度还可分为两种工作方式：离海面较近的高位拖曳型和离海底较近的深拖型。高位拖曳型的侧扫声呐拖体距离海底较远，离海面较近，是一种浅海区最常见的工作方式，能够提供侧扫图像（有些设备可提供测深数据），航速较快，高速测量模式能达到 10 kn 以上，并能够保证一定的分辨率。水深较大的海城，侧扫声呐常用的工作方式为深拖型，拖体距离海底仅有数十米，位置较低，要求调查船航速较慢，但获取的侧扫声呐图像质量较高，甚至可分辨出十几厘米的管线和体积很小的油桶等目标。最近有此深拖型侧扫声呐系统也开始具备高航速的作业能力，10 kn 航速下依然能获得高清晰度的海底侧扫图像。

（三）海上测量

1.现场试验

到达工区后先进行数据采集参数试验，选择合理施工参数，以获取详尽的海底面状况声学图像。试验主要对频率、量程、增益、拖缆放长、拖鱼入水深度、船速等参数进行选择。

频率的大小决定了侧扫声呐的量程和分辨率，如果想在较大的量程里发射和接收声脉冲，最好使用低频声源，但是低频声源的脉冲较长，其脉宽也较长，采集图像的分辨率较低；如果想要得到较高分辨率的图像，则要选择高频，但是较高的频率会使传输距离和量程范围受到限制。根据测量任务的性质和需要，对频率进行选择，以便在量程和分辨率之间取得平衡。

由于声波的吸收、扩散和散射使信号损失，实际上侧扫声呐的量程是有限的，这个量程限制的实际距离由实际应用情况来决定。例如，强的反射体在大量程时依然能够检测出来，但是海底图像上精致的差别只有在小量程上才能检测出。较大的量程可提供较大的覆盖面积，从而提高工作效率；较小的量程可提供较高的分辨率，有助于我们更好地辨别较小的物体。在进行测量工作时，决定量程范围要考虑到需要覆盖的整个区域的大小，以及能够被分辨和识别的最小尺寸和特征。既要使图像的尺寸容易辨认，又要考虑测量任务的按期完成，声呐的量程选择必须慎重。

根据调查任务的需要和海区特点选择适合的拖曳方式，测量拖鱼、定位仪、测深仪等设备的相对位置并记录。

根据海底底质状况进行 TVG 增益选择，以能清晰显示量程范围内的图像为原则。

拖缆放长应充分考虑船只尾流影响以及测量时拖鱼的安全，在保证安全的前提下，拖体离海底高度一般为扫描量程的 10%~20%。

拖鱼入水深度与船速和拖缆放长有关，根据海区情况选择适宜的入水深度，拖体入水深度越大，采集的图像分辨率越高。

选择合适的工作船速，减少由于船速问题引起侧扫声图的速度失真。

2.施工作业

根据现场试验确定的参数进行施工作业。作业过程中注意偏航距的控制，按照设计要求等间距或等时间与定位点同步打 Mark 线。每条测线的漏测率不得超过测线长度的 3%，连续漏测不得超过 500 m；近海定位准确度不得超过扫描量程的 10%。上线前仪器应提前开机调试，监视记录面貌，一切正常后进入测线。到达测线起点前应使电缆拉直，到达测线终点后，船只应继续沿航向延续适当距离，测线两端的延续距离视具体情况最大到 500 m，进入测线或测线结束一般要有合格的定位点。

测量期间应监视记录图像和各项采集参数，及时发现是否有异常情况出现，当海底反射信号出现输出脉冲时，就有拖鱼碰撞海底的可能，最有效的办法是立即增大船速，待危险过后，再调整拖缆长度；监视数据采集记录系统和实时打印纸记录是否正常，发现问题及时纠正；发现海底障碍物或特殊地貌形态，应及时记录，以备解释和准确评估使用；实时纸介质记录应保持整洁，不得有人为痕迹；使用磁记录的系统，应做好原始数据的磁介质备份；原始资料记录应包括记录纸（磁带）卷号、测线号、定位点号、时间、航速、航向、拖缆入水长度、声呐量程、频率、时间变化增益控制（TVG）和电路调谐状况等信息。

（四）数据采集影响因素

1.内因

内因是指由声呐自身发射的声源在特定情况下衍生的影响因素。声呐脉冲一经离开换能器，将完全取决于介质，声呐脉冲与海洋介质之间的相互作用可能以不同的方式影响测量的结果。主要的影响因素有以下几点：

（1）频率

侧扫声呐测量一般包括高频和低频两种采集频率。一般高频信号波长短，在水体中传播能量衰减较快，不适于水深较大的远距离采集工作，但在浅水区它所获得的目标物的反射信息较多，得到的目标物声图的分辨率也较高，在分析目标物的形态及性质特征方面优势较为明显。相对高频而言，低频信号波长较长，在水体中传播能量衰减较慢，适用于水深较大区作业，但其采集到的目标物的反射信息相对较少，因此目标物声图分辨率相对高频要低。

频率选择决定了声呐扫描的分辨率与扫描宽度。频率越高，脉冲宽度越窄，波束越窄，分辨率就越高，然而扫描宽度就越小。低频系统的覆盖范围较大，但以降低分辨率为代价。因此，根据测量目的选择合适的频率尤为重要。

（2）旁瓣效应

侧扫声呐的水平波束是很窄的（一般为 1° 或更小），然而如果目标是很强的反射体，它可能反射足够强旁解能量到声呐并且在声图上显示出来。在拖鱼到达目标之前和拖鱼通过目标之后，声呐仍可以收到来自目标的回波信号。声呐回声呈圆弧状（或双曲线图形）显示在记录图谱上，这是因为圆形物体将始终有一个表面点直接面对着声呐。旁瓣效应只有在极端情况下才能观测到，因此旁瓣效应对声图的影响是很弱的。

（3）散射与反向散射

①散射

当声脉冲从声呐里发出后，可沿着不同方向传播，它可能碰到不平的海水表面、气泡、水中目标（如鱼、悬浮沉积物）和粗糙的海底等，每种情况都可能使声波向不同方向散射，包括向后散射返回到声呐。

声波散射使得到达海底的声能量减小，也就使信号强度随距离增大而减小。同时声波碰到物体后向后散射传至声呐，这些都会影响声呐对有效信号的采集，使目标在声图上显示不明显。

②反向散射

反向散射通常是指海底反向散射，它是区分不同的沉积物类型和探测海底地貌的依据。

影响反向散射的因素包括：目标相对于入射能量的取向；声波所碰到的物质类型的反射系数、吸收系数及表面粗糙度以及声呐脉冲相对目标的入射角等。对于给定的拖鱼高度，声呐波束在海底面上入射角随着到拖鱼的距离增大而减小。可以认为返回声呐的声信号强度是海底粗糙度和入射角的函数，海底越粗糙，反向散射越强；入射角越大，反向散射越强。

在一定量程上，反向散射回波能量将会降到噪声能级以下，这个能被接收和记录的最远距离称为反向散射极限。超出该极限之后，反向散射强度低于背景噪声，使得海底组成不能显示在声图上，而且在这一区域内的目标没有阴影。根据影响反向散射的因素，海底越粗糙、拖鱼距海底越高，反向散射的极限点越远。

在实际工作中，为了获得可靠的图像，应该将声呐增益调谐得恰好足够高，使记录显示边缘稍稍超出反向散射极限为好。

（4）吸收

当声呐脉冲在水中传播时，部分能量被介质吸收，降低了发射声脉冲和返回波的强度。通常吸收既影响发出的声能，也影响返回的声能。而且频率越高，声呐脉冲的吸收损耗越大。

（5）扩散

声呐以声脉冲的形式向水体发出一定的能量，当脉冲从换能器上发出后，随着离声呐距离的增加，在给定面积内脉冲的强度逐渐降低，下降程度与距离平方成正比；返回到声呐的能量也受扩散现象的影响，即随着到达声呐距离的增大，到达目标和返抵声呐的声波也相应减弱。

2.外因

外部环境、调查船、人工操作等因素也会对侧扫声呐采集产生影响，主要的影响因素有以下几点。

（1）噪声

噪声是非发射脉冲所引起的其他到达声呐的声源，它们在声图上可能以不同方式显示出来，有时它们可能引起很大的干扰，降低采集数据的质量，影响判读人员对声图的正确识别。因此，减小甚至消除噪声的影响是十分重要和有益的。测量过程若发现噪声干扰，应在声图上及时标注，以便其他人员在调查结束后查看记录。

噪声可分为两类：环境噪声与自身噪声。海洋中广泛存在环境噪声，主要包括海浪、海流、海洋生物等；自身噪声包括调查船本身所产生的噪声、尾流噪声和其他正在使用的仪器噪声等。它们大都可以通过改变声呐工作环境的方式加以解决。

①环境噪声

A.海浪：通常平静海面回声信号在记录上是一细线状。如果海面是剧烈起伏的，则声波被水中的气泡和波浪下表面反射，在记录上可能产生杂乱的反射，并从第一回声信号出现扩展到整个记录范围上，并可能覆盖或淹没来自海底的回声数据。在浅水或者当拖鱼拖曳在接近海面时这种效应最为严重，降低拖鱼的拖曳高度将是有益的。另外也可以改变测线方向使之与波浪的方向垂直来减少其对声图质量的影响。

B.海流：海流形态在记录上呈与航迹向有一交角的定向排列的黑线记录。如果调查航向改变，则这一角度也改变。因此，可以通过改变航迹向与海流方向的夹角来减弱其干扰。

C.海洋生物：某些海洋生物可以发射高频声波影响声呐记录，如海豚；或者海洋生物被侧扫声呐直接扫测到而在声呐记录中被记录下来。

D.其他：其他任何声源也会在声呐记录中有所表现，如波浪拍扫礁石等发出的声音，大雨在海面产生的噪声等，它们通常都比较弱，可以作为记录的背景处理。

②自身噪声

A.船只噪声：船只在进行作业时，机舱内运行的各种机械设备也会产生噪声，这些船只本身产生的噪声较为稳定，通常对声图的影响不大。

B.尾流噪声：在侧扫声呐记录上，船的尾流是一种主要的干扰源，船只推进器在靠近水面产生一条气泡的痕迹，这些气泡在船离去以后在水体中仍存在很长的时间。尾流在声呐记录上呈深色，但不黑，其边缘不清楚，记录图谱类似云状。尾流产生的时间越长其覆盖的区域越广，记录的颜色越淡。越靠近尾流源，记录图谱越细，但颜色越深。为了消除尾流对声图的影响，可以将拖鱼从舷侧拖出，通过释放合适长度的拖缆使拖体避开尾流区的方式来消除尾流影响。

C.仪器噪声：仪器噪声是指安装在调查船上的其他仪器设备发出的声波在声图上形成的干扰信号，常见的有测深仪、浅地层剖面仪等声学探测设备以及发电机等船上机械设备。这些噪声可能会很大，对声图的干扰也很大。如果此类噪声对声图影响严重，则需要关闭其他仪器设备单独进行侧扫。

（2）拖鱼沉放深度

侧扫声呐拖鱼沉放于水下一定深度。拖曳过程中，拖鱼与海面呈一定角度下沉于水中一定深度。拖鱼沉放深度直接影响侧扫声呐扫描信号的强度和扫描范围，即对声图直接产生影响。在深水区，拖鱼离海底的高度较大时信号较弱，不能充分利用扫描获得的讯息，不利记录质量的改善；如果拖鱼离海底较近，一旦船只遇紧急情况减速，则拖鱼就有沉底损坏的危险。因此，为了获取较有价值的讯息，拖鱼的高度应尽量保持在扫描宽度的1/5~1/10 处。整个探测过程中拖鱼高度也应尽量保持一致。为了控制拖鱼距海底的高度，通常用控制拖缆长度来调节拖鱼离海底的高度。当航速为 5kn 左右时，拖缆的长度是沉放深度的 2~3.5 倍，有时还要更长一些。

（3）调查船的转向

实际工作中，我们经常把侧扫声呐拖鱼拖在调查船后面进行作业，理想的侧扫声呐拖鱼应该是以恒定的速度做完美的直线运动，但实际难以实现。只有沿直线拖曳拖鱼的时候，才能够获得最好的目标图像。这就要求在通过目标的整个时间内拖曳船应尽量保持恒定的速度和不改变的航向。

在没有增加船速的情况下转向，声呐的有效拖电速度将减小，这样将引起声呐拖鱼高度下降，存在着拖鱼碰撞海底的危险。转向的另一个效应是拖鱼波束的扫掠。转向的内侧换能器将改变角度扫描海底一个很小的位置；对比之下，外侧换能器将扫掠过很大扇形区间。因此，提高船速或者收起一部分拖曳电缆可以减小转向时对声图采集的影响。

（4）镜像干涉

声波经海面反射至海底与直接射向海底的声波叠加所引起的干扰即为镜像干涉。这种干扰通常在海面和海底都很平滑的情况下发生。在海水中声源向发射到达海底的声波束与该声源经海面反射至海底的波束相互叠加形成干涉，当两路声线到达海底时的相位关系是同相（相位差为 0°），叠加幅度成倍增加。如是反相（相位差为 180°）则抵消为零，当相位差既不是 0° 也不是 180° 时，叠加的结果在 2 倍和零之间变化，类似光的干涉一样产生强弱相间的干涉条纹。

在海底平坦、波浪较小的条件下，侧扫声呐的声图上经常出现镜像干涉形成的黑白相间的条纹，条纹的间距随距离增加而变大。镜像干沙的出现会影响声图的质量，严重时甚至不能发现目标。因此镜像干涉影响声图时，可以通过增加拖鱼入水深度，使用小量程，使测线和波浪的方向垂直，减小发射脉宽或者使用较高的工作频率等方法来消除影响。

（5）折射干扰

声波受到传输介质的温度、盐度和静压力的影响，会出现声线弯曲，即产生折射现象。这就导致发射声呐脉冲从换能器出来后不沿直线到达海底。最通常的结果是由于抵达海底某个部位的声波比较集中，在记录的某个部位将呈现出一条黑色的带状记录。

（6）船速产生的声图变形

侧扫声呐系统产生的声图为一维栅格图像，其横向记录的比例是固定的，但其纵向记录受船速的影响而随时发生变化。这是因为，在扫测过程中侧扫声呐系统的记录速率是固定不变的，而船速是变化的。也就是说，会使记录的目标物因横纵比例不一致而发生形变。因此，选择适当的船速以使声图的纵横比例尺尽量一致是十分必要的。

（7）交扰

交扰是指在侧扫声呐一侧的目标同时显示在声呐记录的两侧。当声呐的一侧有很强的反射体时，交扰就可能出现。强烈的声能量被返回，并通过拖鱼相对的换能器的背侧耦合进换能器，或者通过拖鱼的壳体偶合到换能器。交扰图像没有声学阴影，只是简单地叠加在真实的声图记录之上。产生交扰主要是由于拖曳电缆屏蔽不良或其他一些原因造成的，因此交扰现象产生时，应当首先检查拖曳电缆外皮是否破损。

（五）侧扫声呐资料整理

1.现场整理

为了检查和校核外业工作的总体质量，应在作业现场对所取得的各项资料进行整理，并对测量数据质量做出初步评价。资料整理内容如下：（1）有效测线完整性检查；（2）结合航迹图和侧扫声呐条幅图，确定补测和加密；（3）各种纸质打印资料整理、装订和会签；（4）数据备份。

2.现场检查

作业组应对全天的班报记录和测量数据进行检查，检查班报记录和测量记录是否完整、数据质量是否可靠，并进行数据备份。检查情况应记入当天的班报记录。海上测量工作结束后，作业组应对所获得的测量资料进行全面检查，检查合格后方可进行内业数据处理。

第三节 地热测量技术

一、地热探测理论与原理

（一）大地热流

1.热流

地球内部所蕴藏的丰富热能在温度差的驱动下，主要通过地层裂隙或断层等介质向地表流动、散失，形成了地球的热场，这个场称为地热场，或地球的温度场，简称地温场。与地球的电场、重力场、磁场一样，地温场也是重要的物理场，它表征地球内部空间总的温度状况在某一时刻的集合，其数学表达式为

$$T = (x, y, z, 1, t)$$

式中：x, y, z 为空间坐标；t 为时间。

地球无时无刻不在散发着热量，这种不断散失的地球内热就是所谓的大地热流，简称热流，也叫热流密度。它指的是地球内热以传导方式传输至地表，而后散发到太空中去的热量。大地热流是地球内热在地表最为直接的显示，同时又能提供地球深处的各种作用过程间能量平衡的宝贵信息。热流方向总是垂直于地面，以大地热流值表征热流状况，定义为单位时间内通过地球表面单位面积的热流值。该值是一个非常重要的综合性参数，是地球内热在地表唯一可以测量的物理量，比其他地热参数（温度、地温梯度）更能确切地反映某个地区地温场的特征。在数值上，热流等于岩石热导率与垂向地温梯度的乘积：

$$q = -K \frac{dT}{dz}$$

式中：K 为岩石热导率，单位为 $W/(m \cdot K)$；dT/dz 为地温梯度，单位为℃/hm 或℃/km，负号表示垂向坐标向地表为正；q 为大地热流，其法定单位为 mW/m^2，通常缩写为 HFU（ Heat Flow Unit ）。

地表测得的热流值由两部分组成：一部分来自上地幔顶部，通常称为地幔热流分量，记为 q_r；另一部分由壳内岩石所含放射性生热元素（主要为铀、钍、钾）在衰变过程中原地生热组成的地壳热流分量，即

$$q = q_r + DA$$

式中：D 为表征放射性生热元素分布的参数，相当于某假想的均匀分布生热层的厚度；A 是岩石的放射性生热率，是单位时间内单位体积岩石的衰变生热量，单位：$10^{-8}W/m^3$。

热流的测定和分析属地热研究的一项基础性工作，它对地壳的活动性、地壳与上地幔的热结构及其与其他地球物理场关系等理论问题的研究，对区域地热状况的评定、矿山深

部地温的预测，以及对某一地区地热资源潜力的评价、油气生成能力的分析等实际问题的研究，都有重要的意义。

2.地温梯度

一般情况下，地表至 15km 深处地温梯度平均约 2℃/hm，15~25km 深处地温梯度降为平均 1.5℃/hm，再往下则只有 0.8℃/hm 左右。地温梯度的值与区域热源和导热通道密切相关，前者主要包括地层中所含放射性同位素物质或岩浆活动情况等来源，后者则指主要断裂和褶皱等地质构造条件。此外，地温梯度还与地层的热导率、含水透水性质等因素有关。地温梯度在近代火山和岩浆活动区一般为 6~8℃/hm；在正喷发和不久前喷发的活火山区可达每百米几十摄氏度；在地壳活动不活跃的古老结晶岩区仅 1℃/hm 左右；其他大部分地区为 2~5℃/hm。世界上不同地区地温梯度并不相同，如我国华北平原为 1~2℃/hm，大庆油田可达 5℃/hm。据实测，地球表层的平均地温梯度约为 3℃/hm；海底的平均地温梯度为 4~8℃/hm，大陆为 0.9~5℃/hm，海底的地温梯度明显高于大陆。

3.热导率

影响岩石热导率的因素有多种，除主要取决于岩石成分特点和结构特点（如孔隙度、饱和度、饱和流体的性质）等因素外，温度条件和压力条件等都是影响岩石热导率的因素。在致密岩石中，矿物的热性质对热导率起主要控制作用；岩石的构造发育程度，对其也有一定的影响。在疏松多孔的岩石中，孔隙度及有关特性，如孔隙的大小及连通性、含水量及充填物性质等，对岩石热导率也有较大影响。

一般而言，晶体物质的热导率为张量 K，然而在立方对称系的晶体中，如石榴石、盐岩、方铅矿等，晶体的热导率可简化为标量。张量 K 的 3 个分量不为 0 且具有相同的值。具有这种性质的物体称为各向同性体。但是大多数的造岩矿物，如石英、长石和云母是各向异性体，又如木材、石墨以及上述多层抽真空结构的超级保温材料。对于各向异性材料，导热系数值必须指明方向才有意义。

与岩石的其他物理性质（如电导率或磁化率）相比，各类岩石热导率的差异相对比较小，但同类岩石的热导率则变化较大。松散的物质如干砂、干黏土和土壤的热导率最低，湿砂、湿黏土及黏质砂土与某些热导率低的坚硬岩石具有相近的热导率值。在沉积岩中，煤岩的热导率最低，页岩、泥岩次之，石英岩、岩盐和石膏的热导率最大；砂岩和砾岩的热导率值变化大。岩浆岩、变质岩热导率一般介于 2.1~4.2 W/（m·K）之间。中国科学院地质研究所地热实验室对我国部分岩类的测试结果表明，同类岩石的热导率值也有相当大的变化。

（二）地球内部热状态

1.地球内部的温度

（1）地壳浅层的温度

地壳浅层是目前能直接测量温度的深度范围。地壳浅层的温度分布状态从地表向下大致可分为三带：变温带（外热层）、恒温带（中性层）和增温带（内热层）。

地表的温度取决于接受太阳的辐射热量与地壳热量损耗之间的平衡，地表接受太阳辐射的总热量约为 1.3×10^{23} J/a，而地壳表面吸收的总热量约为 5.8×10^{19} J/a，前者比后者大 4 个数量级，所以地表的温度状况，主要由太阳辐射热所决定。由于太阳辐射热存在着日变化、年变化和多年变化的周期性变化，故地下温度也随之变化，形成了变温带。温度的变化大体与正弦曲线相符，其幅度随深度的增加而减小。一般情况下，日变化的影响深度在 1~2 m，年变化的影响深度为 15~30 m。多年变温带中长周期性（35~100 a）的影响深度可达数百米。温度对深海沉积物表层的影响一般是很小的，可以忽略。

恒温带的温度是指变温带之下，地球内部的热能与太阳辐射热能的影响达到相对平衡的地带。恒温带一般很薄，它为内热带与外热带二者的分界面。其深度范围因地区而异，且温度在各地也不一样，主要与地区纬度、气候条件、地质环境及植被等有关，一般高于当地平均气温 1~2℃。在实际工作中，通常所谓的年恒温带的深度，是年温度变化幅度小于观测精度的埋藏深度。其深度一般为 20~30 m，比理论值略大。恒温带的深度和其相应的温度，在一定程度上反映了一个地区近地表处浅层的热状况。在实际工作中，它对于地温场的评价、深部地温场预测及地热资源的普查和勘探，都是有用的参数。

恒温带之下为增温带，此带的地温状况和温度场主要受控于地球的内热。一般情况下，越向深处温度超高，但到一定的深度后，增温的速度逐渐变缓。也就是说，地壳浅层的温度随深度变化不是线性关系。从地质角度来讲，浅部沉积盖层的地温梯度大于其下部基岩的梯度。

（2）地球的热历史

地球的热历史与地球的起源、演化有密切关系。要计算和演绎地球的热历史，就必须了解地球的初始温度，这就涉及地球起源的一个问题。目前，关于地球起源问题，主要有两种观点。一种认为，地球是从急速旋转的原始太阳中分离出来的，原始太阳是一团炽热而又旋转的星云。由于旋转的速度加快，使太阳两极的物质不断向太阳的赤道集中，以致从太阳的赤道上甩出许多物质，在太阳周围形成旋转的圆环。这个环上的物质后来集结在一起，这个过程一次又一次地重复，就形成了包括地球在内的八大行星。另一种观点认为，在万有引力的作用下，太阳不断地从宇宙中捕获大量的星际物质，其中包括宇宙中的大量微细粒子。这些星际物质在太阳周围逐渐紧密地结合在一起，最后形成了地球和其他行星。从这两种地球起源观点出发，随之也就产生两种对地球内部热状态和热历史的不同解释：高温起源说和地温起源说。持第一种观点的人认为，从太阳中甩出来的原始地球的温度一开始就很高，以后逐渐冷却，地球内部的热量是原始地球的残余热。这种观点提出后，在很长一段时间内一直占统治地位。但是后来的研究发现，原始地球向宇宙散热的速度很快，按地球的年龄计算，远不能使地球维持现在的热状态。单纯的残余热学说也解释不了这一矛盾。20世纪初当发现放射性元素以后，有人对地球内部热状态和热历史做进一步的研究，认为放射性元素衰变产生的能量在不断地补充由地球向宇宙散失的热量，从而大大地延缓了地球的散热速度。

持第二种观点的人认为，由冷的星际物质集合而成的原始地球的温度并不高，以后主要是因为星际物质中的放射性元素蜕变放热，才使地球内部逐渐聚集起越来越多的热能。从上述介绍中看出，持两种地球起源观点的研究者，虽然在对地球的原始热状态和有无残余热等问题存在很大的分歧，但都承认地球物质中放射性元素蜕变产生的热能，在地球的演化中起重要的作用。

自20世纪40年代以来，越来越多的研究者对高温起源学说的科学性持怀疑态度，因为从天文观测资料和地球上搜集的大量地质资料用高温起源学说去解释难以自圆其说。因此，越来越多的学者倾向于地球是由一些低温的尘埃、气体和陨石等原始星际物质结合而成的观点。这些原始星际物质在其相互碰撞、集聚过程中，大部分动能转换为热能，由于它们的导热性能差，热量散失缓慢，从而有可能将其热能聚积起来，使原始地球内部的温度得以升高。

据统计，原始地球内部的平均温度在1000℃左右。在46亿年前，地球已作为一个独立的星体出现了，但是由于温度尚未达到原始星际物质的熔点，因此当时的地球仅是一个未曾分异和较为均质的"混浊体"。当原始地球生成以后，星际物质碰撞产生热和动能转换能就逐步退居"二线"，而隐居在地球内部的放射性元素，在周围高温条件的影响下，其衰变产生的热能逐渐成了主要角色。据有关专家的推算，45亿年前地球的放射性物质生成的热量是现在的7.5~8倍，当时的平均地温梯度高达15℃/hm。在这样的情况下，原始地球内部的温度将呈继续上升的势头。原始地球生成后的5亿年内（约42亿~40亿年前），地球内部的平均温度已升至1500℃，5亿年后（约37亿~35亿年前），地表下400~800km处温度已达到与该深度相应的压力下的熔点，铁一旦熔融，将不断向地心集聚，于是又能释放出大量由动能转换的热能。这部分热量将使整个地球的平均温度升高到2000℃，致使绝大部分的地球物质呈熔融状态。国外一些专家为研究地球的演化过程曾进行过多次模拟计算，认为即使在30亿年或45亿年以前的地球仍处于低温状态，但随着时间的推进，其内部的温度迅速升高，使部分地幔熔化，铁质集中到地球的中心变为地核，而轻元素则集中在地球的表层形成了地壳。

3.地质构造对地温场的影响

（1）岩性对地温场的影响

岩石的组成、结构和构造都直接影响着岩石的热导率，金属矿物和结晶岩盐、膏盐及石英等都具有高的热传导能力；坚硬致密的岩石（灰岩、花岗岩、变质石英岩、石英岩等）同样具有较高的导热性；而煤岩、黏土、泥岩、页岩、粉砂质岩类等具有较低的导热性。这些岩石的不同组合在不同的地区则往往形成不同的地温分布特征；盆地中由于低热导率的岩石覆盖于高热导率的基底隆起之上，则具有较高的地温分布。在隆起区，高热导率的岩石直接出露地表，因散热快而具有低地温分布。在垂直方向的岩石热导率的高低则表现为地温梯度的大小之上。

（2）地形起伏对地温场的影响

当地形是山体和谷地组成的起伏地形时，即使地下是均匀介质，也会使地温场在地表发生变化，来自地球深部的温度，本来是垂直向上均匀分布的。地表为山体时，温度则向两侧散开，温度场减弱，地表等温线稀疏，山体下部的垂直温度梯度小于平坦地形时的温度梯度；反之，地表为谷地时，来自地球深部的温度向谷心集中，温度场增强，等温线密集，谷地下面的垂直温度梯度大于平坦地形时的温度梯度。地形对测量地温场的影响程度主要取决于地形比高的大小和测温的深度；地形比高越大，影响越大；测温深度越大，所受影响越小。所以，在较深的钻孔中测温时，地形的影响较小或可忽略不计。在地表浅部测量地温场，地形会产生一定的影响，使等温线畸变，需要做地形影响校正。

（3）基底起伏与构造形态对地温场的影响

由于构造运动和岩浆活动使地壳变形，发生褶皱以至断裂，形成隆起和塌陷、地垒和地堑、背斜和向斜等各种规模不等的正向构造和负向构造，从而使地壳中层状岩石的热导率不仅有垂向变化，而且在水平方向上也发生变化。在这种情况下，温度场比水平层状岩石地区的地温场仅随深度而变化的情况要复杂得多。隆起和塌陷、背斜和向斜不同的地温状况主要是由于岩石热导率的垂向变化和侧向变化引起。其实质是地壳一定深度范围内将来自地球内部的均匀热流在地壳表部重新分配，其特点表现在两个方面：一方面，基底抬高部位上部的等温线为上凸曲线，等温线的轮廓基本上反映基底的隆起形态；另一方面，基底抬高对地温场的影响范围不大，最大不超过隆起区与凹陷区基底高差的 1.5 倍。关于基底起伏和构造形态与地温场的明显相关性，已为国内外许多地区的实际资料所证实。正是由于地温展布与基底构造起伏之间有如此明显的关系，才有可能根据浅部地温场的特点，预测深部的构造。

（4）区域地质构造对地温场的影响

区域地质构造对地温场起控制作用。区域地质构造是该区地质历史发展的结果和现今所处构造环境的集中体现。因此，它反映了地质结构的组成和目前活动的程度，并能宏观地控制地温分布的特点。区域地质构造单元是以深大断裂及巨型构造带为分界线的，不同的构造单元其地质结构有很大差异，因此在两个不同的区域单元之间常有地温陡变带出现。在同一构造单元内部，亦有凸起、凹陷及其间的断裂分布，它们的组成及构造特征常常影响深部热量的传导、积累和散失，并对区域地温有明显的影响。断裂和深大断裂除作为地质体控制地温外，在某种情况下它尚可作为地下热流体循环对流的通道，形成较高地温分布区。

（5）火山与岩浆活动对地温场的影响

世界上许多高温地热田都分布于现代火山区，这些地区的火山活动强烈，地壳浅部岩浆作用明显，大多位于板块构造的边缘地区。中国境内尚未发现现代活火山，但新生代火山活动却不少见，如在台湾与藏滇地区的板块边缘碰撞带上，地壳浅部可能存在着岩浆活动。因此按火山与岩浆活动对地温的影响，可将其划分为以下两类：地温分布可能与火山及岩浆活动无关的地区以及地温分布与现代火山及岩浆作用有关的地区。

①第一类的典型地区

A.黑龙江五大连池火山曾于 1721 年喷发，形成完好的火山地形，但在其附近均无地温异常及温泉出露，而含有丰富 CO_2 的冷泉水出露是该区的特征之一。

B.长白山火山也是中国有史以来有记载（1702 年）的几个少数喷发的火山之一。只在其附近发现了数十处 80C 左右的温泉及喷气孔，但只形成局部面积较小的地温异常，对区域地温分布没有明显的影响。

C.其他还有如山东的蓬莱、山西的大同火山群、广东的雷州半岛南部及海南岛上的火山都是新生代早期喷发的火山，这些地区虽都有温泉出露（但多不在火山区），但温度均不高，对区域地温场影响不大。

②第二类的典型地区

A.藏-滇地区、东部沿海一带。西藏高原沿雅鲁藏布江两侧虽没有现代火山活动的迹象，但却有类似于世界上活火山分布区域的高温地热田及其所呈现的各种地热：包括水热爆炸、热泉、喷泉、沸泥塘、喷气孔、硫质喷气孔、冒气地面等。根据地球物理探测资料和地质资料调查推断，在深 10~20 km 地壳浅处可能有局部熔融的岩浆体（或岩浆囊）构成局部热源，而导致高温地热田的形成。在云南西部，腾冲地区可同藏南雅鲁藏布江较高地温异常带相连，并组成藏滇地热带。其地温异常强度之高、范围之大和地热类型之多，以及地下水的化学成分和腾冲地区地质构造活动强烈，微震频繁,且震源较浅(10~20 km)等特点都表明浅部可能存在热的岩体或熔融岩浆。

B.台湾地区。区内有休眠火山，其深部仍有可能有熔融的岩浆体存在，地热异常显示最为丰富。

评定岩浆活动对现今地温场的影响，主要从两方面来考虑。一方面为岩浆侵入或喷出体的地质年代。时代越新，所保留的余热就越多，在高温岩浆余热的影响下，对现今地温场的影响就越强烈，并且有可能形成地热异常区。另一方面为岩浆体的规模，几何形状以及岩的产状和热性质等。它们对岩浆体冷却的速率有很大影响，以岩浆体的大小而言，冷却过程延续时间与岩体的直径平方成正比，即岩体直径增大1倍，冷却时间延长4倍。

（三）全球热流数据分布

大地热流测试工作始于20世纪30年代末，初期进展缓慢，到1955年数据总量还不到100个。60年代后随着板块学说的兴起和测量手段的改进，进度骤然加快，截至1993年全球热流数据已达24774个，且正以每年新增约500个的速度增长。然而，热流数据分布极不均匀，广大非洲大陆、亚洲大陆、南极及高纬度地区热流数据甚少，有些地方甚至完全空白。

地球热场分布表现出不均匀性，可以概括为"北冷南热、陆冷海热"。北半球的平均热流值为（74+1.8）mW/m^2，南半球的平均热流值为（99.3±2.1）mW/m^2；陆半球的平均热流值为（79.3±2.0）mW/m^2，海半球的平均热流值为（94.1±1.9）mW/m^2。全球地表热流量的测量和利用地震计算机断层显像（CT）方法对地幔热结构的测量都表明，南北半球相比，南半球的总热流通量高，地幔偏热结构体的比例也高，这可能是南北半球呈非对称或反对称的一个深部热动力根源。

（四）地热学研究意义

地热学是一门研究地球内热的科学，具有强大的生命力。地热学可划分为理论地热学与应用地热学两大部分，理论地热学主要研究全球热场分布、岩石圈热结构、地壳上地幔热状态、地幔对流、地幔热柱、地球各圈层之间的热交换和热相互作用、地球热历史、热演化等诸多基础理论问题；应用地热学的研究方向可以概括为4个方面：研究地热资源的分布、形成机理以及开发利用问题；研究油（气）区地温古地温及盆地热历史热演化；研究矿区地温分布及深部地温预测、矿山地温类型划分及矿井热害防治的地质工程措施；研究根据钻孔地温测量数据反演过去几个世纪以来的气温变化，从而为全球气候变化提供地热学证据。

二、技术与方法

（一）热导率测量技术与方法

1.加热平板法

此方法是用来测量软沉积层的传导率。固定在硬橡胶圈中的圆盘状样品放置在一个含电热器的中央循环板和两个水制冷板中间，周围用玻璃纤维填充以减少边缘部分的热损失。平板温度用小温差电偶来测量。样品的传导率则用达到热平衡时通过样品的温度差来计算，另外还要考虑对通过橡胶圈而流失热量的微小校正。这种方法比较慢，通常每个样品的测量时间都要超过 1 h，而且较严重的样品扰动现象也是不可避免的。

2.Birth 分离栅法

当可以获得含岩石的岩心后，热传导系数就可以用分离栅装置来测量。一块用机器加工的直径约为 40 mm，厚为 6 mm 的圆盘状岩样放置在两块同样直径的铜块之间，其上下是两块已知传导系数的耐热玻璃，外面再用两块铜块覆盖。上述堆栈顶部的加热器在加热的同时底部用循环水系统加以冷却。整个单元被安置在液压下以保证有较好的热接触，并且用和岩样等温的加热罩保护。用温差电偶来测量通过岩样和两块耐热玻璃的温差。因为通过堆栈中各个部分的热量是相同的，岩样的地温梯度与耐热玻璃圆盘的平均地温梯度的比值与热传导系数成反比。

3.综合单元法

如果只有一小块地层样品，可以将样品的饱和水样装入柱状单元再用分离栅装置来测量这种固液混合物的热传导系数。有了流体的传导系数，就可以计算岩样的平均传导率。

4.探针法

Herzen 和 Maxwell 发明了一种被广泛使用的当采样器回收后在甲板上很短时间内测量热传导率的技术。包含热敏电阻和一圈连接低压电源电线的探针插入采样器内部，当热量以恒定的速率在电线中散发时就可记录其温度值。

（二）热流反演测量方法

天然气水合物是一种由水的冰晶格架及其间吸附的气体分子（以甲烷为主）组成的固态化合物，主要分布于海洋陆坡区和陆地永久冻土带。地震剖面上的似海底反射层（BSR）通常指示天然气水合物稳定域的底界，即含水合物沉积层与含游离气沉积层或含水沉积层的边界。

由于相同气体成分的水合物的形成和赋存均有其相对稳定的温压关系，因此，在获得水合物气体组成数据及 BSR 处的压力数据之后，可以相应地计算水合物发育区的温度和热流。

通过 BSR 处的压力计算海底热流，首先要准确地识别地震剖面上的 BSR 并进行时深转换，然后才能获取 BSR 的深度和相应深度的压力，进而计算海底的温度结构及热流。运用上述思路计算热流值的研究始于 20 世纪 70 年代，Shipley 等利用陆坡地区的 BSR 计算了海底沉积物的地温梯度。Yamano 等利用 BSR 的深度资料及其他相关数据计算了日本南海海槽及布莱克海脊等水合物发育区的热流值，其结果与传统方法测量的热流值基本一致，他们认为可以用这种方法来评价热流的区域变化。Cande 等在利用秘鲁海沟的 BSR 深度数据计算海底热流时，也得出了与 Yamano 等类似的结论。利用 BSR 数据计算海底热流主要通过下列步骤来实现：1.测量海底和 BSR 之间的双程走时并进行时深转换；2.将 BSR 深度转换为压力；3.根据水合物–游离气相界面的压力–温度曲线计算 BSR 处的温度；4.计算海底温度；5.计算热导率；6.热流值计算。

三、探针式海底热流测量

为了得到海底热流值，通常需要分别测量海底沉积物的热导率和温度梯度。目前，海底热流值主要通过以下 3 种方法获得：一是 ODP 或者 DSDP 的钻孔热流测量；二是石油钻井热流测量；三是使用热流探针测量海底沉积物的热流钻孔热流测量。受 ODP 和 DSDP 站位的限制，ODP 和 DSDP 钻孔热流测量得到的热流值主要分布在深海和大洋地区；石油钻井热流测量则主要在陆架浅海地区的石油钻井中进行，这两种方法得到的热流值虽然受地表浅层作用的影响小、可靠性比较高，但受作业条件的限制较严重，而且费用高、工作效率低，因此应用不太普遍。相对而言，使用探针测量热流具有操作简单、效率较高等优点，而且随着技术的逐渐完善，精度也有了很大的提高，因此在海洋热流探测中得到越来越广泛的应用。

（一）主要探针类型

使用探针式热流计测量海底热流会遇到以下问题：①探针插入沉积物的过程中，探针外壁与周围沉积物之间发生摩擦，产生大量的热能，使得探针的温度升高，从而影响到热敏元件所记录温度的准确性；②通过在实验室中测定沉积物样品的方法测量热导率，一方面会使热导率与地温梯度的测量位置不能精确对应，另一方面取样过程中对沉积物的扰动导致热导率的可靠性降低，再就是实验室中测量热导率需要的时间很长，降低了作业效率；③测量是在水下进行的，为了实时记录温度的变化，需要较为完善的记录系统，同时实现对水下作业过程的及时监控；④热敏元件位于探针内部，探针内部结构的设计直接影响到热敏元件感应探针外部沉积物温度的灵敏性；⑤探针在水下工作时需要花费一定的时间，在这段时间内测量船会在浪、流的作用下产生漂移，既影响测量站位的准确定位，钢缆的牵引也会使插入沉积物的探针发生弯曲。为了解决以上问题，探针式热流计经历了一个逐渐发展的过程。自 20 世纪中期以来，先后出现过 3 种主要的热流计：Bullard 型、Ewing 型和 Lister 型，使得热流探测的精度和效率有了很大的提高。

1.Bullard 型热流计探针

Bullard 型热流计是最早出现的海底热流测量仪器。严格来说，这个类型更应该称为热梯度计，因为它最初只能完成地温梯度的测量。不过后来经过改进，可以在测量地温梯度的同时，获取沉积物样品来测量热导率。1950 年，由 Bullard、Reveille 和 Maxwell 设计的 Bullard 型热流计在太平洋成功地进行了首次海底热流测量。经过改进后，又分别在 1952 年、1954 年、1956 年和 1958 年测量了大西洋的热流。此后又出现了一系列改进的 Bullard 型热流计，具有更多的功能。

Bullard 型热流计在结构上主要包括探针和记录系统两部分。探针外形为细长的管状，内部排列着热敏元件，间距固定。最早的探针长约 5m，内、外径分别为 11.2 mm、27 mm，热敏元件只有 2 个，分别位于探针的两端。后来的探针逐渐变短、变细、变薄，热敏元件的数量也有所增加。日本东京大学设计的 Bullard 型热流计的探针长度最短只有 1.5m，内、外径分别为 15 mm、25 mm；1954 年以后"Discovery"号在大西洋的热流调查中使用的热流计，探针的上、下两端以及中间部位各有一个热敏元件。探针的变短能够使操作更方便，变细、变薄则能够使热敏元件对探针周围沉积物温度变化的感应更灵敏。在探针中部增设一个热敏元件则是为了在探针不能充分插入沉积物时，也可以得到测量结果；而在探针充分插入时，3 个热敏元件感应的温度可以在计算地温梯度时互相验证。

记录系统包括一个承压容器和其中封装的记录电路。容器壁较厚，上下两端密封、固定，以便容器在深水作业时可以承受较高的压力。最初的热敏元件是热电偶，后来则主要使用热敏电阻，热敏电阻比热电偶具有更高的灵敏度。温度差异在热电偶间产生电动势，然后被直接记录到滚筒式照相机底片上。采用热敏电阻后，电路变得复杂，多数采用惠斯顿电桥电路结构。

在实际工作时，先将热流计缓慢地放入水中，在距海底一定距离处停留一段时间，以便使热流计内部温度与水温达到平衡。然后放开缆绳，使热流计在本身重量驱动下插入沉积物中。由于插入时与沉积物之间的摩擦作用，探针受热升温，升温的幅度同探针插入的速度和深度等因素有关。探针两端此时感应到的温度包含了沉积物温度和摩擦导致的温度两部分，计算出的温差也包含地温温差和摩擦温差两部分。为了消除摩擦作用的影响，探针必须在沉积物中停留半个小时左右，80%~90%的摩擦热量可以在这段时间内消散到沉积物中。然后将热流计拔出，这时上下两端记录的温度可以用来计算地温梯度；而对带有采样器的热流计而言，同时获得的沉积物样品在实验室中测量热导率。

Bullard 型热流计是第一种成功进行海底热流测量的仪器，其设计结构为后来热流计的发展奠定了基础，此后出现的热流计多数都采用这种探针式结构。这种仪器在实际工作中发现的问题也成为以后热流计设计中的宝贵经验和技术攻克方向。

Bullard 在测量了大西洋的热流后，针对操作过程和测量结果中存在的问题，曾从以下几个方面对热流计的发展做了展望：（1）使仪器在插底以后达到平衡的时间减少到几分钟，从而减弱测量过程中测量船的漂移以及由此引起的探针的拉弯问题；（2）增加探针长度和热敏元件个数，以便更准确地了解地温的垂向变化情况；（3）设计一些部件以便了解探针插底过程中的插入程度、倾斜状况及稳定状况；（4）在海底进行原位热导率测量，以消除取样引起的沉积物扰动、水分流失、温度压力条件改变等问题对热导率的影响；（5）进行地温梯度和热导率的同时测量，以实现测量位置的精确一致；（6）在测量温度的同时进行取样。后来通过对 Bullard 型热流计的一些改进，解决了以上部分问题。但从结构上改进最大的是哥伦比亚大学 Lamont 地质研究所的 Ewing 等设计的后来称为 Ewing 型的热流计。

2.Ewing 型热流计探针

第一个 Ewing 型热流计在 1957 年由 Ewing、Gerard 和 Langseth 设计完成，1959 年在西大西洋成功进行了热流测量。后来，Clark 等、Pfender 和 Villinger 等对外部框架和记录系统等进行了改进。Ewing 型热流计与 Bullard 型热流计之间最明显的不同是普遍采用了采样器，既作为插入动力装置又可以获取沉积物样品，并用数个细小的针式探针取代了 Bullard 型管状探针，探针通过外伸支架固定在采样器上。

Ewing 型热流探针是一个不锈钢的细管，外径只有几毫米，内部安装一个热敏电阻。探针直径的减小大大缩短了插底后达到温度平衡所需的时间，实际测量证明，因摩擦造成的温度扰动经 1 min 左右就可以基本消除。采样器长度可达 10 m 以上，可以允许多个（通常为 3~5 个）探针固定在上面，同时使地温梯度的测量深度增加。探针呈螺旋状排列，可以减小插底时的阻力；探针距离采样器的外壁 8 cm 以上，以保证采样器在插底时的摩擦热扰动对探针的影响为最小。由于整个仪器重量太大，搬运、维护不方便，Clark 等设计了可拆卸的框架，各部分可以分别用角铁、钢管和钢条等固定在框架上，仪器不用时则拆开，分别进行保存和维护。

最初，Ewing 型热流计的记录系统采用光学记录方式，每个热敏电阻连接到惠斯顿电桥的一个臂上，检流计检测电桥的输出，结果记录在胶片上。后来，引入了数字记录方式，其中最为先进的是不莱梅大学设计的小型温度记录器，可以自动完成温度数据的记录与存储。其组成包括一个 16 位 A/D 转换器、微处理器、一个实时钟和存储器，电路采用电桥结构，由一个小型 3 V 锂电池提供电量。通过程序控制，仪器自动记录温度，并可以通过 RS232 接口直接与 PC 相连以导出记录。记录导入电脑后，软件 WINTEMP 自动将原始记录转换成相应的温度值。

Ewing 型热流计的海上工作程序与 Bullard 型热流计大致相同，但为了采样器插入海底较大的深度，通常在距海底约 100m 处停止缆绳的释放，停留 15min 左右使温度达到平衡，然后使热流计快速插入沉积物中。热流计在沉积物中停留约 10 min，同时缓慢释放缆绳，以适应船体的漂移。对于取得的沉积物样品，在实验室中用稳态方法或者针式探针法测量热导率。Ewing 型热流计克服了 Bullard 提出的测量时间过长、船体漂移、海底取样等问题，后来对仪器结构和记录系统的改进也提高了热流测量的精度和效率，但对于热导率和地温梯度同步测量仍无能为力。主要是由于当时热导率测量的效率极低，即使耗时最短的针式探针法也需要半个小时以上。因此，减少热导率测量所需的时间是其与地温梯度同步测量的前提条件。在这种情况下，热导率原位测量技术的出现提供了一个好的解决方案，后来的 Lister 型热流计就是基于这种技术的仪器。

3.Lister 型热流计探针

Lister 型热流计又被称为"琴–弓"（Violin–bow）型热流计，是第一个能够在海底原位状态下进行热流测量的类型。1976 年 "Endeavor 号调查船在加拿大西海岸做调查时首次使用了这种类型的热流计。Hyndman 等在东太平洋的 Explorer 海脊、Davis 等在 JuandeFuca 海脊以及 Davis 等在西北大西洋的 Blake Bahama 海脊都使用该类型进行了热流测量，并对结构进行了部分改进。Hyndman 等详细描述了 Lister 型热流计的内外部结构、船上测量技术，并使用实验室分析和数值模拟方法对测量的精度、效率等技术指标进行了深入分析。后来出现的许多热流测量仪器都采用了类似的结构，或者对其进行改装以用于其他目的。

Lister 型热流计的探针呈细长的管状，外径不超过 1 cm，固定在一个直径为 5~10 cm 的强力支架上，因其形状像小提琴的琴弓而得名。探针离开支架 5 cm 以上，以保证探针不受支架插底引起的摩擦热扰动。探针内部有复杂的结构，其中包括一个发热线圈和两类热敏元件：点热敏元件和热敏元件组。点热敏元件为 3~4 个，间距固定，每两个之间是一组串并联连接的由 9 个或者 16 个热敏元件组成的热敏元件组。点热敏元件测量的温度用于计算地温梯度。热敏元件组则测量两个点热敏元件之间的调和平均温度，用于推导沉积物的热导率。

Lister 型热流计的热导率测量是基于脉冲线源法（Pulse line source method），也称为脉冲探针法（Pulse–probe method），该方法利用加在热流探针上的热脉冲的衰减关系来进行沉积物热导率的推导。对加入热量为 Q 的脉冲，经过时间 t，其温度为

$$T_c \approx \frac{Q}{4\pi Kt}$$

实际测量时，要等到探针在海底稳定以后，对线圈通电使其发出一个具有可控能量的脉冲（宽度为 3.5~30s）。热敏元件组记录温度随时间的衰减，根据实测的 T-$1/t$ 曲线利用换算关系计算出热导率。Lister 型热流计采用了高精度数字记录方式，整个记录系统封装在探针上方的承压容器内，包括电子电路、数字打印机和电池组 3 部分。电路部分由很多模块组成，其中多路调制器模块为惠斯顿电桥结构；在模数转换模块，用一个可变电阻、

一个逐次逼近寄存器和一个运算放大检测器采用逐次逼近法得到数字热敏电阻器的电阻。根据热敏电阻出厂时设计的电阻温度关系，用最小二乘法拟合得到温度灵敏度。代表热敏电阻温度的二进制编码既可以使用数字打印机打印，也可用长短脉冲的格式传送到水面的水听器上，然后解码并打印以进行水下作业的连续监控。Lister 型热流计第一次实现了海底热流的原位测量，对热流探测方法有突破性改进。使用脉冲探针法在海底测量热导率，比稳态方法和针式探针法测量热导率消耗更短的时间，同时也避免了海底取样的繁重作业。由于测量过程减少了对沉积物的剧烈扰动，因此测量结果从理论上更接近海底的真实情况。高精度、高效率的优点加上多次插底技术、数字化存储技术的采用，使其更能够满足现代洋盆热历史、海底热液矿床等方面的研究对于海底热流探测的精度和效率的要求。

（二）调查设备与测站布设

1.调查设备

热流探测是一项重要的基础地球物理调查项目，使用探针式热流计测量海底热流是常用的方法。测量海底热流的装置包括地温梯度和热导率两部分，地温在海底直接测得，热导率可以在海底测得，也可以通过采集海底沉积物岩心样后在室内测得，测量仪器设备主要有：

数字地温探针：测温范围$-1\sim5℃$，分辨率高于$1\times10^{-3}℃$，电阻漂移值不超过 5%。

瞬时热导率探针：一种用瞬态法测定沉积物热导率的装置，探针内安装加热细金属丝及热敏元件。

深度监视器：配备声脉冲发生器（Piner），用于监视测量仪器在水体中与海底之间的相对位置或离底深度。将 Piner 安装在测量仪器上方 50~100 m 范围内的绞车钢缆上，并做好相应记录。

调查船要求：调查船能慢速航行，具有侧推、倒车或动力定位装置。绞车钢缆长度满足测站水深要求，缆端负载大于 2t。绞车能变速，最大下降速度大于 1.5 m/s。

2.测站布设

热流测站应根据地质任务的需要而进行布设。布设前，应先作地震剖面调查，或收集有关资料，了解海底沉积厚度、水深等变化情况。测站应布设在沉积物松软、沉积层厚度大的地区，沉积厚度小于 200m 或基岩海底则不能布设热流测点。在水深小于 1000 m 的海区测量时，应收集该海区的底层水温资料。无历史资料的，应于测量工作前 2 个月连续观测底层水温的变化，供资料处理用。

热流剖面测量的测线、测网应满足如下要求：（1）测量剖面垂直于地质构造走向布设，尽量与其他地球物理调查剖面重合；（2）海沟、断裂带等特殊地区，测量剖面平行地质构造走向布设；重点测站的海底热流测量应采用多次测量方式，予以验证；（3）重点调查区域，测站间距 5~10 km；地形复杂，沉积厚度变化大的地区，测站间距 3 km；（4）依据调查比例尺，设计测站的间距，海洋区调项目可定在 10~30 km 范围内选择测站间距，或在一个区调图幅中做 1~2 条的典型热流剖面。

（三）室内热导率测量

1.测量仪器配置与自检

测量仪器采用瞬时热导率探针，有如下要求：（1）瞬时热导率探针的热时间常数不大于 5s；（2）探针内安装加热细金属丝及热敏元件；（3）测量范围为 0.1~4.0 W/（m·K）；（4）一次测量允许误差不大于+5%；（5）重复测量允许误差不大于+2%；（6）加热量允许误差不大于+0.1%。在正式作业前测量仪器对标准样比对测量进行自检，测量结果误差不大于+2%的标准样热导率值，自检合格。

2.室内海底沉积物热导率测量

室内海底沉积物热导率测量按如下做法：（1）保持整个测量过程环境温度稳定；（2）在测量位置上钻孔，孔深为样品管壁厚；（3）保持样品、探针和恒温箱温度一致；（4）测量次数不少于 3 次，每次测量时间为 80~150s，相邻两次测量的时间间隔不低于 20 min；（5）探针插入岩心内，加热丝加热后，测量周围沉积物的温度变化，求取热导率；⑥样品热导率测量结束之后，需要封存好样品。

（四）海底原位热流测量

1.测量仪器配置

凡是不改变海底现场结构和环境的热流测量方式是海底原位热流测量。海底热流测量以测站方式工作，调查船定点进行海上测量作业。海底原位热流探测系统，应满足以下要求：（1）感温元件个数不少于 7；（2）安装热敏元件和加热丝的导管，长度不小于 4 m，耐压不小于 40 MPa；（3）各热敏元件间距相等且不小于 50 cm；（4）测量海底沉积物地温梯度；（5）通过对发射热脉冲加热方式，测量温度衰减过程，求解沉积物的原位热导率。

2.测量仪器校准

在海上测量作业正式开始前，用已校准的附着型温度记录器作为基准，校准各通道热敏元件，求取各热敏元件的改正值。

3.海底测量作业

海底测量作业按以下要求进行：（1）当测量仪器插入海底沉积物中之后，仪器按程序工作，前半段时间测量海底地温梯度，后半段时间测量沉积物热导率；（2）所有测量数据均记录在非易失性存储器上或实时传输到船上计算机；（3）海底地温梯度测量：选用探针与周围沉积物达到热平衡时测得的数据，计算地温梯度；（4）沉积物热导率测量：以脉冲电流加热发热丝，产生热脉冲，其能量传入沉积物，记录热脉冲期间及其后温度随时间的变化，计算沉积物原位热导率。

4.热导率计算与质量评价

海底原位热流测量数据处理包括原位和热流数据计算两部分。根据各热敏元件脉冲阶段的温度记录，推导出各热敏元件所在处沉积物的原位热导率按以下程序进行：（1）首先选取合适时间段的温度记录；（2）结合摩擦阶段获得的平衡温度及理论的拟合曲线，去除摩擦阶段残余热对脉冲阶段的影响；（3）利用瞬间加热无限长线热源热衰减模型的拟合，求出各热敏元件所在处的热导率；（4）该热导率可以视为沉积物的原位热导率。

热流测量数据的质量评价：（1）至少3个热敏元件数据有效；（2）有效测量深度达2 m以上；（3）热导率测量值误差在+5%之内；（4）同时满足以上要求为合格，否则为不合格，不合格的测量数据不能用。

（五）海底热流测量成果编制

1.图件绘制

完成资料整理后，便可进行基础图件绘制，需要绘制的基础图件包括：（1）温度–深度图：以海底为零点，纵坐标零点上方表示水深，下方表示探针插入的深度，横坐标表示水温或沉积物温度；水温和水深表示在图的上方，沉积物温度探针插入深度表示在图的下方，若测量的同时采取了沉积物柱状样，则应作柱状岩心图，标在图的右下角；（2）热导率–长度图：横坐标为热导率，纵坐标为样品长度，用最小二乘法求取平均热导率，标绘测得的热导率值；（3）热流剖面图：横坐标为地理纬度或地理经度，纵坐标为热流密度，标绘计算的热流密度，图中应附水深及地震剖面或其他综合地球物理剖面资料；（4）热流平面分布图：做大面积热流测量时，将热流密度标于一定比例尺图上，以点或等值线表示热流分布。

2.热流资料地质解释

收集工区及邻近地区资料，内容包括：（1）海底地形地貌、沉积类型、断裂与岩浆活动、地壳结构、地质演化等；（2）现今沉积速率、海底流体活动情况；（3）物性资料：热导率、密度、磁化率等；（4）钻井温度资料；（5）重力、磁力、地震资料。

依据平均热流密度划分热流区：（1）特高热流密度区，热流密度大于 120 mW/m^2；（2）高热流密度区，热流密度为 $90{\sim}120 \text{ mW/m}^2$；（3）较高热流密度区，热流密度为 $70{\sim}90 \text{ mW/m}^2$；（4）正常热流密度区，热流密度为 $55{\sim}70 \text{mW/m}^2$；（5）较低热流密度区，热流密度为 $40{\sim}55 \text{ mW/m}^2$；（6）低热流密度区，热流密度小于 40 mW/m^2。

热流异常解释：（1）沉积或剥蚀速率异常区以及地形坡度，需进行相应的校正；（2）底水温度波动较大海域，需要进行底水温度波动长期观测，然后进行相应校正；（3）充分利用各类成果，通过综合分析与对比，推测高热流异常的热源机制和低热流异常的成因。

第九章　地质勘探作业安全管理与应急保障

第一节　地质勘探作业安全管理基本理论

除地质钻探、坑探工程作业外，野外地质勘查工作大部分属于流动分散作业。由于野外地质勘查工作流动分散，地质勘查单位对野外工作组及野外作业人员的安全生产管理难度大，野外工作组全体人员应当学习掌握现场作业安全生产管理基础理论知识，结合岗位安全生产工作特点有针对性地加强自身的现场安全生产管理。

一、海因里希法则

海因里希法则（Heinrich's Law）又称海因里希安全法则、海因里希事故法则、"1∶29∶300 法则"，也称冰山原理。海因里希法则的意思是：当某个组织有 300 起隐患或违章，必然要发生 29 起轻伤或故障，另外还会有一起重伤、死亡或重大事故。即造成死亡事故与严重伤害、未遂事件、不安全行为形成一个像冰山一样的三角形，一个暴露出来的严重事故必定有成千上万的不安全行为掩藏其后，就像浮在水面的冰山只是冰山整体的一小部分，而冰山隐藏在水下看不见的部分却很庞大。海因里希法则是由美国安全工程师海因里希（Herbert Wlliam Heinrich）通过统计分析工伤事故的发生概率而提出来的。这一法则对于不同的生产过程、不同类型的事故上述比例关系可能不一定完全相同，但这个统计规律说明在进行同一项活动中，无数次意外事件，必然导致重大伤亡事故的发生。这一法则告诉我们要防止重大事故的发生必须减少和消除无伤害事故，要重视事故的苗头和未遂事故，否则终会酿成大祸。例如，某钻工用手把皮带挂到正在旋转的皮带轮上，因未使用拨皮带的杆，且站在摇晃的梯板上，又穿了一件宽大长袖的工作服，结果被皮带轮绞入碾死。事故调查结果表明，他使用这种上皮带的方法已有数年之久，查阅他 6 年病志（急救上药记录），发现他有 33 次手臂擦伤后治疗处理记录，他手下的工人均佩服他手段高明，结果还是导致死亡。这一事例说明，重伤和死亡事故虽有偶然性，但是不安全因素或动作在事故发生之前已暴露过许多次，如果在事故发生之前，抓住时机，及时消除不安全因素，许多重大伤亡事故是完全可以避免的。

二、多米诺骨牌理论

多米诺骨牌理论又称海因里希模型或海因里希因果连锁论。该理论也是由美国安全工程师海因里希（Herbert William Heinrich）提出来的。他把伤害事故的发生、发展过程描述为具有一定因果关系事件的连锁发生过程，即人员伤亡的发生是事故的结果，事故的发生是由于人的不安全行为、物的不安全状态或者管理上的缺陷导致的，人的不安全行为或物的不安全状态、管理上的缺陷是由于人的缺点造成的，人的缺点是由于不良环境诱发或者是由于先天的遗传因素造成的。

多米诺骨牌理论阐明了导致伤亡事故的各种原因及其与事故间的关系，认为伤亡事故的发生不是一个孤立的事件，尽管伤害可能是在某瞬间突然发生的，却是系列事件相继发生的结果。海因里希借助多米诺骨牌形象地描述了事故的因果连锁关系，即事故的发生是一连串事件按一定顺序互为因果依次发生的结果，如一块骨牌倒下，则将发生连锁反应，使后面的骨牌依次倒下。

根据多米诺骨牌理论，如果移去野外地质勘查作业伤亡事故因果连锁中的任意块骨牌，则伤亡事故连锁被破坏，事故过程即被中止，达到控制事故的目的。在野外地质勘查安全生产管理工作中，最重要的中心工作就是要移去造成野外伤亡事故中间的骨牌，即防止野外作业人员的不安全行为和机器设备、工作环境的不安全状态。然而在野外环境中的不安全状态有时很难或者无法移除，或者消除环境的隐患需要巨大的投入，因此防止野外环境对作业人员的伤害多从个人安全防护的角度采取措施，如穿戴地质勘查安全防护工作服、配备地质救生包、制定应急预案等，以避免或者减轻环境不安全因素造成的伤害。当然，通过改善地质勘查单位和野外工作组的安全生产氛围环境，使野外作业人员具有更为良好的安全生产意识，或者加强对野外作业人员的安全生产培训（尤其是出队前和野外工作中安全生产培训），使作业人员具有较好的安全防范技能，或者加强野外突发伤亡事故应急抢救措施，都能在不同程度上移去伤亡事故连锁中的某一骨牌，或者改善或增加该骨牌的稳定性，以达到预防和控制野外伤亡事故发生的目的。

三、安全木桶原理

在管理学上有一个著名的"木桶理论"，是指用一个木桶来装水，如果组成木桶的木板参差不齐，那么它能盛下的水的容量不是由这个木桶中最长的木板决定的，而是由这个木桶中最短的木板决定的。它又被称为"短板效应"。

安全木桶原理是指加强安全生产工作要加长安全生产工作"短板"，有针对性地提高员工、班组和专项工作安全生产水平，每一位员工、每一个班组或者每项安全生产工作都是安全木桶中的一块木板，尽可能提升最短、最差的员工、班组或者专项安全生产工作，或者提升整体组织的安全生产水平。

　　根据安全木桶原理，在野外地质勘查作业安全生产管理中，每一位野外作业人员、每一个野外作业班组都要高度重视安全生产工作，即使绝大部分作业人员和班组都高度重视和按照规定做好安全生产工作，也不能说安全生产有了把握。因为还有极个别作业人员或者班组忽视安全。管理好野外作业安全生产工作，必须高度重视对"不放心人（班组）"的安全生产管理，加强对其的安全生产教育和跟踪监督，互相帮助，共同提高安全生产水平。

第二节　工作组安全生产管理

　　地质勘查项目（工程，下同）野外工作组首先应当遵守《金属与非金属矿产资源地质勘探安全生产监督管理暂行规定》（国家安全监管总局令第 35 号）、《AQ 2004-2005 地质勘探安全规程》等地质勘查行业和本单位安全生产规章制度，建立健全野外工作组和生产作业现场的安全生产管理规章制度，规范和约束野外工作组人员的安全生产行为，加强野外作业现场安全生产管理。

一、建立工作组安全生产管理组织机构

　　野外工作组无论由多少人员组成，都应当建立野外安全生产管理和应急组织机构。工作组要根据作业性质、作业区域、人员组成等情况，建立以工作组组长为安全生产第一责任人，技术负责人、现场安全员、作业班组长为成员的安全生产管理和应急组织机构，负责从出队到收队全过程的安全生产管理及应急工作。

　　野外工作组组长和现场安全员应当具备以下 3 点基本要求：

　　1.要有一定的地质专业知识和野外地质勘查工作安全生产管理技能，善于发现野外安全生产隐患，懂得如何处理事故隐患，同时能组织作业组成员开展相关安全生产活动。

　　2.要有较严谨的工作作风，责任心强，工作勤快和细致。

　　3.要有服务的心态和谦虚的态度，善于和现场工作人员处理好关系，乐于接受建议和批评。

　　野外工作组组长和现场安全员名单应当在相对固定的野外生产作业现场或者野外临时驻地明显位置进行明示。

二、建立安全生产责任制和制定岗位安全操作规程

　　野外工作组应当建立纵向到底、横向到边的全员安全生产责任制，即做到"三定"（定岗位、定人员、定安全责任），建立工作组组长、作业班组长、作业人员 3 级安全生产责

任制。

野外工作组组长是野外地质勘查作业安全生产第一责任人，工作组技术负责人和现场安全员负责落实野外工作组的安全生产工作计划及措施，作业班组长带班做好本班组的具体安全生产工作，对野外工作组组长和班组成员自身安全保障具体负责。简单说，野外工作组安全生产责任制就是野外工作组组长安全生产工作对项目负责人负责，作业班组长安全生产工作对野外工作组组长负责，工作组技术负责人和现场安全员具体负责落实野外工作组的安全生产技术、工作计划及措施，野外作业人员遵章守纪、各负其责。

野外工作组应当制定从组长到成员的具体安全生产岗位职责，对组长、技术负责人、现场安全员、作业班组长和作业组成员的安全生产工作责、权、利明确界定，建立安全生产责任制考核标准和奖惩措施，发生违章以及事故按照安全生产责任制追究责任。

野外工作组安全生产责任制应当内容全面、要求清晰、操作方便，各岗位的责任人员、责任范围及相关考核标准一目了然。

野外工作组要根据野外地质勘查工作生产作业岗位安排，特别是作业机械、设备、仪器操作岗位和危险性程度较高的操作岗位，应专门有针对性地制定岗位安全生产操作规程。野外工作组相关工作岗位人员应当熟悉岗位安全生产操作规程，所有人员都应当认真落实自身的安全生产工作责任制和遵守岗位安全生产操作规程。

野外工作组组长、技术负责人和现场安全员安全生产责任制，以及主要岗位安全生产操作规程，应当在野外生产作业现场或者野外临时驻地明显位置明示。

三、制定野外安全生产工作计划和突发事件应急预案

野外工作组应当根据工作组的专业属性、野外工作区域可能面临的危险性以及野外工作组自身条件，制定野外工作组安全生产工作计划，并按照财政部、国家安全监管总局《企业安全生产费用提取和使用管理办法》（财企〔2012〕16号）要求，落实和使用野外工作组安全生产费用。

安全生产工作计划要明确野外工作组的安全生产工作目标和现场安全生产管理要达到的标准，如现场安全生产教育培训、应急演练、安全检查活动计划和野外安全保障装备（户外劳保安全防护服装、地质教生包、定位通信终端、应急食品等）、安全生产经费投入、文明生产作业要求等。安全生产工作计划制定后，野外工作组要按照计划组织开展好安全生产工作，保证野外工作组安全生产管理有序进行。

野外工作组应当从野外工作区域、工作专业属性和工作组自身安全保障条件3个方面，进行野外地质工作危险性评估，查找有可能发生的、可能危及工作组成员生命财产安全的事故。并针对可能发生的事故制定野外工作组应急预案。

野外工作组制定应急预案一般包括以下几个步骤。

1.收集相关法律、法规、标准和同行事故资料、本单位安全生产相关技术要求、周边应急资源等有关资料。

2.分析存在的危险因素，确定事故危险源，分析可能发生的事故类型及后果，以及可能产生的次生，衍生事故，评估事故的危害程度。

3.全面客观分析野外工作组人员队伍、装备、物资等情况，进行野外工作组的应急能力评估。

4.依据事故危害程度评估以及工作组的应急能力评估结果制定应急预案。

5.进行应急预案评审，注重应急预案的系统性和可操作性，做到与相关应急资源相衔接野外工作组应急预案的内容至少应当包括事故风险分析、应急指挥机构及职责、处置程序、处置措施等内容。

四、作业现场安全生产管理

野外地质作业现场涉及的危险因素较多，恶劣的野外天气气候及艰险的自然地理环境，作业人员的安全生产素质素养，特别是钻探、槽探、坑探等工程施工现场，使用到钻机、凿岩机、挖掘机、柴油机、发电机、泥浆泵、空气压缩机、汽车等工程机械，还有野外临时用电、现场消防安全，这些因素都会对作业人员生命财产安全构成威胁，野外工作组应当分门别类、区别对待，制定针对性措施加强对现场作业安全的组织管理。

1.临时用工安全生产管理。野外临时用工应当针对野外作业安全生产风险进行针对性培训，告知野外作业事故风险和预防防范知识技能，签订书面的劳动合同，购买野外作业意外伤害保险。

2.野外临时租用车辆安全生产管理。野外工作组应当按照本单位野外作业车辆安全生产管理要求租赁野外工作车辆和临时聘用驾驶员，或者参照《中国地质调查局野外工作用车安全管理规定》（中地调办发〔2011〕73号）加强野外作业车和驾驶员管理。承担中国地质调查局组织实施的地质调查项目租赁野外工作车辆与临时聘用驾驶员，应当遵照《中国地质调查局野外工作用车安全管理规定》（中地调办发〔2011〕73号）执行。

3.野外安全保障装备使用管理。所有野外工作组成员应当按照《AQ 2049-2013地质勘查安全防护与应急救生用品（用具）配备要求》配发野外工作服、地质救生包、野外定位及通信设备（装置）等安全防护与应急救生用品（用具）；野外工作组应当对所有野外作业人员进行野外安全防护与应急救生用品（用具）佩戴和使用培训；所有野外作业人员应当正确佩戴和使用安全防护与应急救生用品（用具）。

4.作业现场事故隐患防控管理。槽（坑）探工程临边堆积渣土、工具，应当设置安全、可靠的防护栏杆，确保施工过程的安全。野外工作临时用电应当采取电缆供电，临时用电线路铺设要根据现场合理布置，达到"一机一闸一漏一箱"的要求，临电线路严禁超负荷使用，要加强现场用电安全巡查，发现问题立即整改。钻探工程现场和野外临时营地应当配备消防设施，按照每 80~100m² 配备 2~3 只 3.5kg 灭火器的要求配备消防设施，并合理设置，摆放在显眼处。施工现场要加强对易燃易爆等危险品的管理（如乙炔瓶、氧气瓶、放射源、汽油、柴油等），施工现场仓库应当设置隔离区，仓库周围严禁明火作业。凡在离地面 2m 以上进行作业，都属于高空作业。从事高空作业的人员应当进行身体检查。凡患有高血压、心脏病、癫痫症、恐高症及不适应高空作业的人员，一律不准从事高空作业。登高作业前必须检查个人安全防护用品，必须戴好安全帽，系好安全带，安全带应高挂低用。作业下方必须划出危险区，设置安全警示牌，严禁无关人员进入。高空作业人员不准穿硬底鞋，不准抛掷物件，完工后必须做到工完场清。野外电焊机必须安装二次降压保护器，一次线长不超过 5m，二次线长不超过 30m，绝缘性能良好，经验收合格后方可使用，作业过程中严禁超负荷运行。闪电、打雷、大风、阴雨等恶劣天气严禁进行野外电焊作业。野外地质区调、矿调和水文、环境地质调查等，作业人员在野外工作出发前应当了解工作地环境、进行安全与应急培训、配齐安全防护与应急救生装备、周密制定工作计划与路线。野外电焊、起重、驾驶作业属于特种作业，作业人员应当经专业安全技术培训，考试合格并持《特种作业操作证》方可上岗操作。所有地质勘查作业都应当遵守《AQ2004-2005 地质勘探安全规程》。野外地质勘查作业现场存在危险因素的场所和有关设施、设备上应当设置明显的安全警示标志。

5.编制现场安全施工（作业）设计方案。野外工程施工或者作业应当编写现场安全施工（作业）设计方案。现场安全施工（作业）设计方案内容应当包括但不限于工程（作业）概况、施工（作业）部署、施工（作业）准备、主要施工（作业）方法和措施、工期保证体系、质量目标及保证体系及措施、安全保证体系及措施，创建文明工作小组及环境保护措施、施工（作业）进度网络计划图、施工（作业）进度计划横道图、施工（作业）总平面布置图等。

实行安全生产标准化的地质勘查单位的野外工作组，还应当按照《金属非金属矿产资源地质勘查单位安全生产标准化规范》和《金属非金属矿产资源地质勘查单位安全生产标准化评分办法》（安监总厅管[2015]65 号），参阅坑探工程施工安全生产标准化和班组安全建设有关要求，开展野外工作组安全生产标准化建设，建立完善安全生产记录台账，强化野外工作组自身生产作业安全生产管理。

第三节　安全生产培训教育与工作组安全生产检查

一、安全生产培训教育

制定并实施安全生产教育和培训计划，如实记录安全生产教育和培训情况，建立安全生产教育和培训档案，安排用于进行安全生产培训的经费，从业人员应当接受安全生产教育和培训、具备必要的安全生产知识、提高安全生产技能和增强事故预防及应急处理能力，是《中华人民共和国安全生产法》对安全生产教育和培训的法定要求。

工作组除参加本单位组织开展的通用性、普遍性、法规性、知识性安全生产教育培训，以及项目组根据项目专业属性、可能面临的危险开展预防防范措施等安全生产教育培训外，还应当针对野外地质勘查作业现场岗位安全操作、应急处理等开展工作组全体成员安全生产教育培训。

工作组安全生产教育培训是地质勘查从业人员掌握野外安全生产知识、提高野外事故防范及应急处理能力最重要的环节，是三级安全生产教育培训。本单位安全生产教育培训（一级）、项目组（部门）安全生产教育培训（二级）、作业组（班组）安全生产教育培训（三级）的重要组成部分。

工作组安全生产教育培训应当有针对性，避免假、大、空，力求实用性。野外工作组安全生产教育培训的内容主要有：

1.本工作组的野外作业生产特点、野外生产作业环境、危险区域、生产作业设备及野外作业安全保障设施（终端）状况等。重点介绍野外生产作业环境、生产作业设备和人的不安全行为等方面可能导致发生事故的危险因素，交代本工作组容易发生事故的环节并对典型事故案例进行剖析。

2.讲解本工作组安全生产管理及应急机构、本工作组各级安全生产责任、岗位（工种）安全操作规程。重点介绍野外生产作业各环节生产安全活动（如野外生存、应急救生、突发病症预防、创伤止血包扎、岗位操作事故防范、野外生产作业现场消防等）以及作业环境的安全检查和交接班制度、安全技术交底。告知工作组成员若发生事故或发现了事故隐患，应如何采取措施和逐级报告。

3.讲解如何正确使用和爱护安全防护与应急救生用品（用具）及现场作业文明生产的要求。要强调安全防护与应急救生用品（用具）如何操作使用，如地质救生包在应急状态下的使用、野外北斗安全保障终端设备的使用等钻探、槽（坑）探等工程施工作业还应当介绍文明施工作业的要求，如进入施工现场和登高作业必须戴好安全帽、系好安全带，工作场地要整洁。道路要畅通，物件堆放要整齐等。

4.岗位安全操作示范。请技术熟练、富有经验的工作组成员进行岗位安全操作示范，边示范、边讲解，重点讲解安全操作要领，说明怎样操作是危险的，怎样操作是安全的。不遵守操作规程可能造成的严重后果。

5.野外突发事件应急演练。重点演练本野外工作组在自身条件下如何自救、互救以及如何连级报告野外作业突发事件。

二、工作组安全生产检查

隐患是导致事故的根源，加强事故隐患排查治理是贯彻落实"安全第一、预防为主、综合治理"安全生产工作方针的必然要求。事故隐患排查治理要建立工作责任制，实行谁检查、谁签字、谁负责，切实做到事故隐患整改措施、责任、资金、时限和预案"五到位"。

事故隐患主要有3个方面：人的不安全行为，物的不安全状态和管理上的缺陷。一般来说，工作组安全生产检查主要从以下几个方面进行：

1.查制度。即检查工作组安全生产责任制、岗位安全操作规程、突发事件应急预案和野外安全生产工作计划是否健全、完善。

2.查管理。即检查工作组临时用工安全生产管理、野外临时租用车辆安全生产管理、野外安全保障装备使用管理、作业现场事故隐患防控管理、现场安全施工（作业）设计方案管理等是否到位。

3.查设备。即检查工作组和作业班组生产作业设备、安全保障装备是否处于正常运行状态。

4.查安全知识。即检查工作组成员是否具备应有的野外作业安全知识和操作技能。

5.查纪律。即检查工作组成员在野外工作过程中是否严格遵守安全生产规章制度和操作规程。

6.查事故隐患。即检查工作场所是否存在可能导致生产安全事故的因素，如物体打击、机械伤害、漏电触电、高处坠落、消防等。

7.查安保。即检查工作组成员地质勘查安全防护与应急救生用品（用具）配备是否齐全、是否符合标准、是否穿戴等。

工作组在野外施工作业过程中应组织定期和不定期的安全生产检查。工作组安全生产检查由工作组组长带头，工作组主要成员及班组长参加，在开展检查前应当明确检查目的、检查项目、内容及标准，编制野外作业安全生产检查表，逐项对照检查，发现的问题要认真、详细记录，如隐患的部位、危险程度及处理意见等。钻探、槽（坑）探或者野外作业人数较多的工作组安全生产检查应进行系统分析，建立跟踪分析制度。

第四节　地质勘探作业应急分级

陆地地质勘查安全生产突发事件包括两类：

1.自然灾害类。包括因洪涝、台风、冰雹、暴风雪、暴雨、雷电、沙尘暴、地震、山体崩塌、滑坡、泥石流等原因造成的野外作业突发事件。

2.生产事故类。包括陆地地质调查作业过程中发生的人员迷失方向、突发疾病、溺水、毒蛇咬伤、食物中毒、食物短缺，以及因交通运输、机械设备、危险品等原因造成的人员伤亡和财产损失事故。

地质勘查安全生产突发事件应急工作应当遵循以人为本、预防为主，统一领导、分级负责，反应快速、科学高效的原则。地质勘查安全生产突发事件应急救援一般分为3级：

1.Ⅰ级（重大）。地质勘查单位没有能力解决的，需由地质勘查行业主管部门、地方人民政府或者跨部门联合组织实施的重大应急救援。

2.Ⅱ级（较大）。野外地质勘查工作组没有能力解决的，需由地质勘查单位或者地质勘查单位协调外部应急救援机构、地方相关部门组织实施的较大应急救援。

3.Ⅲ级（一般）。野外地质勘查工作组自身能够处置的，或者协调就近野外地质勘查工作组实施的一般性应急救援。

野外地质勘查工作组有就近互相应急救援的责任和义务。按照地质勘查野外作业突发事件可能造成的人员伤亡人数、经济损失大小等，野外地质勘查安全生产突发事件应急救援分为：

1.Ⅰ级（重大）。已经或可能死亡（含失踪）3人以上（含3人），或重伤5人以上（含5人），或财产损失30万元以上（含30万元），由地质勘查行业主管部门、地方人民政府或者跨部门联合组织实施应急救援。

2.Ⅱ级（较大）。已经或可能死亡（含失踪）3人以下，或重伤2人以上5人以下，或财产损失10万元以上30万元以下，由地质勘查单位或者地质勘查单位协调外部应急救援机构、地方相关部门组织实施应急救援。

3.Ⅲ级（一般）。已经或可能造成重伤2人以下（含2人），或财产损失10万元以下（含10万元），由地质勘查野外工作组组织实施应急救援。

第五节　地质勘探作业应急响应与组织

一、地质勘查作业应急响应

地质勘查作业发生安全生产突发事件，野外工作组应首先采取自救，或者向就近野外工作组求救，并立即向本项目组、本单位报告，保障应急通信畅通。在青海、新疆、西藏野外作业的地质勘查野外工作组发生安全生产突发事件，还可以分别向中国地质调查局西宁、乌鲁木齐、拉萨野外工作站报告，请求给予救援。

突发事件报告内容包括：时间、地点（坐标）、报告人或联系人姓名及联系方式、项目名称、初步原因分析、人员伤亡情况、影响范围、事件发展趋势和已经采取的措施等。

应急处置过程中，应当及时续报有关情况，不得迟报、谎报、瞒报和漏报相关内容，以避免应急救援工作决策失效。

1.应急工作领导小组召集会议，研究是否启动应急响应。

2.决定应急响应启动后，上报上一级应急工作机构。

3.组建应急救援指挥部，根据突发事件性质和实际需要组建相关应急工作小组，同时实施 24 小时应急值守状态。

4.应急指挥部组织协调应急工作小组实施救援工作。

5.应急指挥部根据应急救援事态适时关闭应急响应，并进行善后处置和调查评估。

二、地质勘查作业应急组织

地质勘查单位和野外工作组应当根据法律、法规，标准要求，建立健全应急组织机构，包括应急工作领导小组和应急救援队伍。

目前，中国地质调查局在拉萨市、乌鲁木齐市、喀什市、西宁市、格尔木市分别设有拉萨野外工作站、乌鲁木齐野外工作站、喀什野外工作分站、西宁野外工作站和格尔木野外工作分站，协助承担中央公益性、基础性地质调查和战略性矿产勘查工作的地质勘查单位及野外工作组做好野外作业安全保障及突发事件应急救援工作。

中国地质调查局野外工作站工作区域分工及联系电话：

1.拉萨野外工作站负责在西藏自治区境内承担中央公益性、基础性地质调查和战略性矿产勘查工作的野外工作组安全保障及应急教授服务工作。拉萨野外工作站电话：(0891)6383908。

2.乌鲁木齐野外工作站负责在新疆北部及东部地区承担中央公益性、基础性地质调查和战略性矿产勘查工作的野外工作组安全保障及应急救援服务工作。乌鲁木齐野外工作站电话：（0991）4811687。乌鲁木齐野外工作站自 2014 年起在哈密、阿勒泰设立了野外工作点，就近负责承担中央公益性、基础性地质调查和战略性矿产勘查工作的野外工作组安全保障和应急救援服务工作。哈密野外工作点电话：（0902）2257397，阿勒泰工作点电话：（0906）2151872。

3.喀什野外工作分站负责在新疆南部地区承担中央公益性、基础性地质调查和战略性矿产勘查工作的野外工作组安全保障及应急救援服务工作。喀什野外工作分站电话：（0998）2614318。

4.西宁野外工作站负责在青海省东部承担中央公益性、基础性地质调查和战略性矿产勘查工作的野外工作组安全保障及应急救援服务工作。西宁野外工作站电话：（0971）6262005。

5.格尔木野外工作分站负责在青海省西部承担中央公益性、基础性地质调查和战略性矿产勘查工作的野外工作组安全保障及应急救援服务工作。格尔木野外工作分站电话：（0979）8410613。

第六节　地质勘探作业应急保障装备

地质勘查单位、地质勘查项目（工程）组和野外工作组应当根据《中华人民共和国安全生产法》《AQ 2049-2013 地质勘查安全防护与应急救生用品（用具）配备要求》规定，保障应对突发事件的人员、物资、财力、交通运输、医疗卫生、通信设备等的配备。

劳动防护用品是指劳动者在劳动过程中为免遭或者减轻事故伤害或者职业危害所配备的防护装置。使用劳动防护用品是保障从业人员人身安全与健康的重要措施，也是保障地质勘探单位生产作业活动安全生产的基础。目前，在地质勘探生产作业中由于地质勘探单位没有配备必要的劳动防护用品，或者从业人员不使用劳动防护用品导致的事故较多。为此，《地质勘探安全规程》规定：地质勘探单位应按规定为从业人员配备个体劳动防护用品（具）、野外救生用品（具）和野外特殊生活用品（具）。此外还规定：地质勘探单位应为野外地质勘探作业人员配备野外生存指南、救生包，为艰险地区野外地质勘探项目组配备有效的无线电通信、定位设备。

1.劳动防护用品的发放和使用

地质勘探个人劳动防护用品是保障从业人员在地质勘探生产作业活动过程中的安全与健康的一种主要的辅助性、预防性措施，不代替设备的安全防护和对尘毒物质的治理措施，不能当成生活福利用品来发放。地质勘探行业的劳动防护用品与其他行业不同，按照《地质勘探安全规程》规定，除个体劳动防护用品外，野外救生用品和野外特殊生活用品也属于地质勘探行业的劳动防护用品。发放劳动防护用品应注意以下几点：

（1）劳动防护用品应依据地质勘探安全生产、防止职业性伤害的需要，按照不同工种、不同岗位、不同劳动条件来发放。

（2）劳动防护用品由地质勘探单位免费提供。任何单位和个人不得以货币或其他物品替代应当配备的劳动防护用品。

（3）发放的劳动防护用品应符合国家标准或者行业标准。

（4）地质勘探单位应监督、教育从业人员按照劳动防护用品，使用要求佩戴和使用。

2.救生用品、特殊生活用品

野外救生用品和野外特殊生活用品是地质勘探行业的特殊劳动防护用品。地质勘探待业的野外救生用品和特殊生活用品有：野外生存指南（野外生存手册或野外安全手册）、救生包、卫星电话、电台、GPS、手电、野外工作服、登山鞋、太阳帽、雨鞋、野外水壶和生活炊具、睡袋、帐篷等。

救生包是野外地质勘探作业必不可少的安全保障装备之一。

一般来说，救生包内装有多种求生、救生物品与装备。标准的野外救生包应包括以下物品：

锡纸薄膜，主要用于防潮、防辐射、保暖等；

多功能刀具，主要用于防身、取食等；

生火器具，如打火石、防水火柴等，主要用于生火；

接水塑料袋，危急无饮用水时，将塑料袋套住树叶，套取树叶蒸发的蒸发水；

指南针、反光镜、荧光棒等，用于寻找方向，发求救信号，迷路标记等；

信号手电筒，主要用于夜间照明和夜间发求教信号；

口哨，用于声音求救信号发声；

此外还应有绳子、绷带、创可贴、消毒纸、葡萄糖片、维生素 C 片、盐和水壶等。

第七节　地质勘探作业事故应急评估与伤亡事故处理

一、地质勘探作业事故应急评估

为总结和吸取应急处置经验教训，不断提高应急处置能力，持续改进应急准备工作，突发事件应急救援结束后，地质勘查单位和野外工作组应当根据《国家安监总局办公厅关于印发〈生产安全事故应急处置评估暂行办法〉的通知》（安监总厅应急〔2014〕95 号）进行应急评估。应急评估组组长一般由上一级安全生产应急工作领导小组组长担任。

应急评估一般按照下列程序进行：

1.听取应急现场指挥部事故及应急处置情况说明。

2.现场勘查。

3.查阅相关文字、音像资料和数据信息。

4.询问有关人员。

5.组织专家论证。

应急评估应当包括以下内容：

1.应急响应情况，包括事故基本情况、信息报送情况等。

2.先期处置情况，包括自救情况、控制危险源情况、防范次生灾害发生情况。

3.应急管理规章制度的建立和执行情况。

4.风险评估和应急资源调查情况。

5.应急预案的编制、培训、演练、执行情况。

6.应急救援队伍、人员、装备、物资储备、资金保障等方面的落实情况。

应急评估结束后，应当向事故调查组提交应急处置评估报告。评估报告包括以下内容：事故应急处置基本情况、事故应急处置责任落实情况、评估结论、经验教训、相关工作建议等。

二、地质勘查伤亡事故处理

伤亡事故处理既是政策性、法律性很强的工作，也是专业性、技术性很强的工作，包括调查、分析、研究、报告、处理、统计和档案管理等一系列工作。做好事故处理工作，对于掌握事故信息，认识潜在危险隐患，提高野外地质勘查安全生产管理水平，采取有效的防范措施，防止事故重复发生，具有非常重要的作用。

1.事故责任分析

按照事故的性质，事故可以分为以下几种性质事故：自然事故、技术事故、责任事故。按责任者与事故的关系，责任者可以分为直接责任者、主要责任者和负有领导责任者。

事故责任的划分或者分析是在事故原因分析的基础上进行的，其目的是使责任者吸取事故教训，改进工作。根据事故调查所确定的事实，通过对事故原因（包括直接原因和间接原因）的分析，找出对应于这些原因的人及其与事件的关系，确定事故的责任者。

确定事故责任者按照以下步骤进行：

（1）确认事故调查的事实。

（2）确认造成不安全状态（事故隐患）的责任者。

（3）确认事故原因与人及其事件的关系。

（4）根据责任者应负的事故责任提出处理意见。

2.事故责任处理

事故责任一般可以划分为事故直接责任者、事故主要责任者、对事故负有领导责任者。

确定事故责任者后，根据事故责任者未履行安全生产相关的法定责任或义务，按照其行为的性质和后果的严重性，提出追究其行政责任、民事责任或者刑事责任的意见。

事故处理要坚持事故原因不查清不放过、责任人员未处理不放过、整改措施未落实不放过、有关人员未受到教育不放过的"四不放过"原则。

为保证对事故责任人处理的公正性，应对事故调查进行重新审理，并形成事故调查报告。审理内容包括讨论事故处理意见、形成调查报告、审查调查报告、事故结案归档。

事故调查报告的具体内容包括背景信息、事故描述、事故原因、事故后组织抢救、采取安全措施、事故灾区的控制情况、事故教训及预防同类事故重复发生的措施建议，以及事故调查组的成员名单及签名和其他需要说明的事项。

3.事故处理公示

为保证事故处理过程中公正、公开原则，事故处理结束后，要对事故处理进行公示，通过事故公示使事故处理结果接受监督，避免事故处理过程中的违规操作。

事故处理公示内容一般包括事故基本情况、事故发生单位及项目概况、事故发生经过、救援和报告情况、事故现场勘察和伤害分析、事故性质及原因、事故责任认定及处理意见、安全防范措施。

4.事故结案归档

事故处理结案后，应对事故调查处理的有关材料进行归档。归档的事故调查处理资料包括：

（1）伤亡事故登记表。

（2）事故调查报告及批复。

（3）现场调查记录、图片、照片。

（4）技术鉴定和试验报告。

（5）物证、人证材料。

（6）直接和间接经济损失材料。

（7）事故责任者自述材料。

（8）医疗部门对伤亡人员的诊断书。

（9）发生事故时的工艺条件、操作情况和设计资料。

（10）处分决定和受处分人员的检查资料，事故通报、简报文件。

结　语

地质勘探是资源开发和经济建设的基础工作，是各项地质研究和找矿工作的重要环节。勘探施工的质量是影响勘查项目成果质量的重要因素，而勘探施工的安全状况，则是保证工程质量的基础，也是保证施工人员生命安全和设施财产安全的决定因素，最终将影响地质勘探单位（以下简称地勘单位）的经济效益和地勘事业的长远发展。

安全生产是所有生产经营活动永恒的主题，地质勘探行业也是如此。地质勘探安全生产工作相对于其他行业有其特殊性，由于事故的发生具有行业特点，除导致财产损失外，往往会造成工程质量下降，甚至工程报废。近年来国家在地质勘探安全生产方面先后制定了多部行业规范和管理规章，为地勘单位更好地开展安全生产工作提供了法律依据和制度保障，各地勘单位在安全生产上也做了大量工作，总体安全形势较好，但也存在一些不容忽视的问题。

总而言之，随着国民经济的迅速发展，作为基础支撑产业的地质勘探行业，将起到越来越重要的作用，安全工作在地质勘探生产中的重要性也将得到进一步体现。地质勘探行业的发展离不开安全，地质勘探安全生产工作亟待进一步加强。相信随着我国安全生产工作的深入开展以及科学发展观的全面落实，科学管理、安全管理将会成为地质勘探行业的自主行为，地质勘探成果质量和地勘单位的经济效益将得到有力保障，从而为我国的经济发展做出更大的贡献。

参考文献

[1]王经国.岩土工程勘察质量问题及解决措施[J].四川水泥,2020(12):329-330.

[2]张雷.油田勘探工作中地质录井的应用[J].石化技术,2020,27(11):144-145.

[3]天工.东方物探海洋勘探导航定位关键技术国际领先[J].天然气工业,2020,40(11):67.

[4]肖瞳,牛兴国,李亮,欧阳九发.地质雷达在公路塌陷区勘察中的应用[J].科技视界,2020(33):82-84.

[5]张传军.岩土工程勘察中钻探工艺的选择分析[J].中小企业管理与科技(下旬刊),2020(11):167-168.

[6]张鹏.对水工环地质勘查问题和预防措施[J].中国设备工程,2020(22):238-239.

[7]任世峰.公路勘察设计新理念在山区公路设计中的应用[J].四川建材,2020,46(11):139+148.

[8]刘永金.试析物探技术在工程地质勘查中的运用[J].居舍,2020(31):35-36.

[9].Technology-Petroleum Exploration and Production;Reports Outline Petroleum Exploration and Production Study Results from Cairo University(Increasing Lpg Production By Adding Volatile Hydrocarbons To Reduce Import Gap In Egypt)[J].Journal of Technology&Science,2020.

[10]王海洋,李运肖.属性技术在三维地震勘探中的应用[J].煤炭与化工,2020,43(10):36-39.

[11]时佳龙.钻探技术在地质勘查工程中的应用研究[J].低碳世界,2020,10(10):72-73.

[12]尹学博.公路滑坡地质勘查及治理对策[J].交通世界,2020(30):95-96.

[13]徐鹏,高健祎,陈溯,张旭光.勘探开发数据资产化管理实践与思考[J].石油科技论坛,2020,39(05):34-40.

[14]姚宇阳.水工环地质勘探工作中的技术应用研究[J].世界有色金属,2020(18):154-155.

[15]National Academies of Sciences,Engineering,and Medicine,Division on Earth and Life Studies,Board on Earth Sciences and Resources,Committee to Review the U.S.Geological Survey's Laboratories.Assuring Data Quality at U.S.Geological Survey Laboratories[M].National Academies Press:2020-01-23.

[16]Jianfang Zhang,Chaohui Zhu,Longwu Wang,Xiaoliang Cai,Ruij un Gong,Xiaoyou Chen,Jianguo Wang,Mingguang Gu,Zongyao Zh ou,Yuandong Liu.Regional Geological Survey of Hanggai,Xianxia and Chuancun,Zhejiang Province in China[M].Springer,Singapore:2020–01–01.

[17]周三楗.地质勘探技术在地质找矿中的应用探讨[J].世界有色金属,2019(17):203+205.

[18]徐伟.地质勘探技术在地质找矿中的应用探讨[J].世界有色金属,2019(17):89+91.

[19]李田芬.水文地质勘探内容及水文技术探索[J].智能城市,2019,5(21):63–64.

[20]崔胜奎.地质类型对石油勘探技术所产生的影响分析[J].化工管理,2019(32):202–203.

[21]杜洪雨.地质矿产勘探在地质找矿中的技术应用研究[J].中国金属通报,2019(10):67+69.

[22]李冬梅,牛更.矿山地质工程勘查施工现场技术研究[J].中国金属通报,2019(10):26–27.

[23]李杰强.浅谈深部开采中地球物理勘探技术的应用[J].中国金属通报,2019(10):28+30.

[24]黄辉.地质矿产勘探在地质找矿中的技术应用研究[J].中国金属通报,2019(10):50+52.

[25]刘小华.水工环地质勘查及遥感技术的应用初探[J].中国金属通报,2019(10):260–261.

[26]王超.岩土工程勘察中的基础地质技术应用分析[J].中国金属通报,2019(10):286+288.

[27]桑普天.综合物探技术在岩土工程中的应用[J].绿色环保建材,2019(10):84+88.

[28]周东富,孙鑫,刘树华,朱英.地质探矿工程中地质勘探技术的运用及安全问题[J].黑龙江科学,2019,10(20):136–137.

[29]曹海长.综合地质探测技术在巷道掘进面超前勘探中的应用[J].能源与节能,2019(10):182–183+192.

[30]夏显阳.水文地质问题和勘探技术分析[J].世界有色金属,2019(16):255–256.

[31]刘娜.物探技术在地质找矿与资源勘查中的应用[J].世界有色金属,2019(16):81+84.

[32]肖礼铄.地质探矿工程中地质勘探技术的运用及安全问题探讨[J].世界有色金属,2019(16):101+103.

[33]彭忠师.地质雷达在水利水电工程勘察中的技术应用分析[J].建材与装饰,2019(29):285–286.

[34]李志鹏.地质录井技术在地质勘探中的整合应用分析[J].矿业装备,2019(05):76–77.

[35]范彦勤.石油工程地质勘查存在的问题及对策[J].中国石油和化工标准与质量,2019,39(19):98–99.

[36]许煜.矿山水文地质勘探现状及新的勘探技术研究[J].科学技术创新,2019(28):179–180.

[37]邓欣.地质勘查中的问题及解决方法探究[J].中国金属通报,2019(09):215-216.

[38]聂爱兰.选题策划实践的思考——以专题《槽波地震勘探技术》为例[J].传播与版权,2019(09):57-59.

[39]胡洪华.地质找矿勘查技术原则与方法创新研究[J].中国地名,2019(09):55.

[40]王伟,王健,廖崇高.西南地区工程勘察安全风险因素分析与对策[J].中国标准化,2019(18):138-139.

[41]韩建勇.复杂艰险山区铁路地质勘查的安全生产管理——以川藏铁路为例[J].价值工程,2019,38(25):40-42.

[42]华晓滨.城市轨道交通工程勘察安全管理控制措施[J].城市轨道交通研究,2019,22(04):102-104+108.

[43]National Academies of Sciences,Engineering,and Medicine,Division on Earth and Life Studies,Board on Earth Sciences and Resources,Committee on Earth Resources,Committee on Future Directions for the U.S.Geological Survey's Energy Resources Program.Future Directions for the U.S.Geological Survey's Energy Resources Program[M].National Academies Press:2018-10-04.

[44]陆喜.石油勘察设计企业面临的挑战和走出困境的思路[J].新疆石油科技,2017,27(01):77-80.

[45]李佳烨.石油地质勘查中新技术的应用[J].中国石油石化,2016(S1):76.